高等职业教育信息化教学改革系列教材

数学实验与模型

主 审 陶书中
主 编 吴一凡

配套资源

微信扫一扫

南京大学出版社

前言

数学实验课是一门依托数学理论的实践课，这种利用现代媒体技术进行教学的方式，为传统的数学课堂注入了时代的气息，受到广大学生欢迎.将数学实验内容融入高职数学课程体系当中，大大缩短了学生从理论到实践应用的距离，加快了知识的更新，提高了学生实际计算能力和使用数学思维的能力水平.

本书面向群体是高职学生，编者充分考虑到高职学生的特点和培养目标，遵循"以应用为目的，以必需、够用为度"的原则，编写了本教材.在内容编排上遵循有针对性、循序渐进、由浅入深的教学规律，从教材体系和章节内容的安排上力求科学合理，注重体现数学思维的重要性，同时在理论深度上有所降低；注重知识覆盖面的广度，同时不盲目将内容加深加多，因此本书相对弱化了知识的系统性和理论性.

由于MATLAB软件在科学计算中的广泛应用，且其功能强大，涉及领域广，以及LINDO软件在求解优化模型中的重要应用，本书以MATLAB为主，以LINDO为辅，向读者介绍两个软件在高等数学、图形描绘与处理、线性代数、概率统计及线性规划中的应用，在提高学生数值计算和符号计算能力的同时，帮助学生从繁琐的数学计算中解脱出来，培养他们利用数学方法和数学思维来解决现实生活中问题的能力，帮助学生去"用数学"，而不仅仅是学习数学的理论知识.近年来，数学建模竞赛在全国各个高校普遍展开，参加全国大学生数学建模竞赛的队伍更是逐年增加.因此本书下半部分对一些简单的数学模型进行介绍，内容包括初等模型、微积分模型及线性规划模型，以此希望提高学生的分析处理问题的能力，着重于学生开放思维的培养.

本书内容共分为九章.第一章是MATLAB软件概述及操作入门，第二章介绍了MATLAB在图形的描绘及其处理中的应用，第三章、第四章及第五章分别介绍了MATLAB在高等数学、线性代数和概率统计中的简单应用.第六章对数学模型进行了简要的介绍.针对高职高专数学教学内容的主体部分，结合数学建模思想相应编写了第七章至第九章，分别介绍了初等模型、微积分模型及线性规划模型.最后附录给出了MATLAB中常见的函数命令，供读者查询.

在本书的编写过程中，编者参阅了大量的文献，恕不一一指明出处，在此一并向有关作者致谢！

由于编者水平与经验有限，书中的错误和不妥在所难免，恳请专家和读者批评指正.

编　者

2017年5月

前言

目　录

第一章　MATLAB 概述及操作入门

MATLAB 是一种用于数值计算、可视化及编程的高级语言号和交互式环境，与其他高级语言相比，MATLAB 可用于开发算法、分析数据、创建模型和应用程序. MATLAB 语法规则简单，容易掌握，调试方便，具有高效、简明的特点，大大节省编程时间. 使用者只需输入一条命令而不用编制大量的程序即可解决许多数学问题，快速而且准确. 由于 MATLAB 具有这些强大的功能及优点，它已受到国内外专家和学者的欢迎和重视，成为工程计算的重要工具.

第一节　MATLAB 概述及工作界面简介

一、MATLAB 概述

MATLAB 的名称是由 matrix(矩阵)和 laboratory(实验室)两个英文单词的前三个字母组合而成. MATLAB 语言在 1980 年由美国的 Clever Moler 博士开发，初衷是解决矩阵运算问题. 1984 年，由美国的 Mathworks 公司推向市场，历经二十多年的竞争和发展，现已成为国际公认的最优秀的科技应用软件之一. MATLAB 软件分为主程序包和若干应用工具箱，可以实现数值分析、优化、统计、微分方程数值解、信号处理、图形处理、通信、控制系统设计、测试和测量、财务建模和分析以及计算生物学等众多应用领域.

MATLAB 建立在向量、数组和矩阵的基础上，因此它的基本运算单位是矩阵，早期只是用来进行矩阵运算. 随着 MATLAB 软件在功能上不断发展进步，它不仅可以进行矩阵运算，还可以实现绘制函数和数据、实现算法、创建用户界面、连接其他程序语言的程序功能. 具体的功能特点如下：

1. 程序语言简单易用

MATLAB 是高级的矩阵语言，包括控制语句、函数、数据结构、输入输出和面向对象编程的特点. 用户可以在命令窗口中直接输入命令语言，结果同步显示，或者事先编写 M 文件(1.4 节介绍)后再一起运行显示结果. 高版本的 MATLAB 语言基于 C++语言基础，因此语法特征与 C++比较类似，也更为简单，更加符合科技工作者的书写和表达方式. 这种语言的可移植性，以及拓展性，是 MATLAB 深入到科学研究及工程计算各个领域的重要原因.

2. 图形绘制

MATLAB 提供功能强大的、交互式的二维、三维图形绘制功能，用图形将向量和矩阵表现出来，可以在图形中标注出图形标题、坐标轴、绘制栅格，通过运用不同颜色、不同点型和线型来绘制更富有表现力的彩色图形，并可以设置视角角度.

新版的MATLAB对图形绘制以及图形处理功能有了很大的改进和完善，使它不仅在一般数据可视化软件都具有的功能方面更完善，且对于一些其他软件所没有的功能，诸如对图形的光照处理、色度处理以及思维数据的表现等，MATLAB同样具备优良的处理能力.同时，对一些特殊的可视化要求，如图形对话等，MATLAB也有相应的功能函数，保证了用户不同层次的要求.

3. 计算功能

MATLAB本身包含大量的计算算法，拥有600多个工程要用到的数学运算函数，可以方便的实现用户所需的各种计算功能.函数中使用的算法都是科学研究和工程计算中的最新成果，之前经过各种优化和容错处理.在一般情况下，MATLAB可以代替底层编程语言.在计算要求相同的情况下，使用MATLAB进行编程的工作量会大大降低.MATLAB中函数集包括从最基本的函数到诸如矩阵、特征向量、傅立叶变换的复杂函数.函数可以解决矩阵运算、线性方程组求解、微分方程、偏微分方程组的求解、符号运算、傅立叶变换、数据的统计分析、优化问题、稀疏矩阵运算、初等数学运算以及建模动态仿真等.

4. 拓展功能

M文件是可见的MATLAB软件程序，在此文件中我们可以查看源代码.开放的系统设计使我们能检查算法的准确性，修改已存在的函数，或者加入自己的部件.

5. 应用领域广泛

MATLAB包括数百个内部函数的主程序包，同时针对不同功能和领域开发了一百多种工具包.功能性工具包用来扩充MATLAB软件的符号计算、可视化建模仿真、文字处理以及实时控制等功能.学科工具包相对专业性较强，诸如信号处理和通讯、控制系统设计和分析、计算金融学、计算生物学、代码生成、数据库连接和报表、测试和测量、图像处理和计算机视觉等工具包.

二、MATLAB的安装与工作界面

1. MATLAB的安装与启动(Windows操作平台)

(1) 将源光盘插入光驱；

(2) 在光盘的根目录下找到MATLAB的安装文件setup.exe及安装密码；

(3) 双击该文件后，按提示逐步安装；

(4) 安装完成后，在程序栏里便出现MATLAB选项，桌面上出现MATLAB的快捷方式.

2. MATLAB的进入与退出

安装好MATLAB后，可以通过以下三种方式启动MATLAB:

(1) 鼠标双击在桌面上创建的MATLAB快捷方式图标，即可启动MATLAB；

(2) 鼠标单击Windows开始菜单的“程序”选项，找到MATLAB程序项，单击即可启动MATLAB；

(3) 直接进入MATLAB的安装目标，找到MATLAB的程序执行文件，双击鼠标，也可启动MATLAB；

退出MATLAB有以下三种方式:

(1) 可通过单击程序页面右上角的关闭按钮来进行；

(2) 可以点击主菜单“File”选项的“Exit MATLAB”选项退出；

(3) 使用快捷键[Ctrl]+[Q]来退出 MATLAB.

3. MATLAB 的工作界面

MATLAB 是一门高级编程语言，它提供了良好的编程环境，给出了两种运行方式：命令行方式和 M 文件方式. 命令行运行方式通过直接在命令窗口中输入命令行来实现计算或作图功能，但这种方式在处理比较复杂的问题和大量数据时相当困难；M 文件运行方式则是先在一个以 m 为扩展名的 M 文件中输入一系列数据和命令，然后让 MATLAB 执行这些命令(在后面的章节中进行补充介绍). MATLAB 提供了很多方便用户管理变量、输入输出数据以及生成和管理 M 文件的工具. 下面首先简单介绍 MATLAB 的工作界面. 启动 MATLAB 后，软件进入默认设置的工作界面，如图 1－1 所示，它大致包括菜单栏、工具栏、Command Window(命令窗口)、Workspace(工作区窗口)、Command History(命令历史窗口)、Launch Pad(分类帮助窗口)等.

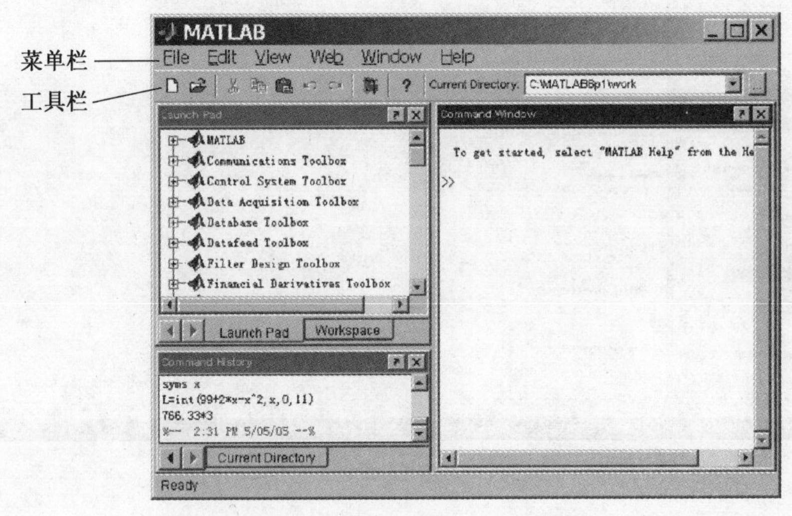

图 1－1

菜单栏：单击即可打开相应的菜单；

工具栏：使用它们能使操作更快捷；

Command Window(命令窗口)：命令窗口是和 MATLAB 连接的主要窗口，提供用户实现人机交互操作. 当 MATLAB 启动时，命令窗口显示后，窗口处于可编辑状态，用来输入和显示计算结果，其中符号“>>”为运算提示符，表示等待用户输入；当在提示符后输入正确的函数命令或程序语言，只需按 Enter 键，在命令窗口中会直接显示运算结果，然后软件继续处于准备状态.

Workspace(工作区窗口)：工作区窗口是 MATLAB 的重要组成部分，该窗口显示当前 MATLAB 的内存中使用变量的信息，包括变量名、变量数组大小、变量字节大小和变量类型；在工作区窗口中选定某个变量后，双击变量名，将打开数组编辑器窗口(Array Editor)，显示该变量的具体内容，该显示主要用于数值型变量，也可以在数组编辑器窗口中修改该数据.

Command History(命令历史窗口):命令历史窗口显示用户在命令窗口中所输入的每条命令的历史记录,并给出命令使用的日期和时间,为用户提供所执行过的详细命令记录;利用该窗口,一方面可以查看曾经执行过的命令,另一方面可以重复利用原来输入的命令行,只需在命令窗口中直接双击某个命令,就可执行该命令行;若想再次执行多条已经执行的命令,用 Shift 或 Ctrl 键配合鼠标左键选中多条命令,然后右击选择 Evaluate Selection 项即可;若需要删除一条或多条命令时,只需选中这些命令,单击右键,在弹出的快捷菜单中选择 Delete Selection 即可,如图 1-2 所示.

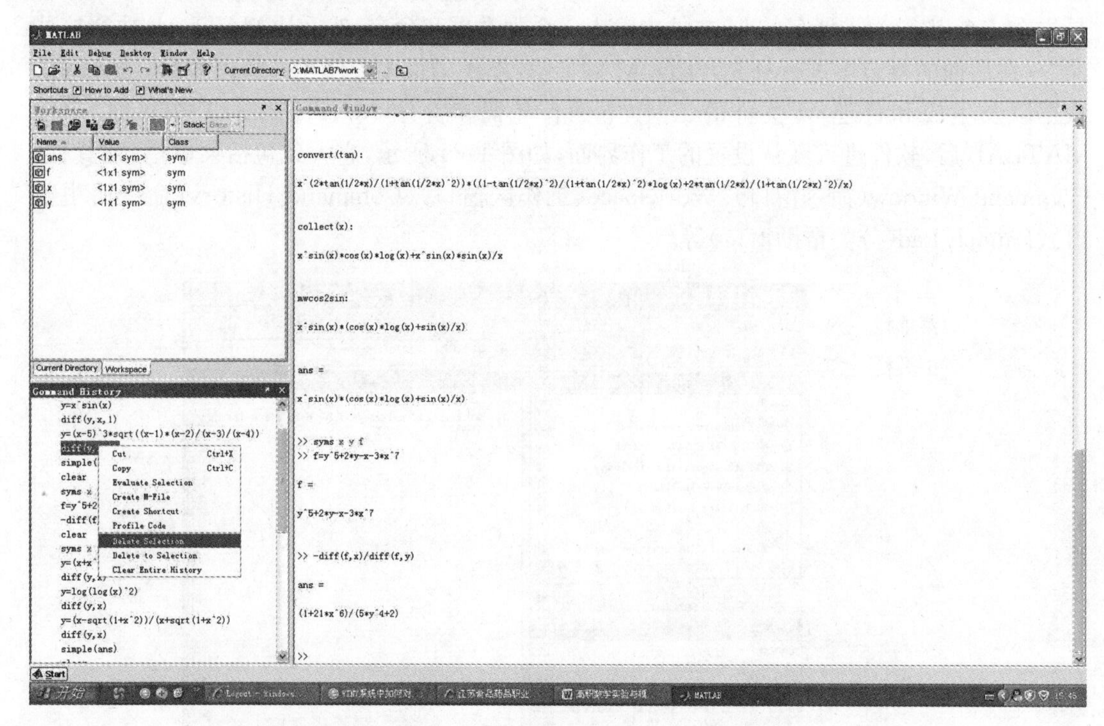

图 1-2

Launch Pad(分类帮助窗口):分类帮助窗口显示 MATLAB 总包和已安装的工具箱的帮助、演示、GUI 工具和产品主页 4 个方面的内容,若要查看相关内容,只需双击对应目录即可.

Current Directory(当前目录选择窗口):当前目录选择窗口显示当前工作目录下所有文件的文件名、文件类型和最后修改时间,可以在该窗口上方的小窗口中修改工作目录.

三、MATLAB 的帮助系统

MATLAB 的帮助系统提供帮助命令、帮助窗口等帮助方法.

1. 帮助命令 help

假如准确知道所要求助的主题词或指令名称,那么使用 help 命令是获得帮助的最简单、有效的途径.

```
>> help functionname
```

例如,要获得关于函数 sin 使用说明的在线求助,可键入命令:

>> help sin

将显示：

SIN　Sine.

SIN(X) is thesine of the elements of X.

See also asin，sind.

Overloaded functions or methods (ones with the same name in other directories)

help sym/sin. m

Reference page in Help browser

doc sin

由此可以看出，MATLAB 给出了函数 sin 的定义说明，其相关的其他函数链接，以及 sin 函数详细内容的链接doc sin，单击可见图 1－3.

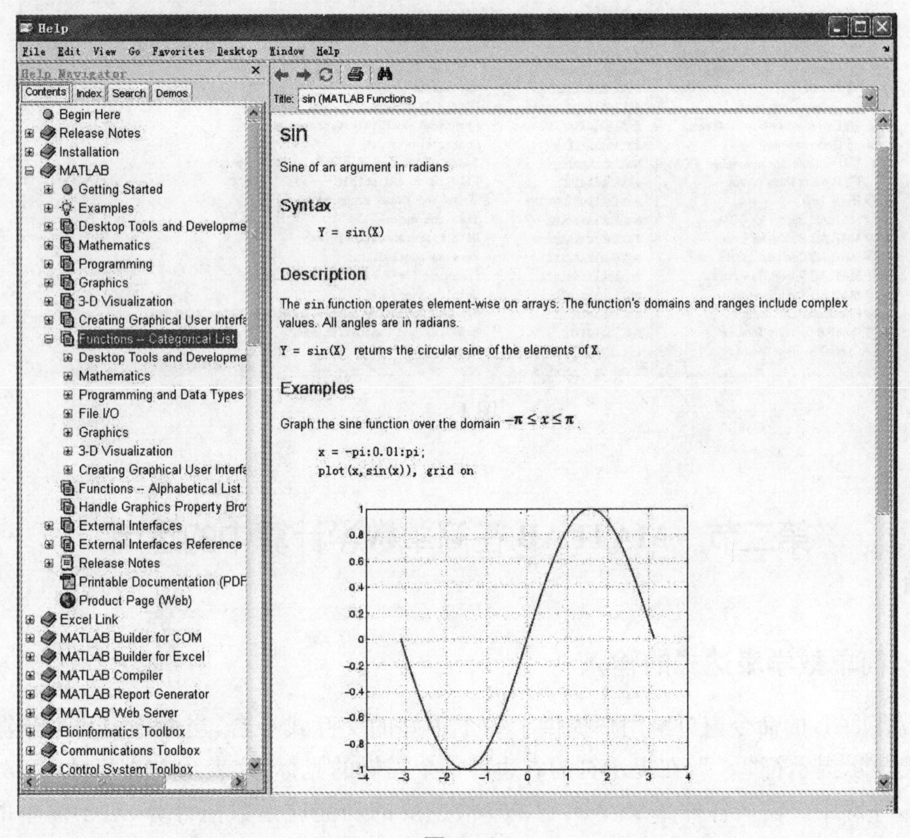

图 1－3

2. 帮助窗口

帮助窗口给出的信息按目录编排，比较系统，便于浏览与之相关的信息，其内容与帮助命令给出的一样，进入帮助窗口的方法有：

(1) 由 Launch Pad(分类帮助窗口)进入帮助窗口；

(2) 选取帮助菜单里的“MATLAB Help”或键入命令“helpwin”；

(3) 单击菜单条上的问号按钮.

帮助窗口如图 1－4 所示：

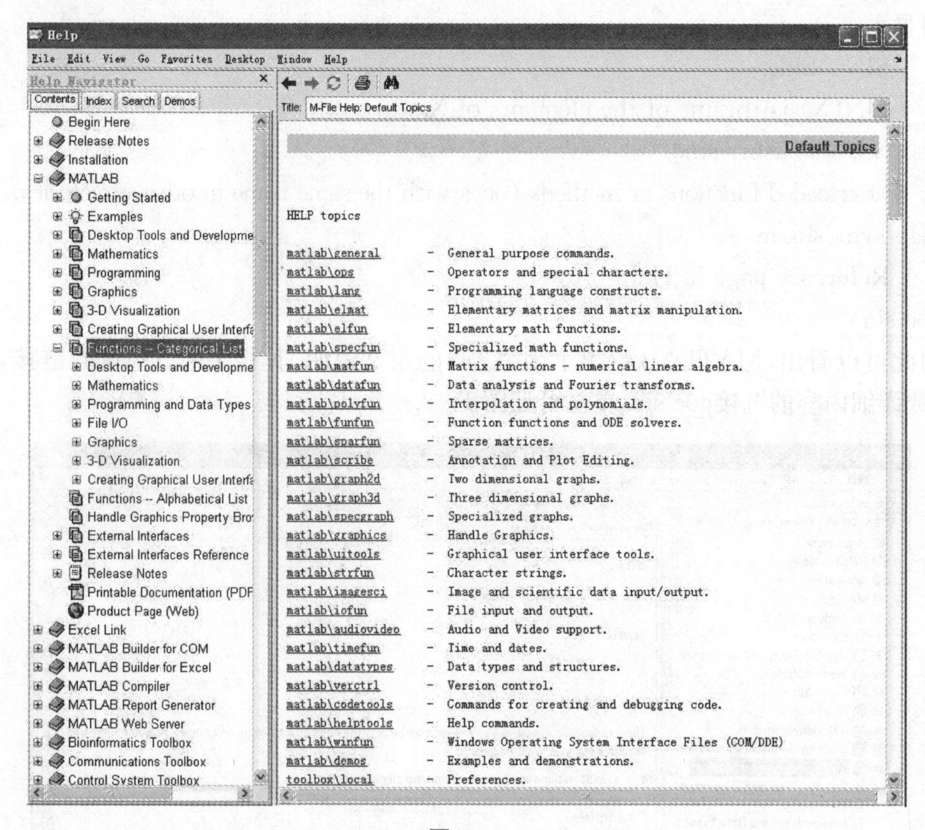

图 1－4

第二节 MATLAB 在简单数学计算中的运用

一、简单数学表达式的输入

MATLAB 的命令窗口给用户提供了一个很好的交互式平台，当命令窗口处于激活状态时，会显示提示符“>>”，在提示符的右边有一个闪烁的光标，这表示 MATLAB 正处于准备状态，等待用户输入各种命令. MATLAB 最主要的功能就是数值计算，对于简单的数值计算，MATLAB 可以轻松解决. 表 1－1 为 MATLAB 的基本数值运算符号.

表 1－1

数学运算符	数学表达式	MATLAB运算符	MATLAB表达式
加	a＋b	＋	a＋b
减	a－b	－	a－b
乘	a×b	*	a * b

（续表）

数学运算符	数学表达式	MATLAB运算符	MATLAB表达式
除	a÷b	/或\	a/b 或 b\a
幂	ab	^	a^b

MATLAB采用表达式语言，语言由变量与表达式组成，以下是最常见的3种形式：

(1) 表达式　　　　　　　　　　%结果赋值给预定义变量 ans

(2) 变量＝表达式　　　　　　　%显示结果，并将结果赋值给变量

(3) 变量＝表达式；　　　　　　%结果赋值给变量，但是不显示结果

1. *表达式*

表达式由运算符、函数名和数字组成，在命令窗口中直接输入数学表达式后，按[Enter]键确认，即可得到一个数值型结果，MATLAB将自动赋值给变量 ans.

例1　求$[6\times(5-2)-4]\div2$.

解　在MATLAB命令窗口中输入以下内容：

```
>>(6*(5-2)-4)/2
```

按[Enter]键，该指令就被执行，命令窗口显示所得结果：

```
ans=

    7
```

说明：MATLAB会将运算结果直接存入一变量 ans，代表 MATLAB 运算后的结果(Answer)并显示其数值于命令窗口中.

2. *变量＝表达式*

采用直接输入法虽然简单易行，但是当读者需要解决的问题较复杂时，采用直接输入法有时将变得比较困难. 此时，可以采用给变量赋予变量名的方法来进行操作，对等式右边产生的结果，MATLAB自动将其存储在左边变量中并同时在窗口中显示.

例2　求$[6\times(5-2)-4]\div2$.

解　在MATLAB命令窗口中输入以下内容：

```
>> x=(6*(5-2)-4)/2
```

结果显示：

```
x=

    7
```

例3　求$3^5+2\cos\frac{\pi}{3}$.

解　在MATLAB命令窗口中输入以下内容：

```
>> y=3^5+2*cos(pi/3)
```

结果显示：

```
y=

244
```

例4　求$\sin(10)\times\ln3$.

解　在MATLAB命令窗口中输入以下内容：

```
>> z=sin(10) * log(3)
```

结果显示：

```
z=
    -0.5977
```

说明：在大多数情况下，MATLAB 对空格不予处理，在表达式中，遵守四则运算法则，即乘法和除法优先于加减法，而指数运算等又优先于乘除法，括号的运算级别更高，在有多层括号存在的情况下，从括号里面向最外面逐层扩展. 在 MATLAB 中，小括号代表着运算级别，中括号则一般用于生成矩阵. 上述例题及下面例题中用到的函数命令 cos，log 等将在表 1-8 中给出.

例 5 在 MATLAB 中输入 a/b+c，MATLAB 显示 $\frac{a}{b}+c$，但输入表达式 a/(b+c) 则显示 $\frac{a}{b+c}$.

3. 变量=表达式

输入方式与 2 类似，只是在表达式后面加"；"，则按[Enter]键后不显示运算的结果.

例 6 已知 $y=f(x)=x^3-\sqrt[4]{x}+2.15\sin x$，求 f(3).

解 在 MATLAB 命令窗口中输入以下内容：

```
>> x=3;
>> y=x^3-x^(1/4)+2.15 * sin(x);        %若要显示变量 y 的值，直接键入 y 即可
>> y
```

结果显示：

```
y=
    25.9873
```

例 7 使用分号重新计算例 4.

解 在 MATLAB 命令窗口中输入以下内容：

```
>> y=sin(10) * log(3);        %若要显示变量 y 的值，直接键入 y 即可
>> y
```

结果显示：

```
y=
    -0.5977
```

通过上述例题，可以看出使用分号以后，计算的结果将不再显示，但是计算的结果相同.

二、标点符号的使用

在 MATLAB 语言中，标点符号的使用相对比较灵活，不同的标点符号代表不同的运算，或是被赋予了特定的含义. 表 1-2 为 MATLAB 中常用的标点符号.

表 1-2

标点符号	定义	标点符号	定义
;	区分行,取消运行显示等	.	小数点以及域访问等
,	区分列,函数参数分隔符等	…	续行号,连接语句
:	在数组中应用较多	'	字符串的标识符号
( )	指定运算优先级等	=	赋值符号
[ ]	矩阵定义的标志等	!	调用操作系统运算
{ }	用于构成单元数组等	%	注释语句的表示

百分号“%”:有时为了增强程序的可读性,需要给一些语句添加注释语句,在MATLAB中,使用百分号来进行句子的注释操作,百分号后的所有文本都将看做是注释,使用注释语句对计算结果没有任何影响,增强了程序的可读性,这在编写大型程序或是多人合作编写程序时显得尤为重要.

逗号“,”:MATLAB中允许用户在一行中输入多个命令语句,这些语句使用逗号或分号隔开.它们的区别在于使用逗号时,命令语句的运行结果将予以显示;而使用分号时,运行结果将予以隐藏.

例8　在MATLAB命令窗口中输入以下内容:

```
>> x=sin(1),y=cos(1);z=tan(1),w=atan(1)
```

结果显示:

```
x=
    0.8415
z=
    1.5574
w=
    0.7854
```

在程序中,第一行输入了4条语句,同时使用了逗号和分号,当命令语句后面使用逗号或不使用标点符号时,命令的执行结果将在命令窗口中予以显示,如例8中的x,z和w,而使用分号命令时的执行结果将在命令窗口中予以隐藏,如例8中的y.

续行号“…”:在MATLAB中,常常会遇到命令行很长的情况,此时为了使程序看起来比较清晰或阅读起来比较方便,可以在程序中分成多行分别书写,使用续行号可实现此项功能.

例9　求 $t=\frac{(2\times5+1.2-0.7)\times10^2}{12}$.

解　在MATLAB命令窗口中输入以下内容:

```
>> t=(2*5+1.2-0.7)*...
10^2/12
```

结果显示:

```
t=
    87.5000
```

在例 9 的程序语言中，续行号出现在数学运算符号和变量之间时，就起到了连接语句的作用，但不是将续行号放到任何地方都可以起到连接作用，在以下这些情况下，使用续行号将起不到预定作用.

例 10 续行号错误的使用方式.

在 MATLAB 命令窗口中输入以下内容：

```
>> fun...
t=2-6+54
```

结果显示：

```
??? t=2-6+54
    |
Error: Missing MATLAB operator.
```

在上段程序语言中，续行号位于变量名 funt 中间，结果 MATLAB 将其不作处理，因此不能起到续行号的作用.

三、常用的操作命令和键盘操作技巧

在 MATLAB 中，掌握一些常用的操作命令和键盘操作技巧，可以起到事半功倍的效果，见表 1-3 和表 1-4.

表 1-3 常用的操作命令

命　令	该命令的功能	命　令	该命令的功能
cd	显示或改变工作目录	hold	图形保持命令
clc	清屏	load	加载制定文件的变量
clear	清除内存变量	pack	整理内存碎片
clf	清除图形窗口	path	显示搜索目录
diary	日志文件命令	quit	退出 MATLAB
dir	显示当前目录下文件	save	保存内存变量到指定文件
disp	显示变量或文字内容	type	显示文件内容
echo	工作窗口信息显示开关		

clc：表示清屏，不会真正删除先前已经定义的变量和函数，但可以使得命令窗口中先前已有的繁多内容不显示，避免察看时与现写的代码发生混淆.

表 1-4 常用的键盘操作和快捷键

键盘按钮和快捷键	该操作功能	键盘按钮和快捷键	该操作功能
↑(Ctrl+P)	调用上一行	Home(Ctrl+A)	光标置于当前行开头
↓(Ctrl+N)	调用下一行	End(Ctrl+E)	光标置于当前行结尾
←(Ctrl+B)	光标左移一个字符	Esc(Ctrl+U)	清除当前输入行
→(Ctrl+F)	光标右移一个字符	Del(Ctrl+D)	删除光标处字符
Ctrl+←	光标左移一个单词	Backspace(Ctrl+H)	删除光标前字符
Ctrl+→	光标右移一个单词	Alt+Backspace	恢复上一次删除

例 11 求 $y_1=\frac{3\sin(0.3\pi)}{1+\sqrt{5}}$, $y_2=\frac{3\cos(0.3\pi)}{1+\sqrt{5}}$.

解 在 MATLAB 命令窗口中输入以下内容:

```
>> y1=3*sin(0.3*pi)/(1+sqrt(5))
```

结果显示:

```
y1=
    0.7500
```

按[↑]键重新显示:

```
>> y1=3*sin(0.3*pi)/(1+sqrt(5))
```

用[←]键修改为

```
>> y2=3*cos(0.3*pi)/(1+sqrt(5))
```

结果显示:

```
y2=
    0.5449
```

四、数据显示格式

读者可以根据需要,对命令窗口中的数值计算结果的显示格式进行设置.设置的方法是,选中命令窗口中的"File"→"Preferences"菜单,将弹出一个参数设置对话框,如图 1-5 所示,选择需要的各项参数,完成设置.

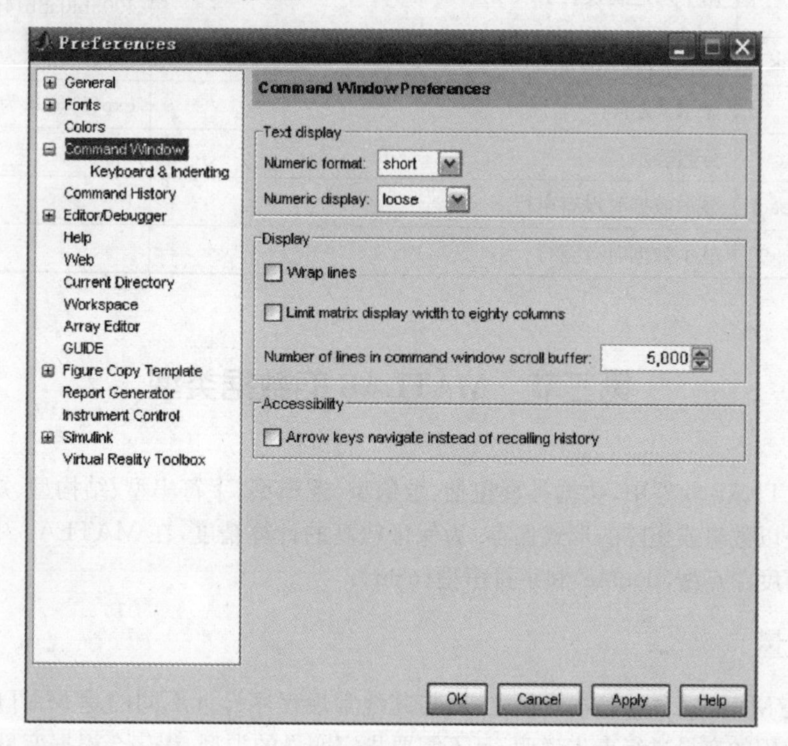

图 1-5

在 MATLAB 中数据的存储和计算都是用双精度进行的,也可以利用菜单或 format 命令来调整数据的显示格式."format short"是默认的数据显示格式,表 1-5 列出了 Format 命令的数据显示格式.

表 1-5

命　令	该命令的功能	示　例
format short	通常保留小数点后 4 位有效数字,最多不超过 7 位,对于大于 1000 的实数,用 5 位有效数字的科学记数形式表示	2.718281 显示为 2.7183 2718.28 显示为 2.7183e+003
format long	用小数点后 14 位有效数字表示	exp(1) 显示为 2.71828182845905
format short e	用 5 位有效数字的科学记数形式表示	exp(1)显示为 2.7183e+000
format long e	用 16 位有效数字的科学记数形式表示	exp(1)显示为 2.718281828459046e+000
format short g	从 format short 和 format short e 中选择最佳方式表示	exp(1)显示为 2.7183
format long g	从 format long 和 format long e 中选择最佳方式表示	exp(1)显示为 2.71828182845905
format hex	用十六进制数表示	exp(1)显示为 4005bf0a8b14576a
format bank	用元、角、分表示	exp(1)显示为 2.72
format+	显示大矩阵	exp(1)显示为+
format rat	分数表示	
format compact	显示数据时没有空行	
format loose	显示数据时有空行	

第三节　MATLAB 的数据类型

在 MATLAB 软件中,数据类型包括:数值型、逻辑型、字符串型、结构型、矩阵型等,所有数据都是以数组或矩阵的形式保存. 为保证较高的计算精度,在 MATLAB 中,最常用的数据是双精度浮点型(double)和字符串型(char).

一、变量

变量是 MATLAB 的基本元素之一,与其他常规程序设计不同的是 MATLAB 语言不要求对所使用的变量进行事先说明,且不需要指定变量的类型,程序会根据变量被赋予的值或对该变量所进行的操作来自动确定变量的类型. 但是,MATLAB 中的变量命名也得遵循以下规则:

(1) 变量名必须是不含空格的单个词;
(2) 变量名以字母开头,后面可跟字母、数字和下划线,变量名中不允许使用标点符号;
(3) 变量名大小写字母有区别;
(4) 变量名不超过 63 个字符,超过 63 个的字符程序将忽略不计;
(5) 变量名不能用 MATLAB 中已经有的保留字.

例如 x,Y,stone,dy1,st_1,Welcome_to_Matlab 等都是变量名.

二、预定义变量

MATLAB 中有一些特定的预定义的变量,这些变量被称为常量,如表 1-6 所示. 这些预定义的变量就驻留在内存中,MATLAB 没有限制用户使用这些预定义变量,用户可以在 MATLAB 的任何变量中将这些预定义变量重新定义,重新赋值,重新计算.

表 1-6

变量名	含　义
ans	用于结果的默认变量名
pi	圆周率 π
eps	计算机的最小数$=2.2204\times10^{-16}$
inf	无穷大(如 1/0)
NaN	不定值(如 0/0)
i 或 j	复数单位,-1 的平方根$=\sqrt{-1}$
realmin	最小可用正实数$=2.2251\times10^{-308}$
realmax	最大可用正实数$=1.7977\times10^{308}$
2.2204e−16	2.2204×10^{-16}

下面简单介绍其中几个常量的用法.

inf:在 MATLAB 中,inf 表示无穷大. MATLAB 中允许的最大数是 21024,超过该数时,系统将会视为无穷大. 其他的软件在出现数据无穷大时,可能会出现死机的情形,而 MATLAB 则会给出用户警告信息,同时用 inf 代替无穷大并且不会死机. 如在命令窗口中输入:

```
>> 1/0
```

结果显示:

```
Warning: Divide by zero.
ans=
      inf
```

纯虚数:常用的纯虚数用 i 或 j 表示,如果在程序中没有专门给这两个变量定义,则系统将默认它们为虚数单位;如果在程序中对它们有了新的定义,则这两个变量将保留新值. 如在命令窗口中输入:

```
>> i
```

结果如下：

```
ans=
     0+1.0000i
```

如先定义 i=1,则结果如下：

```
>> i=1
i=
     1
```

也可以将其他变量设定为 sqrt(-1),如在命令窗口中输入：

```
>> a=sqrt(-1)
```

则 a 将被赋值为 sqrt(-1).

三、MATLAB 的变量管理(表 1-7)

表 1-7

who	查询 MATLAB 的内存变量
whos	查询全部变量的详细情况
clear	清除内存中的全部变量
savesa X	将 X 变量保存到 sa. mat 文件
loadsa X	调用 sa. mat 文件变量 X

注意 save 只对数据和变量保存,不能保存命令.

四、MATLAB 的函数(表 1-8)

表 1-8

函数名	解释	MATLAB 命令	函数名	解释	MATLAB 命令
三角函数	sin x	sin(x)	反三角函数	arcsin x	asin(x)
	cos x	cos(x)		arccos x	acos(x)
	tan x	tan(x)		arctan x	atan(x)
	cot x	cot(x)		arccot x	acot(x)
	sec x	sec(x)		arcsec x	asec(x)
	csc x	csc(x)		arccsc x	acsc(x)
幂函数	x^a	x^a	对数函数	ln x	log(x)
	$\sqrt{x}$	sqrt(x)		$\log_2 x$	log2(x)
指数函数	a^x	a^x		$\log_{10} x$	log 10(x)
	e^x	exp(x)	绝对值函数	$\|x\|$	abs(x)

五、复数

MATLAB 中对复数的处理是十分简便的,不需要进行其他的附加操作.

例 1　复数的表示方法.

解　在 MATLAB 命令窗口中输入：

```
>> x1=1+5i
```

结果显示：

```
x1=
    1.0000+5.0000i
>> x2=2+3j
```

结果显示：

```
x2=
    2.0000+3.0000i
>> x3=4*(1+3/sqrt(-1))
```

结果显示：

```
x3=
    4.0000-12.0000i
>> x4=sqrt(-1)
```

结果显示：

```
x4=
    0+1.0000i
```

在上例中使用 i,j,sqrt(－1)都生成了复数单位，只有数字才能与字符 i 和 j 直接相连，而表达式不可以.

例 2　已知复数 a=1+2i,b=3+4i,求 a+b,ab,ab,$\frac{a}{b}$.

解　在 MATLAB 命令窗口中输入：

```
>> a=1+2i
```

结果显示：

```
a=
    1.0000+2.0000i
>> b=3+4i
```

结果显示：

```
b=
    3.0000+4.0000i
>> a+b
```

结果显示：

```
ans=
    4.0000+6.0000i
>> a*b
```

结果显示：

```
ans=
    -5.0000+10.0000i
```

```
>> a^b
```
结果显示：
```
ans=
    0.1290+0.0339i
>> a/b
```
结果显示：
```
ans=
    0.4400+0.0800i
```

第四节　M 文件与程序设计初步

程序设计是科学计算语言的主要应用，MATLAB 提供了丰富的程序设计结构和相应的指令语句. MATLAB 实质上是一种解释性语言，就 MATLAB 本身来说，它并不能做任何事情. 如前面介绍过的命令操作一样，命令先送到 MATLAB 系统内解释，再运行得到结果. 这样就给用户提供了很大的方便. 用户可以把所要实现的指令罗列出来编制成文件，再统一送入 MATLAB 系统中解释运行，这个文件就称为 M 文件. 只不过此文件必须以 m 为扩展名，MATLAB 系统才能识别. 也就是说，M 文件其实是一个像命令集一样的 ASCII(纯文本)码文件. M 文件的语法类似于一般高级语言，是一种程序化的编程语言，它是由若干 MATLAB 命令构成的，可以完成某些操作，也可以实现某种算法. 因此 M 文件的语法比一般的高级语言要简单，调试容易，人机交互性强，用户可以使用任何文字处理软件对其进行编写和修改. 正是 M 文件的这个特点造就了 MATLAB 强大的可开发性和可扩展性，Mathworks 公司推出的一系列工具箱就是明证. 正是有了这些工具箱，MATLAB 才能被广泛地应用于信号处理、神经网络、系统识别、控制系统、实时工作系统、图形处理、光谱分析、模型预测、模糊逻辑、数字信号处理、定点设置、金融管理、小波分析、地图工具、交流通信、模型处理、LMI 控制、概率统计、样条处理、工程规划、非线性控制设计、QFT 控制设计、NAG 等各个领域. 对个人用户来说，还可以利用 M 文件来建造和扩充属于自己的“库”. 因此，一个不了解 M 文件、没有掌握 M 文件的 MATLAB 使用者不能称其为一个真正的 MATLAB 用户.

由于 MATLAB 语言是由 C 语言编写的，因此，它的语法于 C 语言由很多相似之处，对于熟悉 C 语言或是对 C 语言有初步了解的用户来说，学习 MATLAB 相对是容易的.

MATLAB 中的 M 文件有两种类型：脚本 M 文件和函数 M 文件.

一、脚本 M 文件

一个比较复杂的程序往往要反复调试，这时可以建立一个脚本 M 文件并将其储存起来，以便随时调用. 脚本 M 文件就是命令的简单叠加，建立脚本 M 文件的方法是：在 MATLAB 窗口中单击“File”菜单，然后依次选择“New”→“M”→“file”，打开 M 文件编辑窗口，在该窗口中输入程序文件，再以 m 为扩展名存储. 若要运行该 M 文件，只需在 M 文件编辑窗口的“Debug”菜单中选择“Run”即可. 在 MATLAB 命令窗口中直接输入此文件的文件名，MATLAB可逐一执行此文件内的所有命令，和在命令窗口中逐行输入这些命令的效果一样. 这样不但解决了用户在命令窗口中运行许多命令的麻烦，还可以避免用户做许多重复性的工作.

另外，值得注意的是，脚本M文件在运行过程中可以调用MATLAB工作域内所有的数据，而且所产生的所有变量均为全局变量. 也就是说，这些变量一旦生成，就一直保存在工作空间中，直到执行“clear”或“quit”命令时为止.

由于脚本M文件的运行相当于在命令窗口中逐行输入并运行命令，因此，在编制此类文件时，只需把所要执行的命令按行编辑到指定的文件中，且变量不需要预先定义，也不存在文件名是否对应的问题.

例1 假设当前目录下有一个命令M文件：

```
%solver.m
%used to solve A*x=b
%where A=[-1.5 1 2;3 -1 1;-1 3 5],b=[2.5;5;8].
A=[-1.5 1 2;3 -1 1;-1 3 5];
b=[2.5;5;8];
x=A\b
```

在命令窗口中执行“solver”命令，即可得到方程组的解.

```
>> solver
```

结果显示：

```
x=
    0.7500
   -0.6250
    2.1250
```

在命令窗口中键入“type solver.m”，即可在命令窗口中看到该文件；在命令窗口中运行“help solver”，可以得到该文件的注释部分.

结合上例，有以下说明：

(1) 以%引导的行是注释行，不执行，可供“help”命令查询；

(2) 不需要end语句作为M文件的结束标志；

(3) 在运行M文件之前，需要把它所在目录加到MATLAB的搜索路径上去，或将文件所在目录设为当前目录.

二、函数M文件

为了实现计算中的参数传递，需要用到函数M文件. 函数M文件的标志是第一行的function关键词. 函数M文件可以有返回值，也可以只执行操作而无返回值，大多数函数M文件有返回值. 函数M文件在MATLAB中应用十分广泛，MATLAB所提供的绝大多数功能函数都是由函数M文件实现的，这足以说明函数M文件的重要性. 函数M文件执行之后，只保留最后结果，不保留中间过程，所定义的变量也仅在函数内部起作用，并随调用的结束而被清除.

MATLAB的内部函数是有限的，有时为了研究某一个函数的各种性质，需要为

MATLAB定义新函数，为此必须编写函数文件．函数文件是文件名后缀为m的文件，这类文件的第一行必须以特殊字符function（编程时录入正确会自动显示为蓝色）开始，格式为：

function：因变量名＝函数名（自变量名）

函数值的获得必须通过具体的运算实现，并赋给因变量．

M文件的建立方法：

（1）在MATLAB中，点击“File”→“New”→“M-file”；

（2）在编辑窗口中输入程序内容；

（3）点击“File”→“Save”，存盘，M文件名必须与函数名一致．

MATLAB的应用程序也以M文件保存．

例2 下面的程序求两个数的和、差、积、商：

解 （1）打开编辑窗口建立M文件g.m：

```
function [h,c,j,s]=g(x,y)
h=x+y;
c=x-y;
j=x*y;
s=x/y;
```

将该M文件以文件名g.m保存在work文件夹中，在命令窗口中运行该文件．

（2）可以直接使用函数g.m

如，求解3和4的和、差、积、商，只需在MATLAB命令窗口中键入：

```
>>[h,c,j,s]=g(3,4)
```

结果显示：

```
h=
      7
c=
      -1
j=
      12
s=
      0.7500
```

例3 下面的程序用来检验一个正整数是否可以写成两个素数之和，如果正整数x不能写成两个素数之和，则输出一个空集；若正整数x能写成两个素数之和，则输出两个素数构成的集合，这两个素数的和为x.

解 打开编辑窗口建立M文件f.m：

```
function s=f(x)
m=2;n=floor(x/2);s=[];
while isempty(s) & m<=n
if isprime(m) & isprime(x-m)
      s=[m,x-m];
end
```

```
    m=m+1;
end
```

将该 M 文件以文件名 f. m 保存在 work 文件夹中，在命令窗口中运行该文件.

在 MATLAB 命令窗口中键入：

```
>> f(18)                        %验证18是否可以写成两个素数之和
```

结果显示：

```
ans=
    5    13
>> f(23)      %验证23是否可以写成两个素数之和
```

结果显示为空集：

```
ans=
    []
```

例 4　已知函数 $y=2x^3+3x^2+4x+5$，编写程序求 $y(1)+y^2(2)+y^3(3)$.

解　打开编辑窗口建立 M 文件 j. m

```
function y=j(x)
y=2*x^3+3*x^2+4*x+5
```

将该 M 文件以文件名 j. m 保存在 work 文件夹中，在命令窗口中运行该文件.

在 MATLAB 命令窗口中键入：

```
>> y1=j(1);                       %y为x=1时的值,y1结果不显示
y=
    14
>> y2=j(2)^2;                     %y为x=2时的值,y2结果不显示
y=
    41
>> y3=j(3)^3;                     %y为x=3时的值,y3结果不显示
y=
    98
>> y1+y2+y3
ans=
    942887
```

三、程序流程结构

与大多数计算机语言一样，MATLAB 已有设计程序所必需的程序结构：顺序控制结构、条件控制结构、分支控制结构、循环控制结构. MATLAB 虽然没有 C 语言具有那么丰富的控制结构，但是其自身的强大功能弥补了这些不足，使用户在编程时感觉并不困难. 在 MATLAB 语言中，程序设计尤其重要，用户只有熟悉掌握了这方面的内容，才能编写高质量的程序.

1. 顺序结构

顺序结构是最简单的程序，用户在编写好程序后，软件将按照程序的物理位置顺序执

行.因此,这种顺序比较容易编写.

例 5 建立一个顺序结构的程序文件.

解 打开编辑窗口,编写命令式 M 文件:

```
x=1;
y=2;
z=3;
a=x+y+z
b=a-2*y
c=(a-x)*b
```

将该 M 文件以文件名 shunxu.m 保存在 work 文件夹中,在命令窗口中运行该文件.

在 MATLAB 命令窗口中键入:

```
>> shunxu
```

结果显示:

```
a=
    6
b=
    2
c=
    10
```

由此可见,MATLAB 在按照顺序依次执行各条命令语句,并显示出结果.

2. if,else 和 elseif 组成的条件转移结构

在编写程序语言时,很多情况下都需要根据一定的条件,进行一定的选择来执行不同的程序语句.此时就需要使用分支语句来控制程序的进程,在 MATLAB 中,使用 if-else-end 结构来实现这种控制.if-else-end 结构的使用形式有 3 种:

(1) 有一个选择的一般形式为

```
if (expression)
    {commands}
end
```

这是该结构最简单的一种应用形式,只有一个判断语句,当表达式(expression)里的所有元素为真,就执行 if 和 end 语句之间的命令串{commands}.这种结构的执行流程图如图1-6所示.

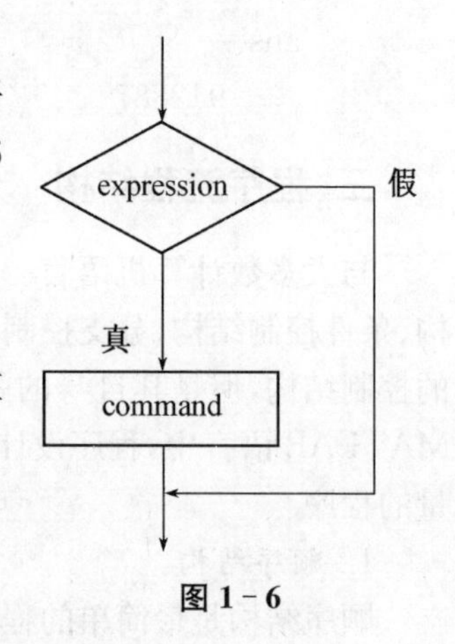

图 1-6

例 6 设 $f(x)=\begin{cases} x^2+1, & x>1 \\ 2x, & x\leqslant 1 \end{cases}$,求 $f(2)$,$f(-1)$.

解 建立以下 M 文件 fun1.m,定义函数 f(x),再在 MATLAB 命令窗口中输入 fun1(2),fun1(-1)即可.

打开编辑窗口,编写命令式 M 文件:

```
function f=fun1(x)
if x>1
```

```
f=x^2+1
end
if x<=1
f=2*x
end
```

将该 M 文件以文件名 fun1.m 保存在 work 文件夹中.

(2) 有两个选择的一般形式为

```
if  (expression)
    {commands1}
else
    {commands2}
end
```

如果表达式(expression)里的所有元素为真,则执行第一组命令{commands1};若表达式为假,则跳过第一组命令,执行第二组命令{commands2}. 这种结构的执行流程图如图1-7所示.

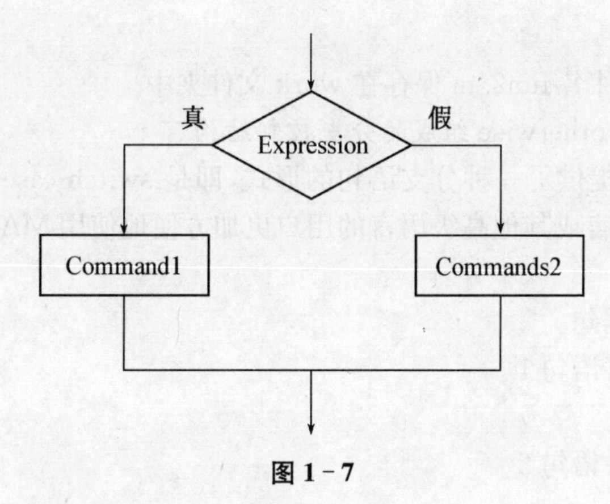

图 1-7

(3) 有三个或者更多选择的一般形式为

```
    if  (expression1)
        {commands1}        % expression1 为真时的执行语句
elseif  (expression2)
        {commands2}        % expression2 为真时的执行语句
elseif  (expression3)
        {commands3}        % expression3 为真时的执行语句
elseif  …
        …
        else
    {commands}             %所有的 expressions 都为假时的执行语句
    end
```

在这种形式中,当运行程序的某一条表达式(expression i)为真时,则执行与之相关的执行语句{commands i}，此时 MATLAB 不再检验其他的表达式，即软件将跳过其他的 elseif 结构，且最后的 else 命令可以省略.

例 7 设 $f(x)=\begin{cases}x^2+1, & x>1\\ 2x, & 0<x\leqslant 1\\ x^3, & x\leqslant 0\end{cases}$，求 $f(2)$，$f(0.5)$，$f(-1)$.

解 先建立 M 文件 fun2. m，定义函数 f(x)，再在 MATLAB 命令窗口中输入 fun2(2)，fun2(0.5)，fun2(−1)即可.

打开编辑窗口，编写命令式 M 文件：

```
function f=fun2(x)
if x>1
    f=x^2+1
elseif x<=0
    f=x^3
else
    f=2*x
end
```

将该 M 文件以文件名 fun2. m 保存在 work 文件夹中.

3. switch，case 和 otherwise 组成的分支控制结构

在 MATLAB 中，提供了一种分支语句的形式，即是 switch-case-otherwise-end 分支语句，可以使得熟悉 C 语言或其他高级语言的用户更加方便地使用 MATLAB 的分支功能. 使用格式如下：

```
switch 开关语句
    case 条件语句 1
执行语句 1
    case 条件语句 2
执行语句 2
……
otherwise
执行语句
end
```

在上面的分支结构中，开关表达式依次与 case 表达式相比较. 当开关表达式的值等于某个 case 语句后面的条件时，程序将转移至该语句段中执行，执行完成后程序跳出整个开关继续向下执行，如果所有的条件语句与开关条件都不相符合，程序将执行 otherwise 后面的语句.

例 8 编写一个转换成绩等级的函数文件，其中成绩等级转换标准为考试成绩在[90,100]显示优秀，在[80,90)显示良好，在[60,80)显示及格，在[0,60)显示不及格.

解 打开 M 文件编辑窗口，输入如下程序语言：

```
function result=mark(x)
n=fix(x/10);
```

```
switch n
case{9,10}
disp('优秀')
case{8,9}
disp('良好')
case{6,7,8}
disp('及格')
otherwise
disp('不及格')
end
```

将上述程序保存为 mark.m 的 M 文件，在命令窗口中调用 M 函数文件判断 97 分、78 分、49 分的成绩等级.

```
>> mark(97)
优秀
>> mark(78)
及格
>> mark(49)
不及格
```

4. 循环语句控制结构

前面介绍的分支结构，用户可以很方便的控制程序的进程，从而使得程序结构明晰，方便操作. 但是，当遇到有规律的重复运算时，使用前面的知识就不容易解决了. MATLAB 提供了循环语句，可以让用户方便地实现循环操作. 这里介绍两种循环方式，分别是 for 循环与 while 循环.

(1) for 循环

for 循环允许一组命令以固定的和预定的次数重复，for 循环的一般形式为

```
for   x=array
      {commands}
end
```

在 for 和 end 语句之间的命令串{commands}按数组(array)中的每一列执行一次. 在每一次迭代中，x 被指定为数组的下一列，即在第 n 次循环中，x=array(:,n).

例 9　对 $n=1,2,\cdots,10$，求 $x_n=n^3$ 的值.

解　打开 M 文件编辑窗口，输入如下程序语言，并将函数命名为 for1.m.

```
for n=1:10
     x(n)=n^3
end
```

在命令窗口运行得以下结果：

```
   x=
Columns 1 through 9
1     8     27     64     125     216     343     512     729
```

```
Column 10
1000
```

注意:for 循环内不能对循环变量重新赋值;for 循环内接受任何有效 MATLAB 数组;for 循环可按需要嵌套;为提高运算速度;当能用其他方法解决时;尽量不用 for 循环;必须用 for 循环时应预先分配数组(预先分配内存).

例 10 如果求 1+2+…+20 的值,可以作下列循环:

解 编写 M 文件 for2.m 如下:

```
>> sum=0;
for i=1:20
sum=sum+i
end
```

运行得以下结果:

```
sum=
    210
```

(2) while 循环

与 for 循环以固定次数求一组命令相反,while 循环以不定的次数求一组语句的值,while 循环的一般形式为

```
while (expression)
{commands}
end
```

只要表达式(expression)里的所有元素为真,就执行 while 和 end 语句之间的命令串{commands}. 通常,表达式的求值给出一个标量值,对数组值同样有效,数组情况下,所得到数组的所有元素必须都为真.

例 11 设银行年利率为 11.25%,将 10000 元存入银行,问多长时间会连本带利翻一番?

解 编写 M 文件 while1.m 如下:

```
money=10000;
years=0;
while money<20000
years=years+1;
money=money*(1+11.25/100);
end
years
money
```

运行得以下结果:

```
years=7
money=2.1091e+004
```

4. 流程控制语句

在循环语句使用中,有时需要在进行到某一程度时退出或跳过,使得循环终止;当输入

数据有错误时,需要程序自动退出并显示出错信息. MATLAB实现这些功能的语句中有中断语句break和出错语句error.

(1) 中断语句

中断语句通常用于循环中断,在循环语句中结合条件语句使用. 其功能是中断本次循环,并跳出最内层循环. 语句使用格式为

```
if<条件表达式>,break,end
```

当条件表达式的逻辑值为“真”时,实现中断.

(2) 出错语句

出错语句常用于程序开始,当初始数据有误时,显示出错信息并退出运行,提示用户重新输入数据再运行程序. 出错语句使用时,需要用单引号括入用于用户提示的简单文本,这一简单文本要指出错误类型,便于用户改正错误. 出错语句使用之前要判断,需要与条件语句结合使用. 使用格式为

```
if<条件表达式>,error('message'),end
```

其中,单引号内的message应替换为提示用户的简单文本.

例12 用试商法判别素数.

```
n=input('input n:=');
for k=2:n
if mod(n,k)==0, break, end  %中止循环
end
if k<n
disp('不是素数')
else
disp('是素数')
end
```

例13 三角形判断

```
r=input('input [a b c]:=');
a=r(1); b=r(2); c=r(3);
if a+b<=c|a+c<=b|b+c<=a
error('不满足构成三角形的条件')
end
disp('是三角形')
```

第五节 MATLAB简单实验

实验一:水仙花数

1. 实验内容

$153=1^3+5^3+3^3$,找出其他具有这样特点的水仙花数.

2. 实验分析

把任一个数各位数字的立方和求出，再求所得数的各位数字的立方和，依次进行，总可以找到一个水仙花数. 如选择 56 按以下方式进行运算：

$5^3+6^3=341$，

$3^3+4^3+1^3=92$，

$9^3+2^3=737$，

$7^3+3^3+7^3=713$，

$7^3+1^3+3^3=371$，

$3^3+7^3+1^3=371$.

可以得到一个水仙花数 371.

3. MATLAB 实验求解

打开编辑窗口，编写命令式 M 文件：

```
for a=1:9
for b=0:9
for c=0:9
if a^3+b^3+c^3==a*100+b*10+c;
            Narcissus=a*100+b*10+c
end
end
end
end
```

4. 实验结果

```
Narcissus=
     153
     370
     371
     407
```

实验二：产品促销策略

1. 实验内容

为扩大销售市场占有率，某企业对旗下各个品牌产品实行消费折扣促销，具体标准如表 1-9 所示：

表 1-9

消费金额(元)	折扣	消费金额(元)	折扣
消费<300	0	800≤消费<1500	5%
300≤消费<500	1%	消费≥1500	7%
500≤消费<800	3%		

2. 实验分析

根据消费金额所得折扣不同，需要用分支语句 switch-case-otherwise-end 进行程序编写. 当开关表达式 switch 的值等于某个 case 语句后面的条件时，程序将转移至该语句段中执行. 执行完成后程序转出整个开关继续向下执行. 如果所有的条件语句与开关条件都不相符合，MATLAB 将执行 otherwise 后面的语句.

3. 实验程序

打开编辑窗口，编写命令式 M 文件：

```
function zk=zk(xf)
switch fix(xf/100)
case{0,1,2}
zk=0;
case{3,4}
zk=1/100;
case{5,6,7}
zk=3/100;
case{8,9,10,11,12,13,14}
zk=5/100;
otherwise
zk=7/100;
end
xf=xf*(1-zk)                          %折扣后实际消费金额
```

4. 实验结果

在命令窗口中输入：

```
zk(982)
```

结果显示：

```
xf=
    932.9000
```

习　题

1. 计算 $\cos\frac{\pi}{8}+e^2$.

2. 设 $u=1, v=3$，计算以下习题：

(1) $4\frac{u^2}{3v}$

(2) $\frac{(u+\cos v)^2}{v-u}$

(3) $\frac{\sqrt{u-3v}}{3v}$

3. 计算下列表达式的值：

(1) $(3-2i)(5+3i)$

(2) $\sin(1.2)(2-7i)$

4. 求表达式$\dfrac{x^3+2x^2-3}{3x^2+1}$当 $x=1$ 时的值.

5. 设函数 $f(x)=\sin(\sqrt{x+2}),\ln 2x$,编写 M 文件,输入自变量的值,输出函数值.

6. 设函数 $f(x)=\begin{cases} x-1, & x\leqslant 1 \\ x+1, & x>1 \end{cases}$,编写 M 文件,输入自变量的值,输出函数值.

7. 设函数 $f(x)=\begin{cases} 1, & x<0 \\ e^x, & 0\leqslant x<1 \\ 2x+1, & x\geqslant 1 \end{cases}$,编写 M 文件,并求 $f(-2)$, $f\left(\dfrac{1}{2}\right)$, $f(3)$.

第二章 MATLAB 绘制二维、三维图形与处理

与数值计算和符号计算相比,图形的可视化技术是数学计算人员追求的更高级的技术.因为对于数值计算和符号计算来说,不管计算的结果有多么的精确,人们往往无法直接从大量的数据和符号中体会它们的具体含义.而图形处理技术恰能使视觉感官直接感受到数据的许多内在本质,通过图形的线型,立面,色彩,光线,视角等属性的控制,可把数据的内在特征表现得淋漓尽致,发现数据的内在联系. MATLAB 不仅具有强大的数据分析处理功能,还具有功能强大的、使用方便的绘图功能.本章将主要介绍 MATLAB 的图形处理功能,包括基本的绘制图形命令、图形的简单控制以及图形窗口的编辑等.

第一节 图形窗口简介

MATLAB 在绘制图形方面的功能非常全面,可以很方便地绘制二维、三维甚至多维图形.本节将主要介绍使用 MATLAB 进行基本的图形绘制,并介绍一些简单的图形操作命令.

一、图形窗口简介

MATLAB的绘图函数和工具将所绘制的图形在图形窗口显示出来,该窗口是从 MATLAB 的主窗口隔离出来的独立窗口.如图 2-1 所示图形窗口的主要部分.

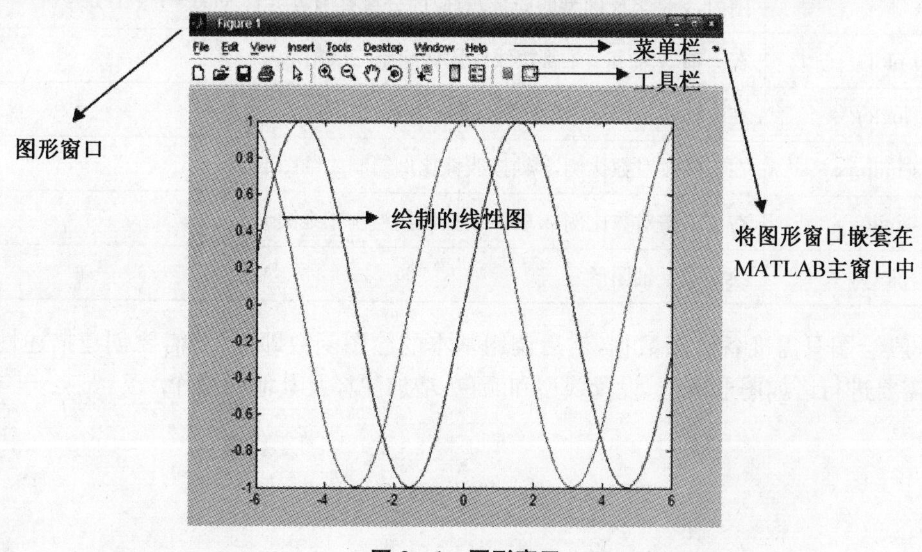

图 2-1 图形窗口

在默认情况下，MATLAB使用不同的线型和颜色来区分图形中的数据. 读者也可以自行修改图形中各元素的线型和颜色，或是在图形中增加注释，从而更好地表达图形. 图形窗口默认的工具栏为一些常用的命令快捷方式，下面简单介绍一下工具栏中各个图标的功能，如图 2-2 所示：

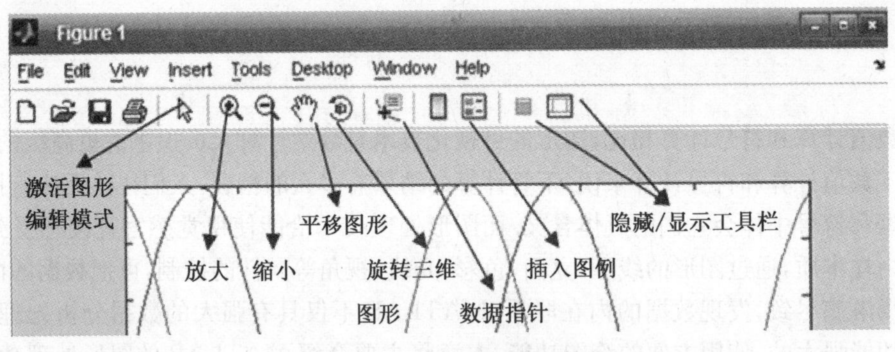

图 2-2　工具栏图标功能简介

二、基本的绘图操作

MATLAB提供了一系列的函数将向量数据以线性图的形式表示出来，以及一些注释和打印图形的函数. 表 2-2 列出了一些绘制基本线性图的函数，这些函数与坐标轴的比例关系各不相同，但是其输入形式都是向量或是矩阵，并自动按比例调整坐标轴的比例来适应这些数据.

表 2-1　绘制基本线性图的函数名

函数名	功能描述
plot	在 x 轴和 y 轴都按线性比例绘制二维图形
fplot	在指定范围内绘出一元函数 y=f(x)的图形. 其中向量 x 的分量分布在指定的范围内，y 是与 x 同型的向量，对应的分量有函数关系：y(i)=f(x(i))
plot3	在 x 轴、y 轴和 z 轴都按线性比例绘制三维图形
loglog	在 x 轴和 y 轴按对数比例绘制二维图形
semilogx	在 x 轴按对数比例，y 轴按线性比例绘制二维图形
semilogy	在 y 轴按对数比例，x 轴按线性比例绘制二维图形
plotyy	绘制双 y 轴图形

一般绘图只需准备绘图数据，然后调用基本的绘图函数即可，若需要创建描述性的详图，则需要进行诸如图形定位、设置线型和颜色、增加注释及其他的操作.

第二节　二维图形的绘制

二维曲线图在 MATLAB 中绘制比较简便，如果将 X 轴和 Y 轴的数据分别保存在两个向量中，同时向量的长度完全相等，你们可以直接调用函数进行二维图形的绘制. MATLAB 绘制图形的一般步骤包括：一是输入图形的数据信息；二是调用绘图函数进行绘制图形；三是设置图形属性，包括坐标轴、颜色的选择、线型、点型的选择等；四是图形输出或打印.

一、plot 函数绘制二维图形

数组常用于表示一元函数的一组函数值. 一元函数值 y 可以视为平面上某点的纵坐标，该点的横坐标即是对应的自变量 x. 由一系列的横坐标、纵坐标组成了一元函数的离散数据组，形成函数数据表，如表 2－2 所示.

表 2－2

X	x_0	x_1	x_2	……	x_n
Y	y_0	y_1	y_2	……	y_n

在函数数据表中，如果自变量以一维数组形式出现，则一元函数值以对应的一维数组表现. 利用绘制基本线性图的函数 plot 来进行图形的绘制. 常用格式如下，

plot(Y)：Y 是一个数组，绘制的是直角坐标的二维图形，以 Y 中元素的下标作为 X 坐标，Y 中元素的值作为 Y 坐标，一一对应地画在坐标平面上.

plot(X,Y)：其中 X 是自变量数据，Y 是函数值数据，且 X 与 Y 都是同维的一维数组. 当 X，Y 均为实数，则 plot(X,Y)先描出点(x(i)，y(i))，然后用直线依次相连；若 X，Y 为复数，则不考虑虚数部分.

plot(X1，Y1，X2，Y2，…)：其中 Xi 与 Yi 成对出现，plot(X1，Y1，X2，Y2，…)将分别按顺序取两组数据 Xi 与 Yi 进行画图，每一对数组可以绘制一条曲线. 可以将两条曲线或多条曲线放置在一个图形框中.

plot(X，Y，'LineSpec')：可以用来绘制不同线型、标识和颜色的图形，其中参数 LineSpeci 指明了线条的类型，标记符号，和画线用的颜色.

plot(X1，Y1，'LineSpec1'，X2，Y2，'LineSpec2'，…)：将按顺序分别画出由三参数定义 Xi，Yi，LineSpeci 的线条放置在一个图形框中. 在 plot 命令中我们可以混合使用三参数和二参数的形式：plot(X1，Y1，'LineSpec1'，X2，Y2，X3，Y3，'LineSpec3').

plot(…，'PropertyName'，PropertyValue，…)：对所有的用 plot 生成的 line 图形对象中指定的属性进行恰当的设置.

plot( )命令是二维图形绘制的基本命令，当自变量数据取得细密时，所绘制的曲线就表现光滑，自变量点取得稀疏时，所绘制的曲线表现粗糙.

例 1　使用 plot(x，y)命令绘制 $y=\cos x, x\in[-4\pi, 4\pi]$的图形.

解　在命令窗口输入命令如下：

```
>> x=-4*pi:0.1:4*pi;
```

```
>> y=cos(x);
>> plot(x,y)
```

按 ENTER 键,显示如图 2-3:

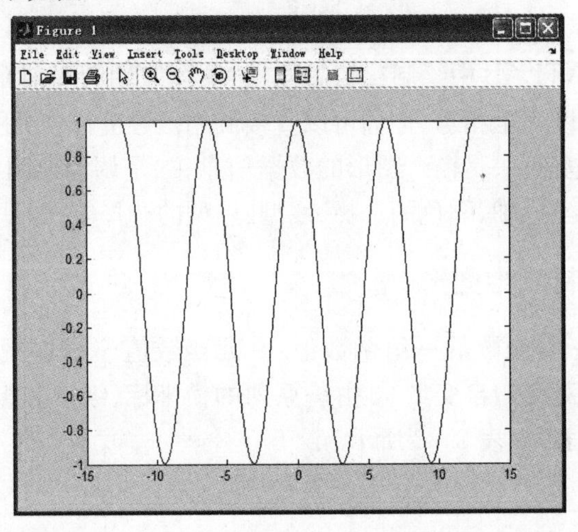

图 2-3

说明:MATLAB 把 x 定位在 x 轴上,把 y 定位在 y 轴上. 也可以只调用一次命令来绘制多条曲线图,MATLAB 将自动使用预定义的颜色来分配给不同的曲线,从而有效地区分各条曲线.

例 2 使用 plot 函数绘制衰减震荡函数 $y1=\mathrm{e}^{-0.5x}$, $y2=-\mathrm{e}^{-0.5x}$, $y3=\mathrm{e}^{-0.5x}\sin 5x$.

解 在命令窗口输入命令如下:

```
>> x=0:0.01:4*pi;
>> y1=exp(-0.5*x);
>> y2=-exp(-0.5*x);
>> y3=exp(-0.5*x).*sin(5*x);                %注意需要点乘
>> plot(x,y1,x,y2,x,y3)
```

按 ENTER 键,显示图形 2-4:

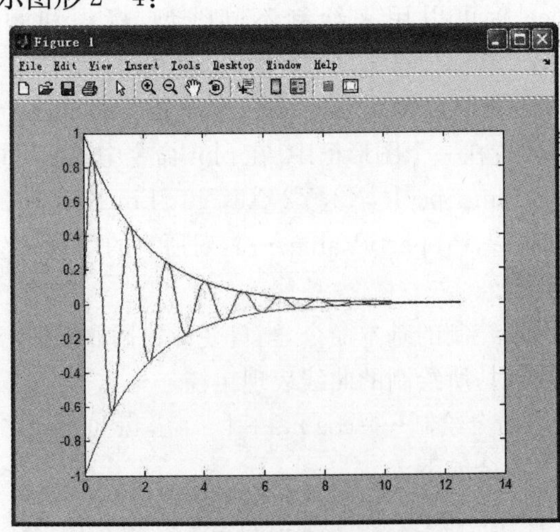

图 2-4 MATLAB 绘制多线图

说明：MATLAB 把 x 定位在 x 轴上，把 y1、y2、y3 定位在 y 轴上. 所得图形如图 2 - 4 所示，MATLAB 自动给 3 条曲线赋予了蓝色、绿色和红色.

二、曲线的线型、数据点型、色彩和定义线的颜色和宽度

plot(X, Y, 'LineSpec')命令中的参数 LineSpec，其功能是定义线的属性. Maltab 允许用户对线条定义如下的特性：

1. 线型

表 2 - 3

定义符	—	——	:	—.
线型	实线(缺省值)	虚线	点线	点划线

2. 标记类型

表 2 - 4

定义符	+	o(字母)	*	.	x
标记类型	加号	小圆圈	星号	实点	交叉号
定义符	d	^	v	>	<
标记类型	棱形	向上三角形	向下三角形	向右三角形	向左三角形
定义符	s	h	P		
标记类型	正方形	正六角星	正五角星		

3. 颜色

表 2 - 5

定义符	r(red)	g(green)	b(blue)	c(cyan)
颜色	红色	绿色	蓝色	青色
定义符	m(magenta)	y(yellow)	k(black)	w(white)
颜色	品红	黄色	黑色	白色

在所有的能产生线条的命令中，参数 LineSepc 可以定义线条的下面三个属性：线型、标记符号、颜色进行设置.

4. 定义线的颜色和宽度

LineWidth：以点为单位的宽度

MarkerEdgeColor：数据点型或是其边界的颜色

MarkerFaceColor：数据点型的填充色

例 3　使用 plot 函数绘制 $y_1=\sin x, y_2=\sin\left(x-\frac{\pi}{4}\right), y_3=\sin\left(x-\frac{\pi}{2}\right), x\in[0,2\pi]$，选用不同的线型、数据点型和色彩的二维图形.

解　在命令窗口输入命令如下：

```
>> x=0:0.1:2*pi;
>> y1=sin(x);
>> y2=sin(x-pi/4);
>> y3=sin(x-pi/2);
```

```
>> plot(x,y1,'-sr',x,y2,'--*g',x,y3,':^b')
```

按 ENTER 键，显示图形 2-5：

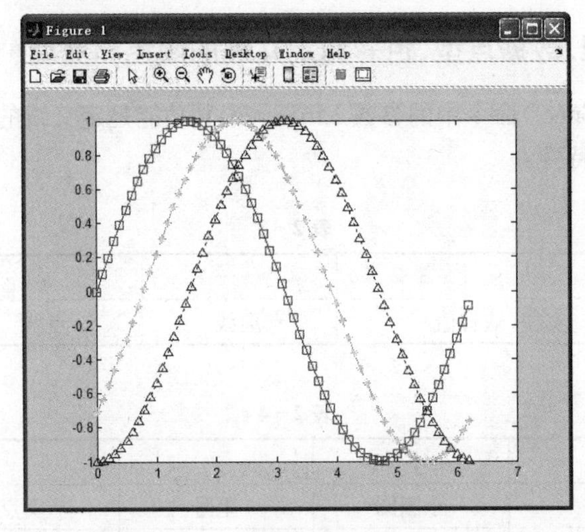

图 2-5

从图中可以看出，程序中分别使用了实线、虚线和点线 3 种线型，使用了正方形、星号和上三角形 3 种数据点型，并使用了红色、绿色和蓝色 3 种颜色.

例 4 定义线的颜色和宽度举例

解 在命令窗口输入命令如下：

```
>> t=0:0.1:2*pi;
>> y=sin(2*t);
>> plot(t,sin(2*t),'-om','LineWidth',2,…
'MarkerEdgeColor','k',…
'MarkerFaceColor','g',…
'MarkerSize',12)
```

按 ENTER 键，显示图形 2-6：

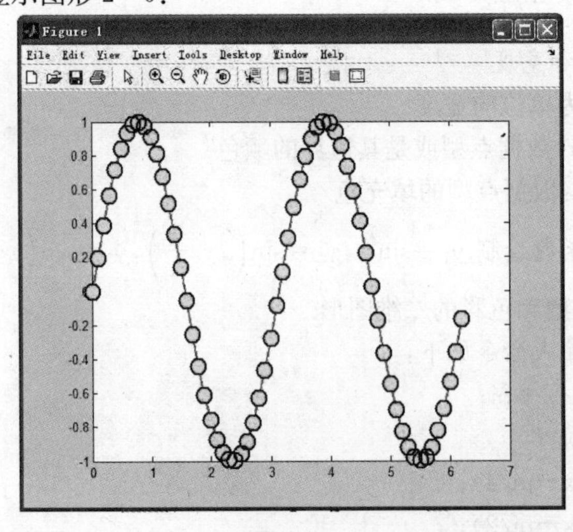

图 2-6

三、仅绘制二维图形的数据点

若只需要将数据点绘制出来,不需要用线型来连接各个数据点,则只需在定义线型、数据点型和色彩的字符串中去掉线型即可.

例 5 使用 plot 函数绘制 $y_1=\sin x, y_2=\sin\left(x-\frac{\pi}{4}\right), y_3=\sin\left(x-\frac{\pi}{2}\right), x\in[0,2\pi]$,选用不同的数据点型和色彩的二维图形.

解 在命令窗口输入命令如下:

```
>> x=0:0.1:2*pi;
>> y1=sin(x);
>> y2=sin(x-pi/4);
>> y3=sin(x-pi/2);
>> plot(x,y1,'sr',x,y2,'*g',x,y3,'^b')      %各个数据点之间没有连接线
```

按 ENTER 键,显示图形 2-7:

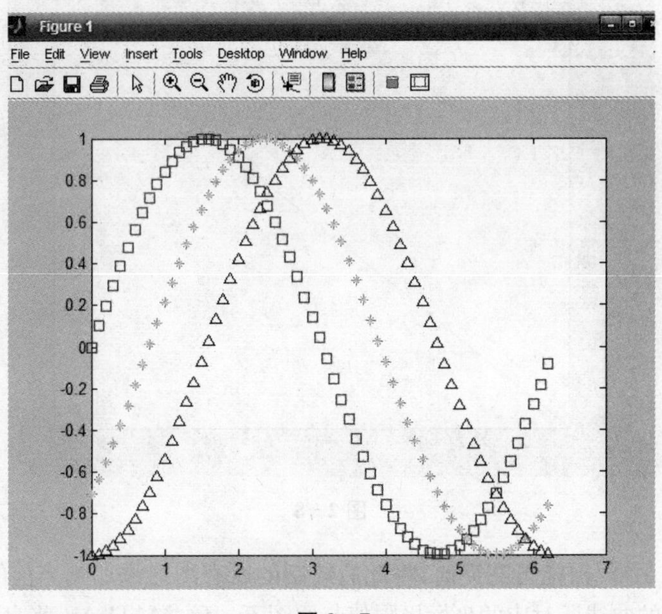

图 2-7

四、图形的多次叠放

对于绘制分段函数图形,或在一张图纸上绘制多条曲线,这就需要将多条曲线叠放在一起,在 MATLAB 中提供了 hold 函数来实现这个功能. 具体调用形式如下:

hold 命令不改变坐标轴的自定义范围的性质.

hold on 命令保持当前图形,并且将后绘制的所有图形添加到当前的图形窗口中,如果新的曲线所对应的坐标极限值与原图不一致,系统将自行调整.

hold off 命令返回 plot 命令所默认的形式,并在绘图之前重新设置坐标系的属性.

hold 命令在 hold on 和 hold off 状态之间进行切换.

hold all 命令保留当前的颜色和线型，这样在绘制随后的图形时就使用当前的颜色和线型.

例 6 利用 hold 函数绘制分段函数 $f(x)=\begin{cases} x, & x\in[0,1) \\ \frac{1}{2}(x^4+1), & x\in[1,2] \\ -x^2+9x-5.5, & x\in(2,5] \end{cases}$ 的图形.

解 在命令窗口输入命令如下：

```
>> x=0:0.01:1;
>> f=x;
>> plot(x,f)
```

按 ENTER 键，显示图形 2-8：

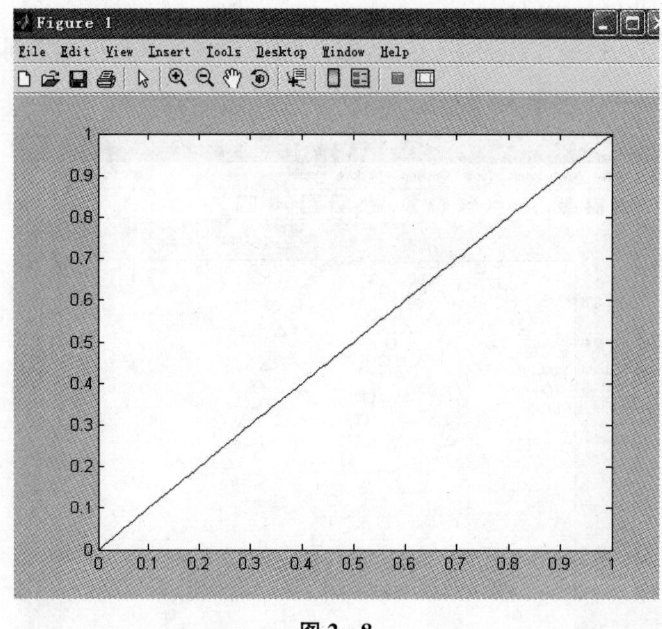

图 2-8

```
>> hold on        %保持当前突前，将此后绘制的所有图形添加到当前的图形窗口中
>>%新的曲线所对应的坐标极限值与原图不一致，MATLAB 将自动进行调整
```

继续在命令窗口输入命令：

```
>> x=1:0.01:2;
>> f=0.5*(x.^4+1);
>> plot(x,f)
```

按 ENTER 键，显示图形 2-9：

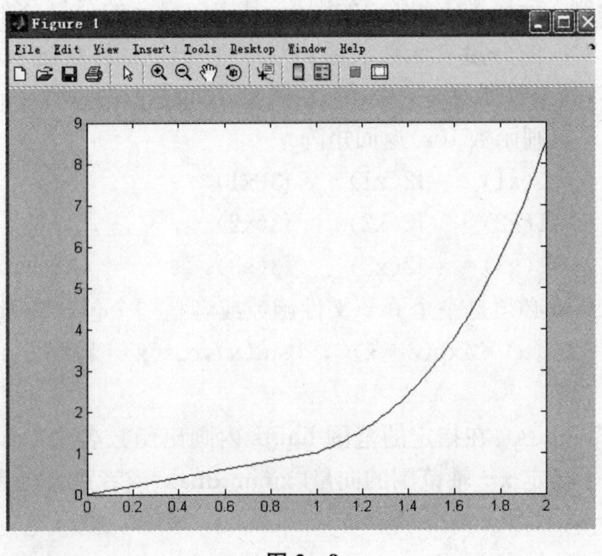

图 2－9

继续在命令窗口输入命令：

```
>> x=2:0.01:5;
>> f=-x.^2+9*x-5.5
>> plot(x,f)
```

按 ENTER 键，显示图形 2－10：

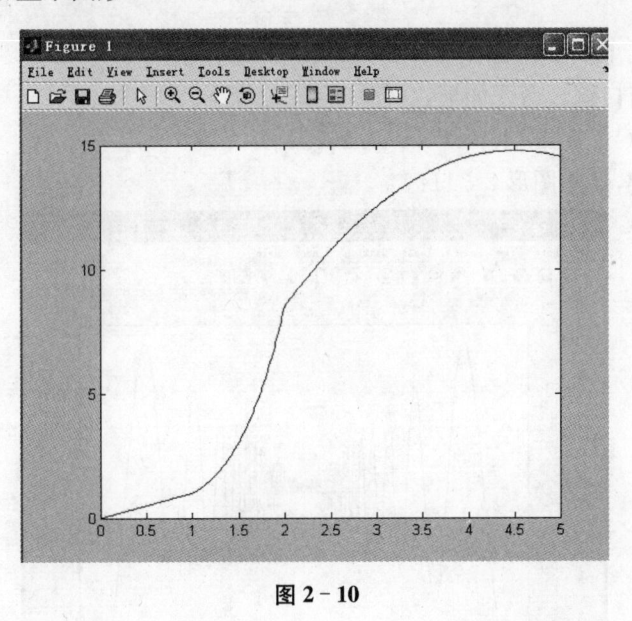

图 2－10

五、利用 fplot 或 ezplot 函数画图

利用 fplot 或 ezplot 函数在指定的范围 limits 内画出符号函数（显函数、隐函数和参数式函数）的图形.

1. fplot 函数绘制一元函数 y=f(x)的图形. 其中向量 **x** 的分量分布在指定的范围内,**y** 是与 **x** 同型的向量,对应的分量有函数关系:**y**(i)=f(**x**(i)). 若对应于 **x** 的值,**y** 返回多个值,则 **y** 是一个矩阵,其中每列对应一个 f(x). 例如,f(x)返回向量[f1(x),f2(x),f3(x)],输入参量 **x**=[x1;x2;x3],则函数 f(x)返回矩阵

f1(x1)　　f2(x1)　　f3(x1)
f1(x2)　　f2(x2)　　f3(x2)
f1(x3)　　f2(x3)　　f3(x3)

注意:函数 function 必须是一个 m-文件函数或者是一个包含变量 x,且能用函数 eval 计算的字符串. 例如:'sin(x) * exp(2 * x) ',' [sin(x),cos(x)] ','hump(x)'. 具体调用形式如下:

fplot('function',limits):在指定的范围 limits 内画出函数名为 function 的一元函数图形. 其中 limits 是一个指定 x-轴范围的向量[xmin xmax]或者是 x 轴和 y 轴的范围的向量[xmin xmax ymin ymax].

fplot('function',limits,LineSpec):用指定的线型 LineSpec 画出函数 function.

fplot('function',limits,tol):用相对误差值为 tol 画出函数 function. 相对误差的缺省值为 2e-3.

fplot('function', limits, tol, LineSpec): 用指定的相对误差值 tol 和指定的线型 LineSpec 画出函数 function 的图形.

注意:fplot 函数不能画出参数函数和隐函数的图形,但在一个图上可以绘制出多个图形.

例 7　在[-0.1,0.1]上画出 $f(x)=x\sin(1/x)$的图形.

解　在命令窗口输入命令如下:

```
>> fplot('x. * sin(1./x)',[-0.1,0.1])
```

按 ENTER 键,显示图形 2-11:

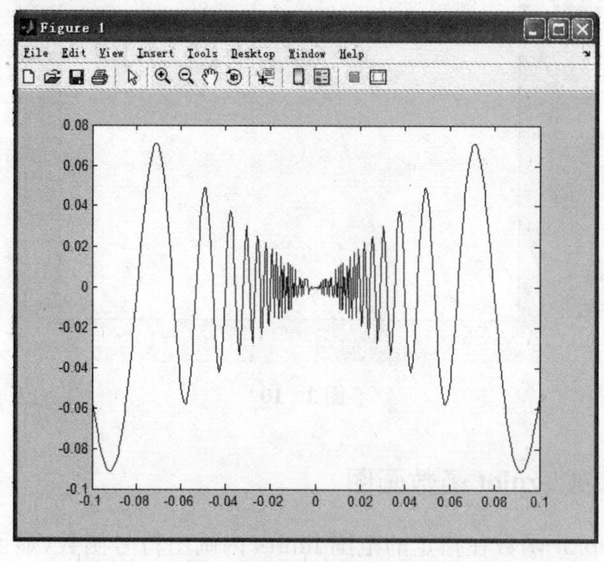

图 2-11

例 8 在[−1,2]上画出 $y=e^{2x}+\sin(3x^2)$的图形.

解 先可以建立 M 文件 myfun1. m:

```
function Y=myfun1(x)
Y=exp(2*x)+sin(2*x.^2)
```

在命令窗口输入命令如下:

```
>> fplot('myfun1',[-1,2])
```

按 ENTER 键,显示图形 2-12:

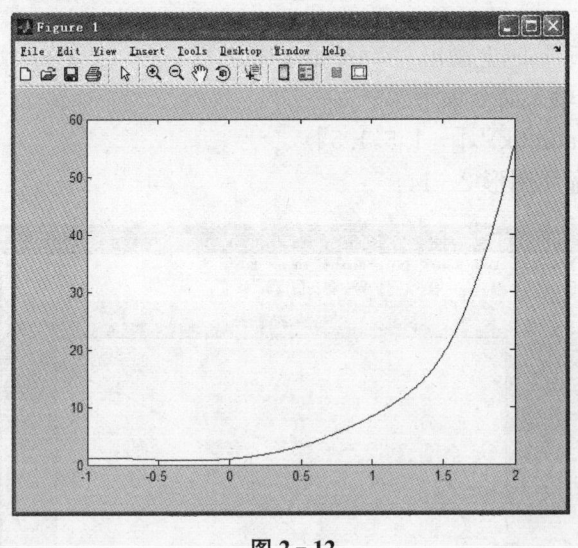

图 2-12

例 9 将 x,y 的取值范围都限制在[−2π,2π],画出函数 $\sin x,\cos x,3x,e^x$ 的图形.

解 在命令窗口输入命令如下:

```
>> fplot('[sin(x),cos(x),3*x,exp(x)]',2*pi*[-1,1,-1,1])
```

按 ENTER 键,显示图形 2-13:

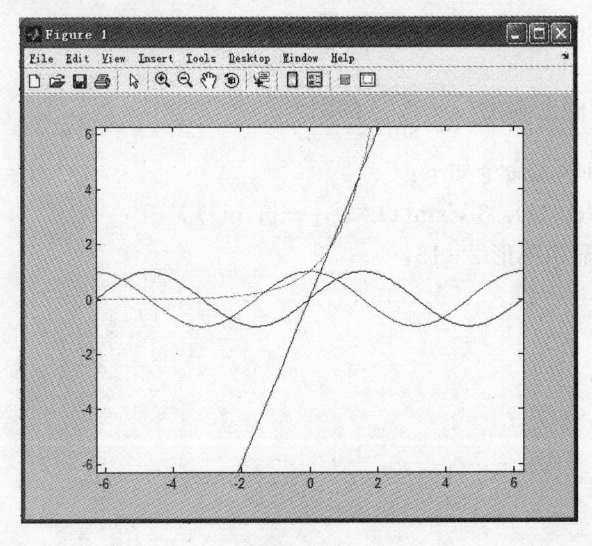

图 2-13

2. ezplot 函数的调用格式如下：

ezplot(f)：表示在默认区间 $x\in[-2\pi,2\pi]$绘制出 $f=f(x)$的函数图形

ezplot(f,[a,b])：表示在区间 $x\in[a,b]$绘制出 $f=f(x)$的函数图形

ezplot(f,[xmin,xmax,ymin,ymax])：表示在区间 $x\in[x_{\min},x_{\max}]$，$y\in[y_{\min},y_{\max}]$绘制出函数 $f(x,y)=0$ 的函数图形

ezplot(x,y,[tmin,tmax])：表示在区间 $t\in[t_{\min},t_{\max}]$绘制出参数式函数$\begin{cases}x=x(t)\\y=y(t)\end{cases}$的函数图形

例 10　在[−1.5,1.5]上画出 $y=\arctan x$ 的图形.

解　在命令窗口输入命令如下：

```
>> ezplot('atan(x)',[-1.5,1.5])
```

按 ENTER 键，显示图形 2-14：

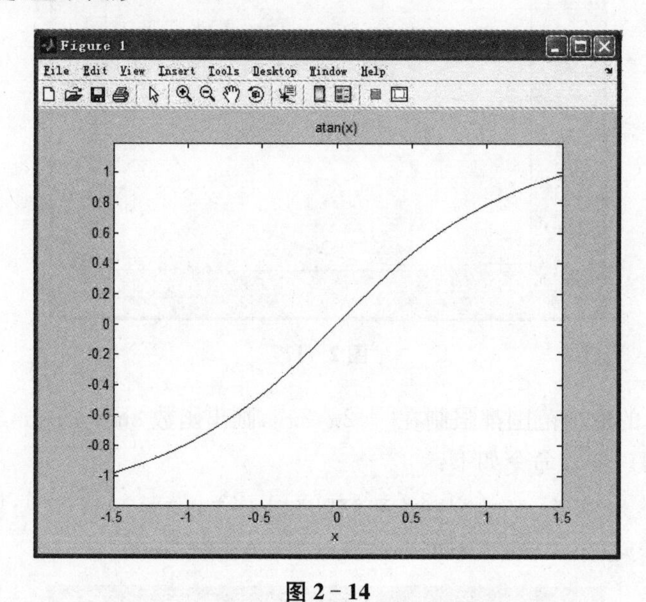

图 2-14

例 11　在$[-\pi,\pi]$上画出$\begin{cases}x=\cos^3 t\\y=\sin^3 t\end{cases}$的图形.

解　在命令窗口输入命令如下：

```
>> ezplot('cos(t).^3','sin(t).^3',[-pi,pi])
```

按 ENTER 键，显示图形 2-15：

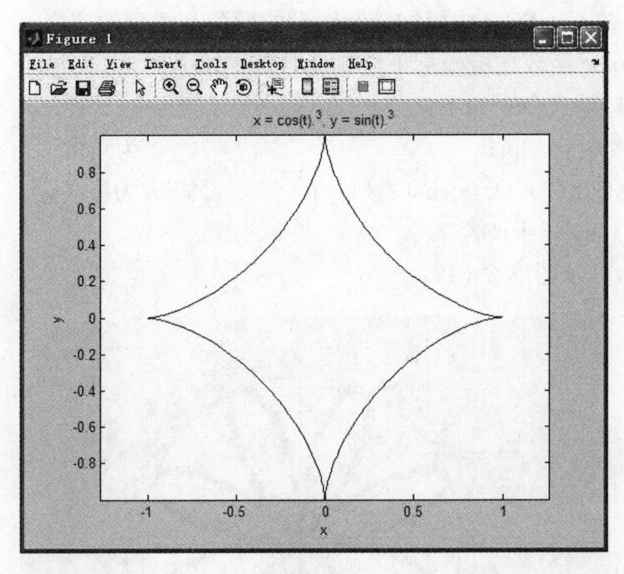

图 2-15

例 12　在[-2,0.5],[0,2]上画隐函数 $e^x+\sin(xy)=0$ 的图形.

解　在命令窗口输入命令如下：

```
>> ezplot('exp(x)+sin(x*y)',[-2,0.5,0,2])
```

按 ENTER 键,显示图形 2-16：

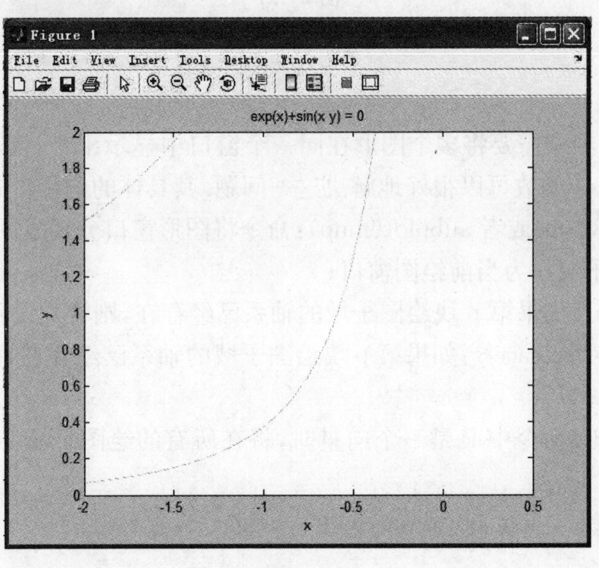

图 2-16

六、极坐标图形的绘制

MATLAB 提供了 polar 函数在极坐标系下绘制图形,具体使用格式如下：

polar(theta,rho)：使用极坐标,按照坐标的角度为 theta,极半径为 rho 绘制图形.

polar(theta,rho,LineSpec)：同样是使用极坐标,按照坐标的角度为 theta,极半径为

rho 绘制图形，但是在 LineSpec 中增加绘制图形的颜色和线型的定义.

例 13 使用 polar 函数在极坐标下绘制函数的图形.

解 在命令窗口输入命令如下：

```
>> t=0:0.01:4*pi;                          % t 为角度
>> s=abs(sin(2*t).*cos(2*t));              % s 为极半径
>> polar(t,s,'-+r')
```

按 ENTER 键，显示图形 2-17：

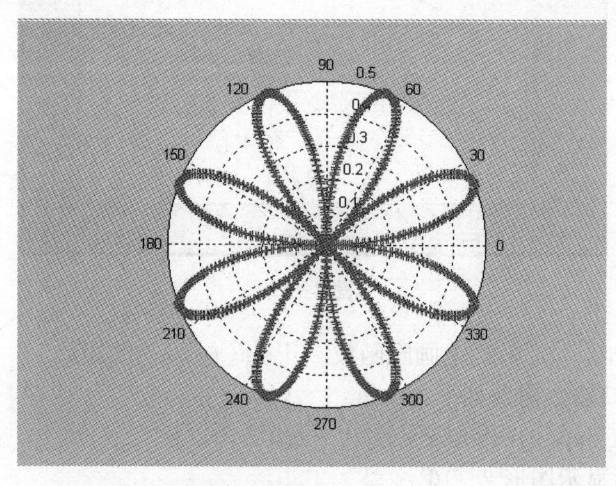

图 2-17

七、多子图

在绘图过程中，经常需要将多个图形在同一个窗口中显示出来，而不是简单的叠加. 在 MATLAB 中，subplot 函数可以很好地解决这一问题. 其具体的调用形式如下：

H=subplot(m,n,p)或者 subplot(mnp)：命令将图形窗口分解成 $m\times n$ 块绘图子域，并且设置第 p 块绘图子域作为当前绘图窗口；

subplot(m,n,p)：如果第 p 块绘图子域的轴系已经存在，则将其设置为当前绘图窗口；

subplot(m,n,p,'replace')：如果第 p 块绘图子域的轴系已经存在，则将其轴系删除，并且用 replace 来代替；

subplot(m,n,P)：命令中 P 是一个向量时，将在所有的绘图子域中指定 P 中的一个坐标位置；

subplot('position',[left,bottomm,width,height])：在标准的坐标系中，指定的位置处生成一个轴系.

例 14 使用 subplot 函数进行多图的绘制.

解 在命令窗口输入命令如下：

```
>> x=0:0.01:2*pi;
>> y1=sin(x);
>> y2=sin(x-pi/4);
>> y3=sin(x-pi/2);
```

```
>> subplot(2,2,1)
>> plot(x,y1,x,y2,x,y3)
```

按ENTER键，显示图形2-18：

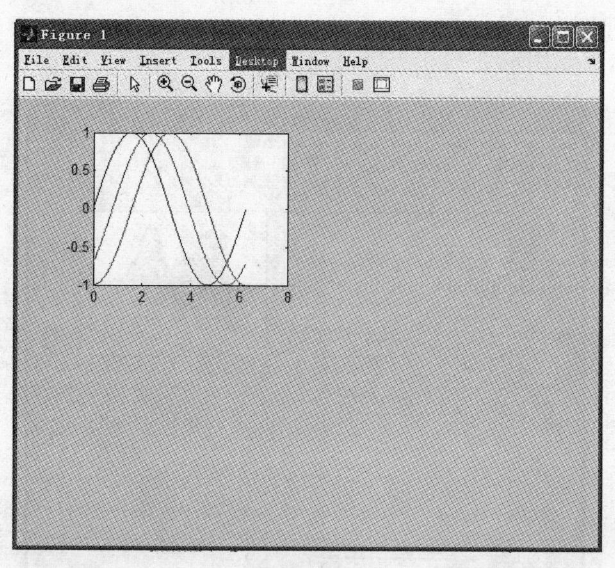

图2-18

继续在命令窗口输入命令：

```
>> subplot(2,2,2)
>> z=peaks;
>> plot(z)
```

按ENTER键，显示图形2-19：

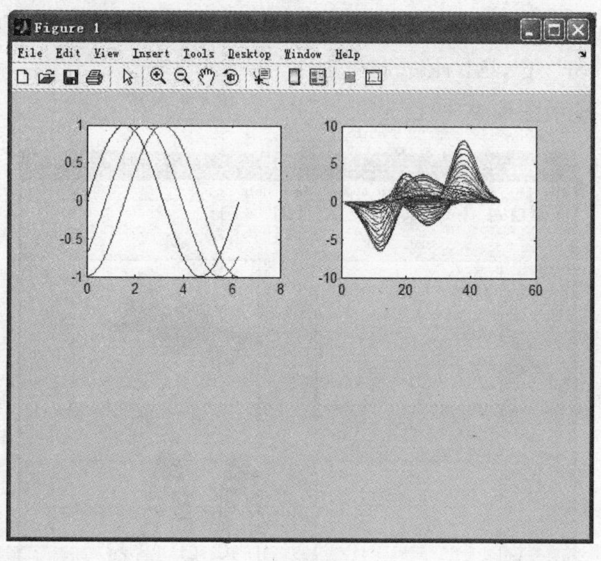

图2-19

继续在命令窗口输入命令：

```
>> subplot(2,2,3)
>> x=-1:0.01:2;
>> y=exp(2*x)+sin(2*x.^2);
>> plot(x,y)
```

按 ENTER 键，显示图形 2－20：

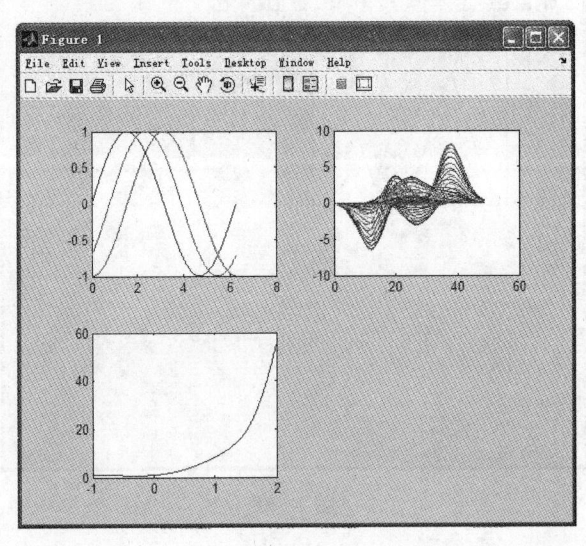

图 2－20

继续在命令窗口输入命令：

```
>> subplot(2,2,4)
>> t=0:0.1:2*pi;
>>
plot(t, sin(2*t), '-om', 'LineWidth', 2, 'MarkerEdgeColor', 'k', 'MarkerFaceColor','g','MarkerSize',12)
```

按 ENTER 键，显示图形 2－21：

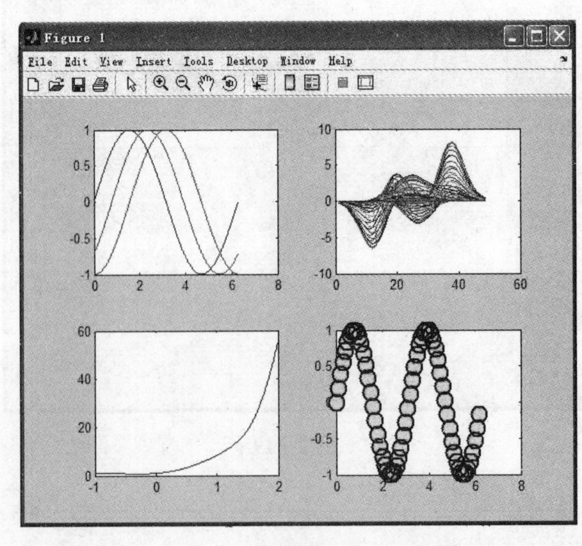

图 2－21

八、对数坐标图

在数理统计时，使用传统的坐标系往往不能直观地反映出统计模型的特征，此时一般使用对数坐标系来绘制图形. MATLAB 中提供了 loglog、semilogx 和 semilogy 这 3 个函数来进行这方面的图形绘制，在表 3－1 中已经列出它们的功能，具体的调用方式和 plot 函数的调用方式相同，区别在于 loglog 函数对 X 轴和 Y 轴均采用对数坐标，而 semilogx 和 semilogy 函数则分别对 X 轴和 Y 轴采用对数坐标.

例 15　使用 loglog、semilogx 和 semilogy 函数绘制函数的图形.

解　在命令窗口输入命令如下：

```
>> x=linspace(1,100,100);        %在[1,100]上取 100 个点
>> y=exp(x);
>> loglog(x,y,'--sb')
```

按 ENTER 键，显示图形 2－22：

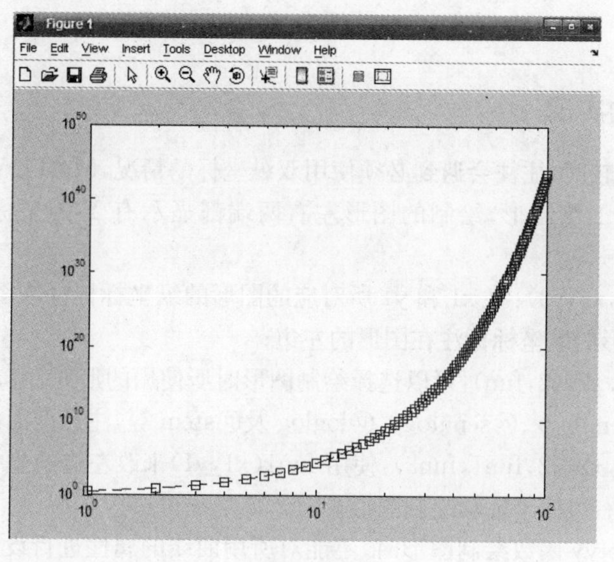

图 2－22

继续在命令窗口输入如下命令：

```
>> semilogy(x,y,'--sb')                %绘制 y 坐标为对数坐标的图形
```

按 ENTER 键，显示图形 2－23：

说明：linspace 是 Matlab 中的一个指令，用法：linspace(x1，x2，N)，用于产生 x1，x2 之间的 N 点行矢量. 其中 x1、x2、N 分别为起始值、终止值、元素个数. 若缺省 N，默认点数为 100.

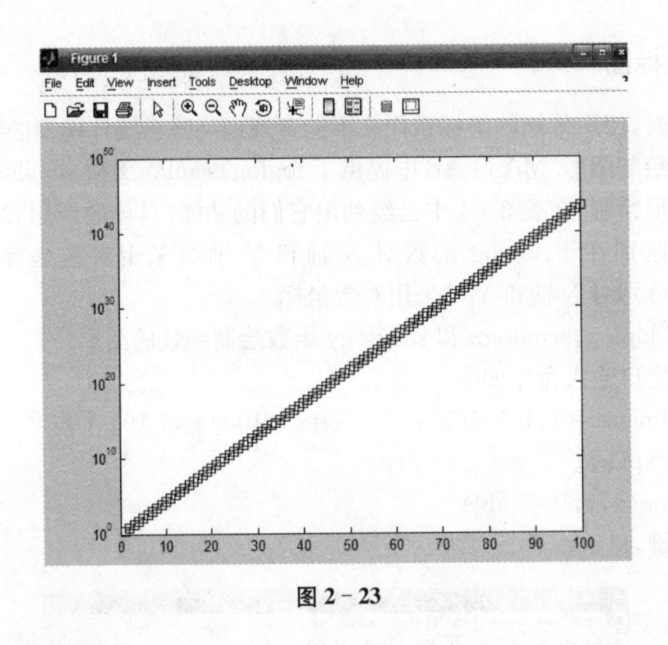

图 2 - 23

九、双 y 轴的实现

在进行数值比较时，往往会遇到必须使用双纵坐标的情况，MATLAB 提供了 plotyy 函数来绘制双纵坐标二维图形，绘制的图形左右两端都显示有 Y 的坐标轴. 具体调用格式如下：

plotyy(x1,y1,x2,y2)：将 x1 和 y1 所对应的图形的纵坐标标注在图形的左边，并把 x2 和 y2 所对应的图形的纵坐标标注在图形的左边；

plotyy(x1,y1,x2,y2,fun)：可以选择绘制图形时所使用的形式，由 fun 函数来决定，fun 可以是@plot、@semilogx、@semilogy、@loglog 及@stem 等，注意前面的@符号不能省略；

plotyy(x1,y1,x2,y2,fun1,fun2)：使用 fun1(x1,y1)来改左边的坐标轴绘制图形，并使用 fun2(x2,y2)给右边的坐标轴绘制图形；

说明：使用 plotyy 函数绘制图形时，不能对所用曲线的属性进行设置，若要对图中的曲线的线型、点型和颜色进行设置，可以使用句柄图形控制来完成，在本书中不作介绍.

例 16 用 plotyy 来绘制 $y_1=\sin x, y_2=\cos x$，在 $x\in[-2\pi,2\pi]$上的双纵坐标图形.

解 在命令窗口输入命令如下：

```
>> x1=linspace(-2*pi,2*pi,100);
>> y1=sin(x1);
>> x2=linspace(-2*pi,2*pi,100);
>> y2=cos(x2);
>> plotyy(x1,y1,x2,y2)
```

按 ENTER 键，显示图形 2 - 24：

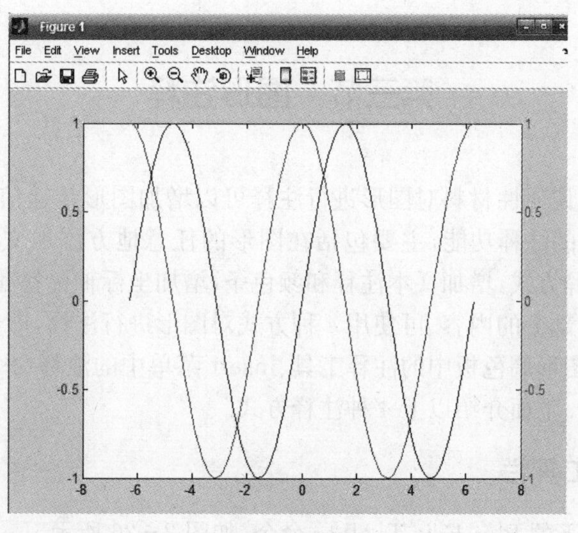

图 2-24

若要使用不同的函数命令来绘制 x1,y1 图形及 x2,y2 图形,则可使用 plotyy(x1,y1,x2,y2,fun1,fun2)来完成图形的绘制.

例 17 用 plot 来绘制$[-2\pi,2\pi]$上 $y_1=e^x$ 的图形,用 semilogy 来绘制在$[-6,6]$上,$y_2=\frac{1}{10}(x^3+3x^2+5x)$的图形的双纵坐标图形.

解 在命令窗口输入命令如下:

```
>> x1=linspace(-2*pi,2*pi,100);
>> y1=exp(x1);
>> x2=linspace(-6,6,100);
>> y2=0.1*(x2.^3+3*x2.^2+5*x2);
>> plotyy(x1,y1,x2,y2,@plot,@semilogy)
```

按 ENTER 键,显示图形 2-25:

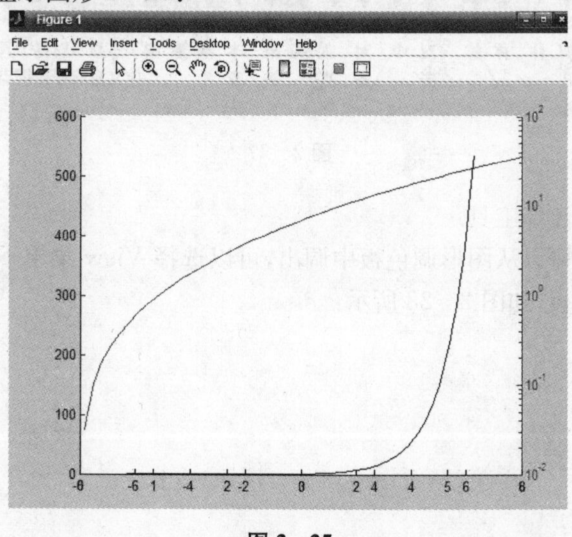

图 2-25

第三节　图形注释

使用文本或其他说明性材料对图形进行注释可以增加图形传递信息的能力，本节将介绍 MATLAB 中图形的注释功能，主要包括在图形的任意地方添加文本、直线、箭头、长方形、椭圆以及其他注释方式，增加文本注释和颜色条，增加坐标轴标签和图形标题，对图形的属性进行编辑这几个部分的内容. 可使用 4 种方式对图形进行注释，即分别通过调用图形注释工具栏中的图标、图形调色板中的注释工具、insert 菜单中的注释命令和直接使用注释命令来对图形进行注释. 下面介绍以上 4 种注释方式.

一、图形注释工具栏

选择 View 菜单下的 Plot Edit Toolbar 命令，如图 2－26 所示：

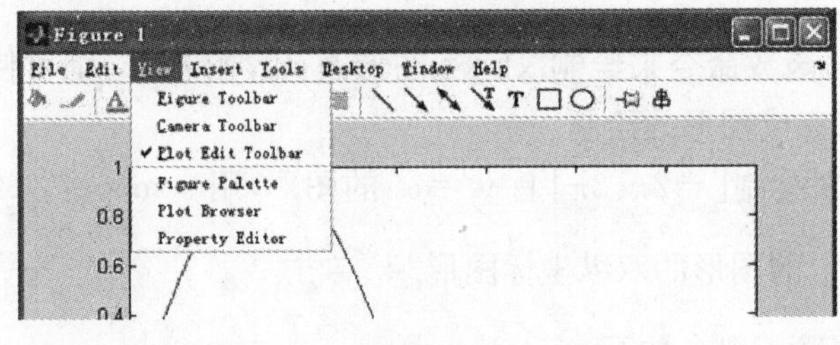

图 2－26

图形注释工具栏中各个图标的功能如图 2－27 所示：

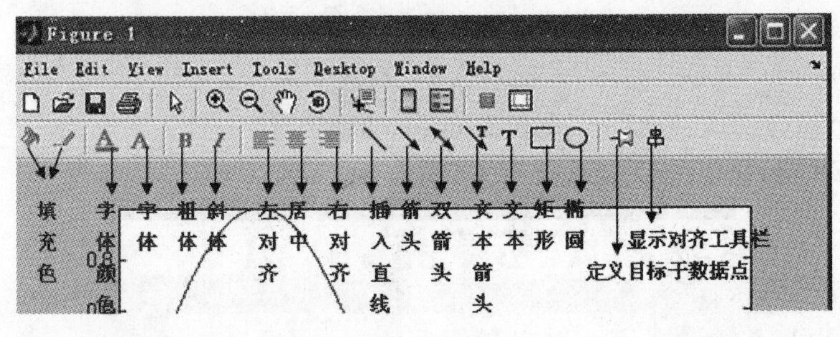

图 2－27

图形调色板中的注释工具.

基本的注释工具可以从图形调色板中调出，可以选择 View 菜单下的 Figure Palette 命令可以调出图形调色板，如图 2－28 所示：

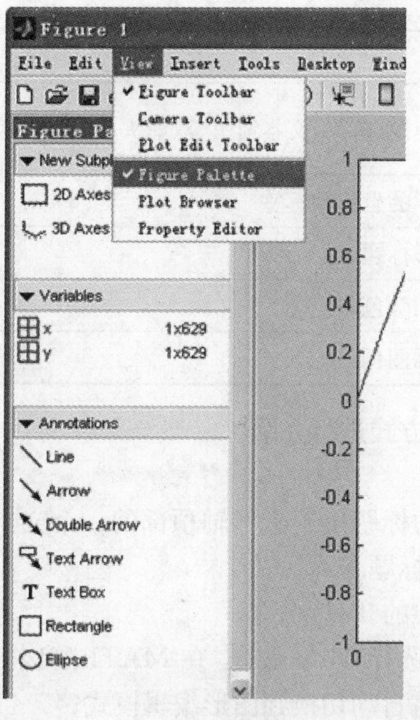

图 2－28

二、添加注释

可以从 Insert 菜单增添注释，打开 Insert 菜单，从 Insert 下拉菜单中选择需要的注释种类即可，如图 2－29 所示：

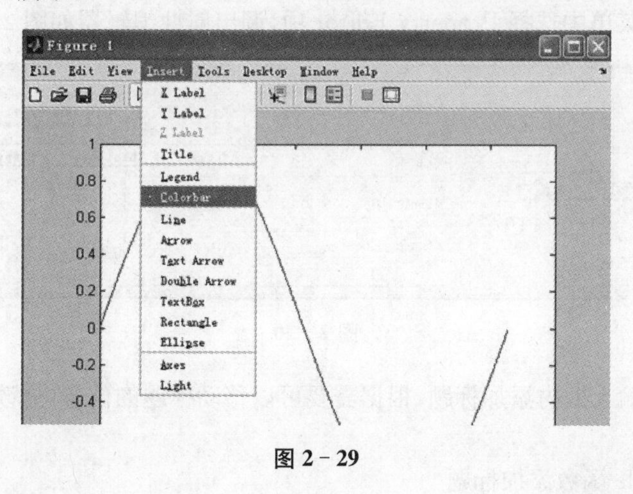

图 2－29

也可以使用函数命令增添注释，表 2－6 列出了 MATLAB 中的注释命令：

表 2-6

函数	功能描述
Annotation	创建线、箭头、文本箭头、双箭头、文本框、矩形和椭圆
xlabel,ylabel,zlabel	相应的坐标轴标签
title	图形标题
colorbar	增加颜色条
legend	增添图例

下面对各种图形的注释方式进行介绍：

1 图形的标题

在 MATLAB 中，图形的标题位于坐标轴顶部的一个文本字符串，表示了图形的主题. 通常有 3 种方式给图形添加标题.

1.1 使用 Insert 菜单中的 Title 命令

(1) 打开 Insert 菜单并选择 Title 命令，在 MATLAB 将在图框的顶部打开一个文本框，当选择了 Title 命令时，将自动切换到图形编辑模式；

(2) 在文本框里输入图形的标题；

(3) 输完标题后，在图形背景的任意地方单击即可关闭该文本框，若单击图形窗口中的其他对象，例如轴或线，则在关闭该文本框的同时，将自动切换到用户所选择的对象；

(4) 若改变标题的字体，类似于编辑图形中的其他字体一样对标题中的字体进行编辑.

1.2 属性编辑器 Property Editor 添加标题

(1) 在 View 菜单中选择 Property Editor 项，调出属性编辑器如图 2-30 所示：

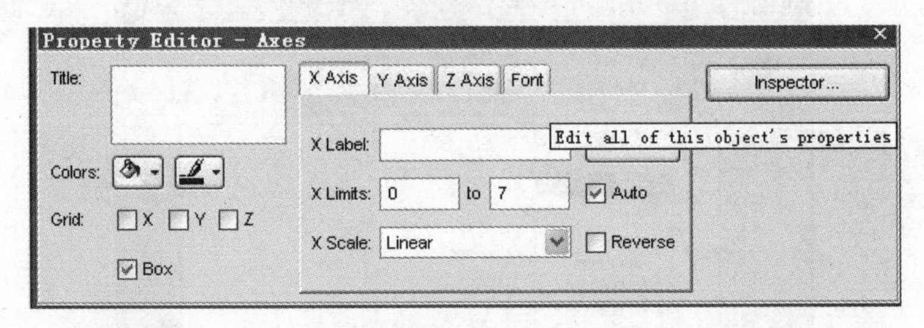

图 2-30

(2) 在 Title 输入框内添加标题，根据需要可以移动标题的位置，修改标题的字体、位置和其他属性.

1.3 使用 title 函数添加标题

具体使用格式如下：

title('text')：将 text 添加到图形标题；

title('text','property1'propertyvalue1,'property2',...)：给标题的各个属性赋值.

例 1 描绘函数 $y=\cos x, x\in[-2\pi,2\pi]$，并添加标题余弦函数.

解 在命令窗口输入命令如下：

```
>> x=linspace(-2*pi,2*pi,100);
```

```
>> y=cos(x);
>> plot(x,y)
```

按 ENTER 键，显示余弦函数图形 2－31：

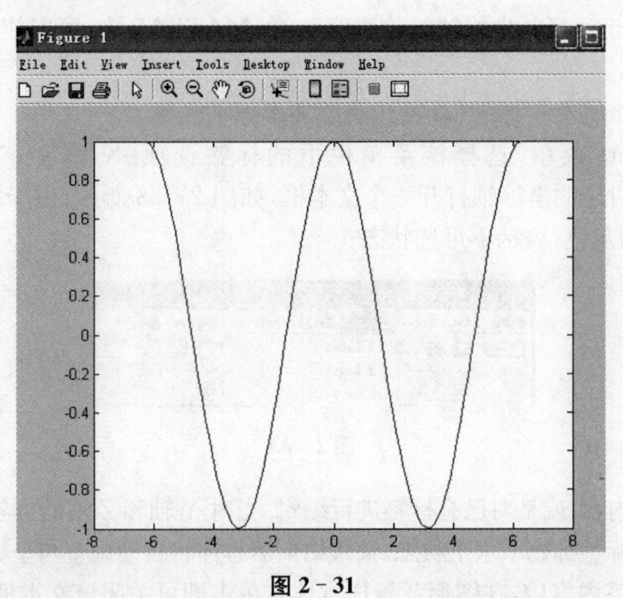

图 2－31

继续在命令窗口输入以下命令：

```
>> title('余弦函数')             %使用 title 函数添加标题
```

按 ENTER 键，显示带标题的余弦函数图形 2－32：

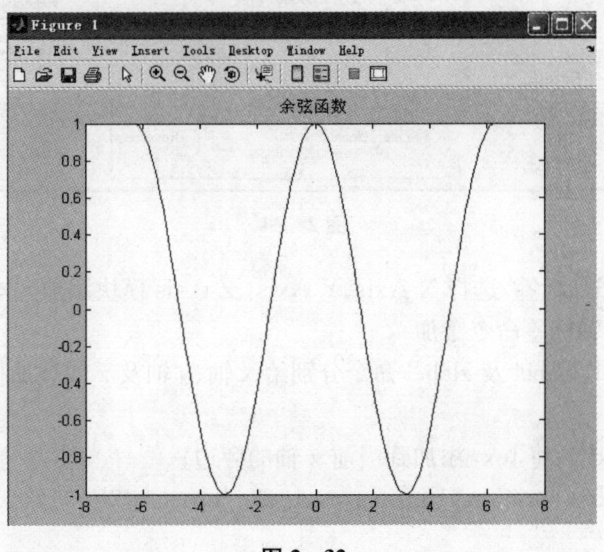

图 2－32

也可以利用其他两种方式给图形添加标题，这里不再赘述.

2　坐标轴标签

前面介绍的图形虽然也有坐标轴，坐标轴上也有数字，但是与所绘图形相比，这样的标注过于简单，MATLAB 可以给坐标轴设置标签，这些标签是与 x、y、z 轴对齐的字符串，坐标轴的标签主要用于注释各坐标轴的单位信息. 在 MATLAB 中，可以使用 3 种方式给图形的坐标轴添加标签.

2.1　使用 Insert 菜单下的 Label 选项添加坐标轴标签

(1) 打开 Insert 菜单，选择该菜单栏下的标签选项：X Label、Y Label、Z Label，MATLAB 将沿着对应的坐标轴打开一个文本框，如图 2－33 所示，由于截图是一个二维图形，所以 Z Label 为灰色，表示不可选状态；

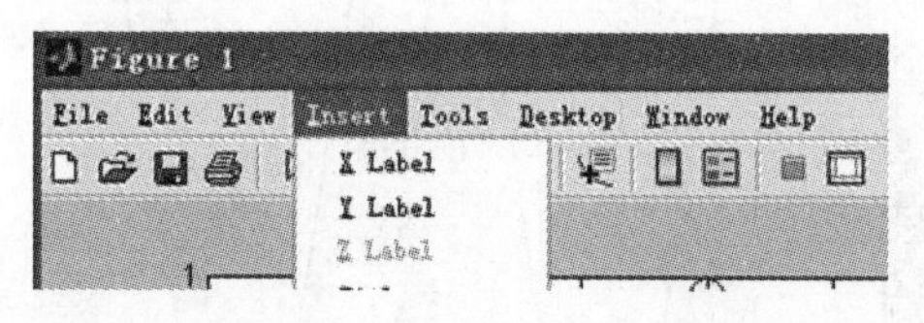

图 2－33

(2) 输入标签内容，或是对已有标签进行编辑. 当对 Y 轴和 Z 轴的标签进行编辑的时候，在输入状态下这些标签都处于水平状态，输入结束后程序将自动调整与坐标轴对齐的状态；

(3) 输入完标签内容后，在图形背景任意地方单击即可关闭该文本框.

2.2　属性编辑器 Property Editor 添加坐标轴标签

(1) 在 View 菜单中选择 Property Editor 项，调出属性编辑器如图 2－34 所示：

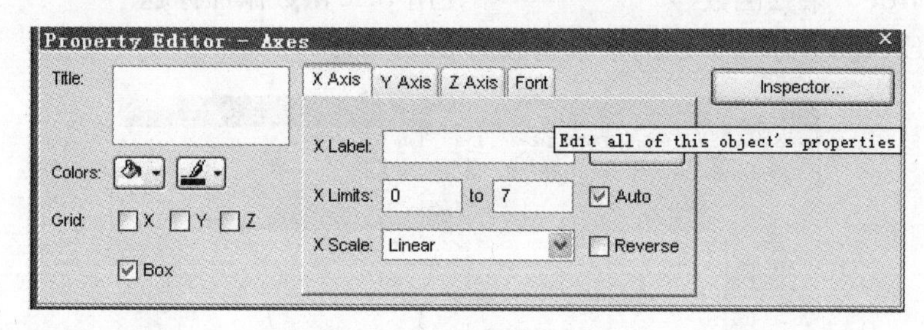

图 2－34

(2) 根据需要添加标签，选择 X Axis、Y Axis 、Z Axis 模块添加文本.

2.3　使用坐标轴标签命令添加

可以使用 xlabel、ylabel 及 zlabel 命令分别给 x 轴、y 轴及 z 轴添加标签，具体使用格式如下；

xlabel('text')：将 text 添加到当前 x 轴的旁边；

xlabel('text', 'property1'propertyvalue1, 'property2'…)：给 x 轴标注的各个属性赋值；

ylabel('text')：将 text 添加到当前 y 轴的旁边；

ylabel('text', 'property1 'propertyvalue1, 'property2',…)：给 y 轴标注的各个属性赋值；

zlabel('text')：将 text 添加到当前 z 轴的旁边；

zlabel('text', 'property1'propertyvalue1, 'property2'…):给 z 轴标注的各个属性赋值.

例 2　描绘函数 $y=\ln x, x\in[1,100]$的图形,并标注标题自然对数图,在 x 轴添加标签 x 的取值范围是 1～100,在 y 轴添加标签 y=logx.

解　在命令窗口输入命令如下:

```
>> fplot('log(x)',[1,100])
```

按 ENTER 键,显示图形 2-35:

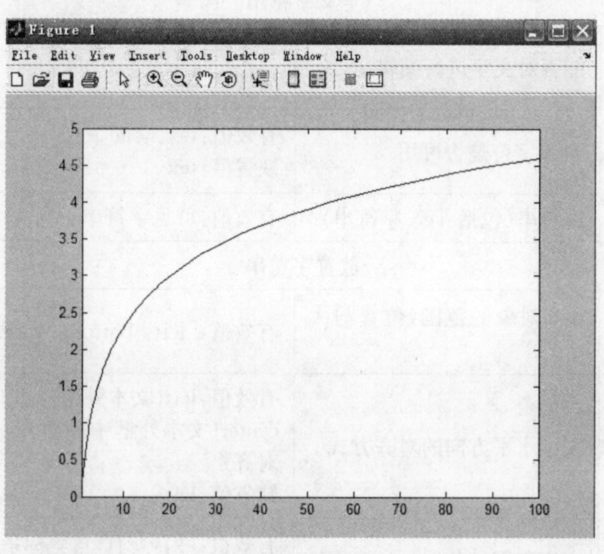

图 2-35

```
>> title('自然对数图')
>> xlabel('x 的取值范围是 1～100')
>> ylabel('y=logx')
```

显示图形 2-36:

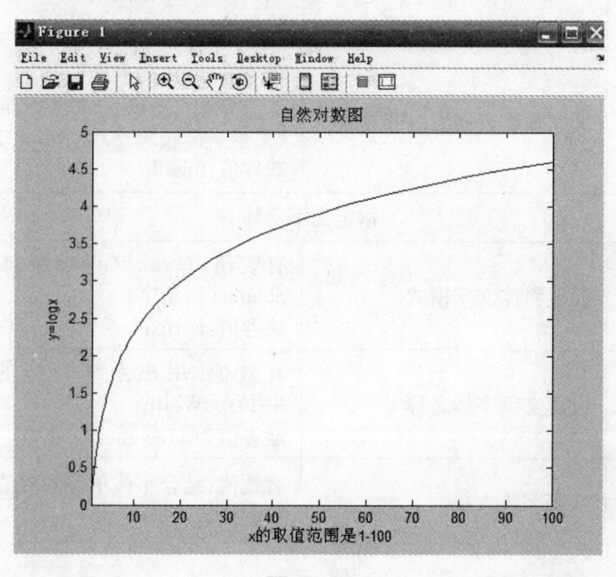

图 2-36

3 文本标注和交互式文本标注

MATLAB可以在图形窗口的任何地方添加文本注释，MATLAB提供了 text 函数和 gtext 函数来进行文本标注.

有时需对指定的属性进行设置，表 2－7 给出文字属性名、含义及属性值.

表 2－7

属性名	属性说明	属性值
定义字符串		
Editing	能否对文字进行编辑	有效值：on、off 缺省值：off
Interpretation	TeX 字符是否可用	有效值：tex、none 缺省值：tex
String	字符串(包括 TeX 字符串)	有效值：可见字符串
放置字符串		
Extent	text 对象的范围(位置与大小)	有效值：[left, bottom, width, height]
HorizontalAlignment	文字水平方向的对齐方式	有效值：left(文本外框左边对齐，缺省对齐方式)、center(文本外框中间对齐)、right(文本外框右边对齐) 缺省值：left
Position	文字范围的位置	有效值：[x,y,z]直角坐标系 缺省值：[](空矩阵)
Rotation	文字对象的方位角度	有效值：标量(单位为度) 缺省值：0
Units	文字范围与位置的单位	有效值：pixels(屏幕上的像素点)、normalized(把屏幕看成一个长、宽为 1 的矩形)、inches(英寸)、centimeters(厘米)、points(图象点) 缺省值：data
VerticalAlignment	文字垂直方向的对齐方式	有效值：top(文本外框顶上对齐)、cap(文本字符顶上对齐)、middle(文本外框中间对齐)、baseline(文本字符底线齐)、bottom(文本外框底线对齐) 缺省值：middle
指定文字字体		
FontAngle	设置斜体文字模式	有效值：normal(正常字体)、italic(斜体字)、oblique(斜角字) 缺省值：normal
FontName	设置文字字体名称	有效值：用户系统支持的字体名或者字符串 FixedWidth 缺省值为 Helvetica
FontSize	文字字体大小	有效值：结合字体单位的数值 缺省值为：10 points

(续表)

属性名	属性说明	属性值
FontUnits	设置属性 FontSize 的单位	有效值:points(1点=1/72英寸)、normalized(把父对象坐标轴作为一单位长的一个整体;当改变坐标轴的尺寸时,系统会自动改变字体的大小)、inches(英寸)、Centimeters(厘米)、Pixels(像素) 缺省值:points
FontWeight	设置文字字体的粗细	有效值:light(细字体)、normal(正常字体)、demi(黑体字)、Bold(黑体字) 缺省值:normal
控制文字外观		
Clipping	设置坐标轴中矩形的剪辑模式	有效值:on、off on:当文本超出坐标轴的矩形时,超出的部分不显示; off:当文本超出坐标轴的矩形时,超出的部分显示 缺省值:off
EraseMode	设置显示与擦除文字的模式.这些模式对生成动画系列与改进文字的显示效果很有好处	有效值:normal、none、xor、background 缺省值:normal
SelectionHighlight	设置选中文字是否突出显示	有效值:on、off 缺省值:on
Visible	设置文字是否可见	有效值:on、off 缺省值:on
Color	设置文字颜色	有效的颜色值:ColorSpec
控制对文字对象的访问		
HandleVisibility	设置文字对象句柄对其他函数是否可见	有效值:on、callback、off 缺省值:on
HitTest	设置文字对象能否成为当前对象(见图形 CurrentObject 属性)	有效值:on、off 缺省值:on
文字对象的一般信息		
Children	文字对象的子对象(文字对象没有子对象)	有效值:[](即空矩阵)
Parent	文字对象的父对象(通常为axes对象)	有效值:axes的句柄
Seleted	设置文字是否显示出"选中"状态	有效值:on、off 缺省值:off
Tag	设置用户指定的标签	有效值:任何字符串 缺省值:''(即空字符串)

(续表)

属性名	属性说明	属性值
Type	设置图形对象的类型(只读类型)	有效值:字符串'text'
UserData	设置用户指定数据	有效值:任何矩阵 缺省值:[](即空矩阵)
控制回调例行执行程序		
BusyAction	设置如何处理对文字回调过程中断的句柄	有效值:cancel、queue 缺省值:queue
ButtonDownFcn	设置当鼠标在文字上单击时,程序做出的反应(即执行回调程序)	有效值:字符串 缺省值:''(空字符串)
CreateFcn	设置当文字被创建时,程序做出的反应(即执行的回调程序)	有效值:字符串 缺省值:''(空字符串)
DeleteFcn	设置当文字被删除(通过关闭或删除操作)时,程序做出的反应(即执行的回调程序)	有效值:字符串 缺省值:''(空字符串)
Interruptible	设置回调过程是否可中断	有效值:on、off 缺省值:on(能中断)
UIContextMenu	设置与文字相关的菜单项	有效值:用户相关菜单句柄

3.1　text 命令

MATLAB 提供了 text 函数对图形进行文本标注,具体调用格式如下:

text(x,y,'string'):在坐标为(x,y)的位置上添加文本标注 'string',如果 x 和 y 是向量,则 text 函数将在所有这些位置点上都进行文本标注.如果字符串 'string' 和 x、y 具有相同的长度,text 函数将把字符串 'string' 的字符标注到 x 和 y 的相应位置上;

例 3　描绘函数 $y=e^{-x^2}$,$x\in[-2,2]$的图形,添加标题概率曲线,在 x 轴添加标签 x 的取值范围,在 y 轴添加标签 y 的值,并在点(0,1)处添加文本标注 exp(-x.^2).

解　在命令窗口输入命令如下:

```
>> x=linspace(-2,2,100);
>> y=exp(-x.^2);
>> plot(x,y)
```

按 ENTER 键,显示图形 2-37:

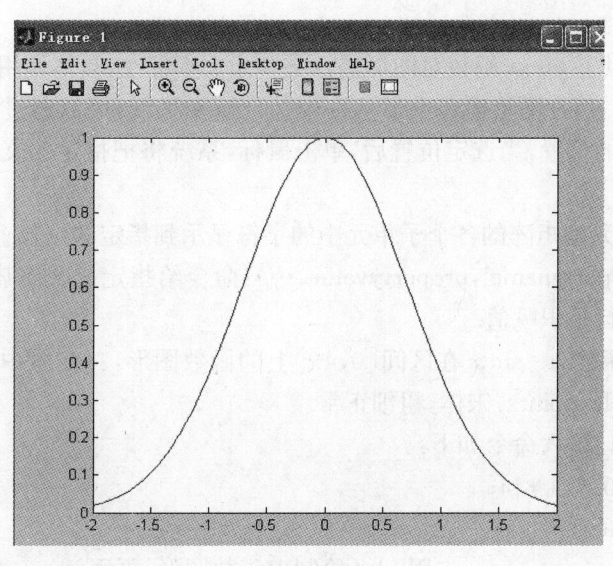

图 2－37

继续在命令窗口添加命令：

```
>> title('概率曲线')
>> xlabel('x的取值范围')
>> ylabel('y的值')
>> text(0,1,'exp(-x.^2)')
```

按 ENTER 键，显示图形 2－38：

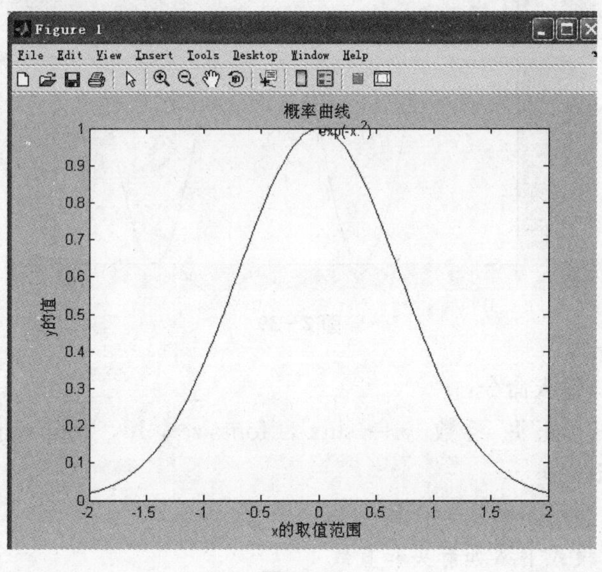

图 2－38

3.2 gtext 命令

MATLAB 提供了 gtext 函数对图形进行交互式文本标注，具体调用格式如下：

gtext('string')：将在图形窗口中显示一个“十”字交叉线，可以通过移动鼠标或使用键盘来选择文本标注的位置，当选定位置后，单击鼠标，系统将把指定的文本显示到所选择的位置上；

gtext(c)：将单元型矩阵的各个子单元中的字符显示到指定的位置上；

gtext(…, 'propertyname', propertyvalue, …)：命令给指定的文本属性复制，可以使用单个说明语句给多行标识赋值.

例 4 绘制出函数 $y=\sin x$ 在区间$[0,4\pi]$上的函数图形，并在图中添加文本正弦函数 y=sin x，字体大小 18 points，宋体，粗细正常.

解 在命令窗口输入命令如下：

```
>> x=0:0.1:4*pi;
>> y=sin(x);
>> plot(x,y)          %先用 plot 绘制出函数图形，再用 gtext 添加文本标注
```

按 ENTER 键，显示图形 2-39：

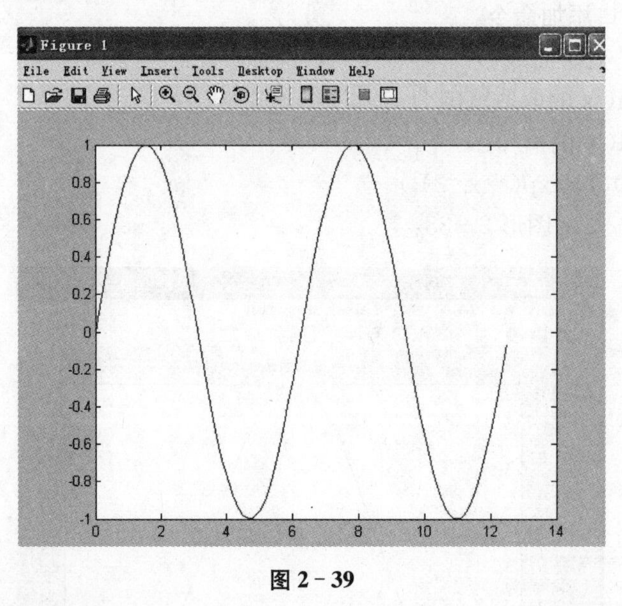

图 2-39

继续在命令窗口输入命令：

```
>> gtext ('正弦函数 y = sinx', 'fontsize', 18, 'fontweight', 'normal', 
'fontname','宋体')
```

按 ENTER 键，显示图形 2-40、2-41：

4 在图形编辑模式下添加箭头和直线

4.1 箭头和直线的生成

在图形编辑模式下，可以在图形窗口中任意位置进行添加箭头和直线，二者的操作步骤一致，放在一起介绍. 使用 Insert 菜单调用或是直接从图形注释工具栏调用，具体步骤如下：

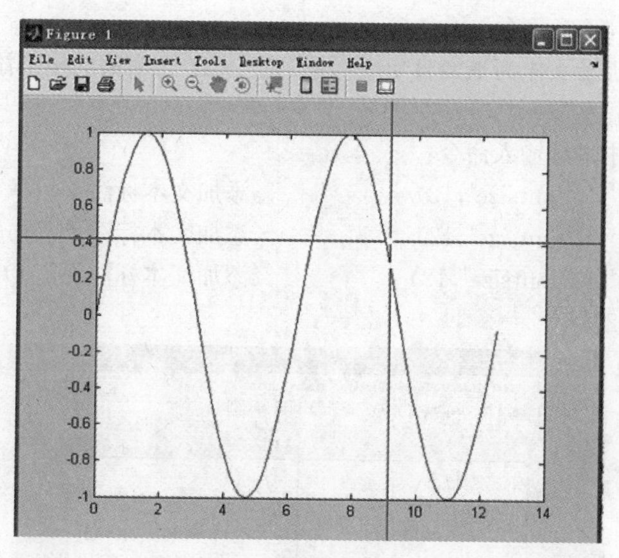

图 2-40　等待确认的"十"字形

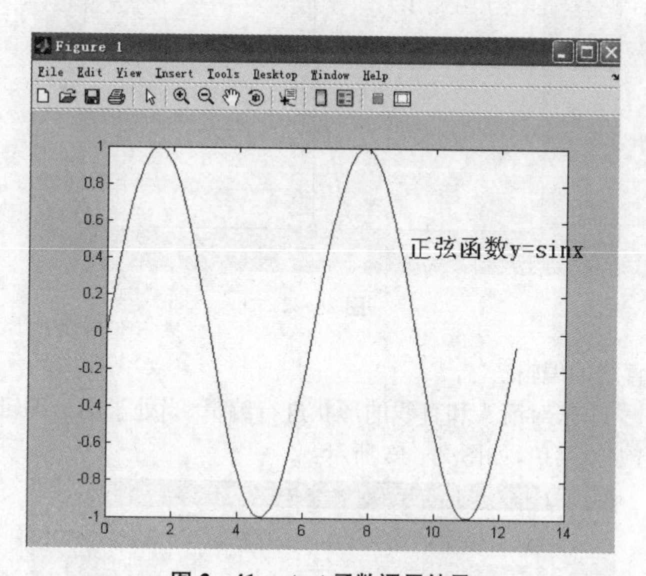

图 2-41　gtext 函数调用结果

(1) 打开 Insert 菜单选择 Arrow 或 Line 选项，或是在图形注释工具栏中单击 Arrow 或 Line 选项，MATLAB 将把光标转换为一个十字线；

(2) 将光标定位于图形中箭头或是直线要开始的位置，按住鼠标的左键不放，移动鼠标来定义箭头或直线的长度和方向；

(3) 释放鼠标左键完成添加操作.

例 5　在函数 $y=\sin x$ 在区间$[-2\pi,2\pi]$图形上，添加坐标轴箭头及文本标注，并在其他任意地方添加箭头标注.

解　在命令窗口输入命令如下：

```
>> x=-2*pi:0.1:2*pi;
>> y=sin(x);
```

```
>> plot(x,y)
```

在图形窗口添加箭头作为平面直角坐标系的坐标轴，在箭头的尾部添加文本标注，并在任意地方添加箭头，

并在命令窗口中继续输入命令：

```
>> gtext('x','fontsize',12)           %添加文本标注 x
>> gtext('y','fontsize',12)           %添加文本标注 y
>> gtext('O','fontsize',12)           %添加文本标注原点 O 点
```

生成图形 2-42：

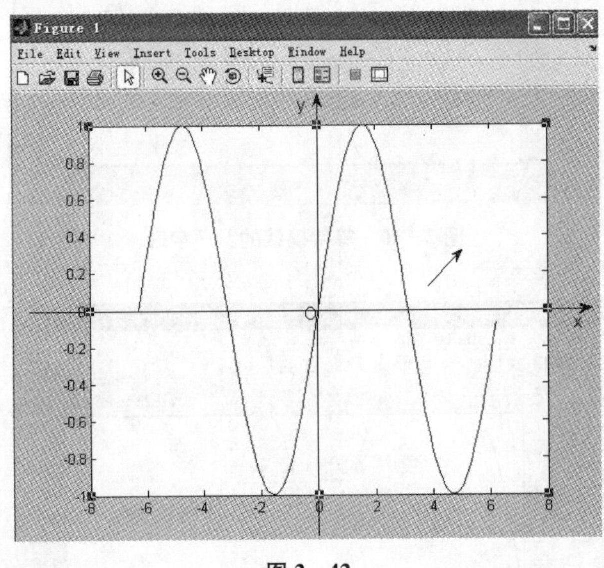

图 2-42

4.2 箭头和直线的编辑

可以使用编辑菜单来对箭头和直线的形状进行编辑，当处于图形编辑状态下时，右击箭头或直线可以调出编辑菜单，如图 2-43 所示：

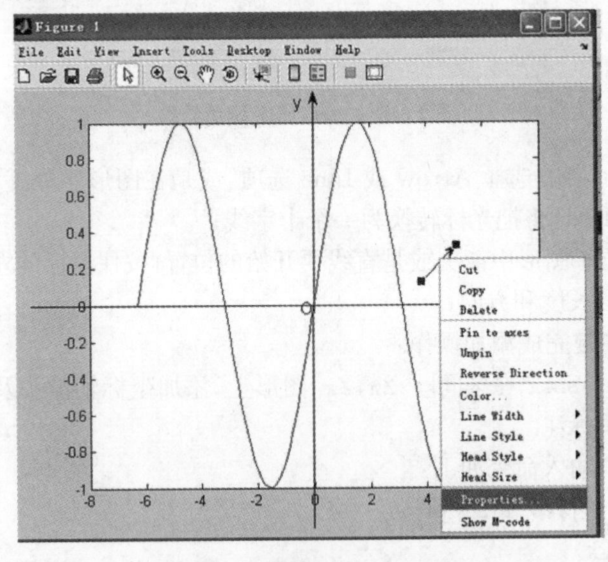

图 2-43

单击 Properties … 选项，将跳出所选对象的属性框，可以对所选对象进行编辑，如图 2 - 44 所示：

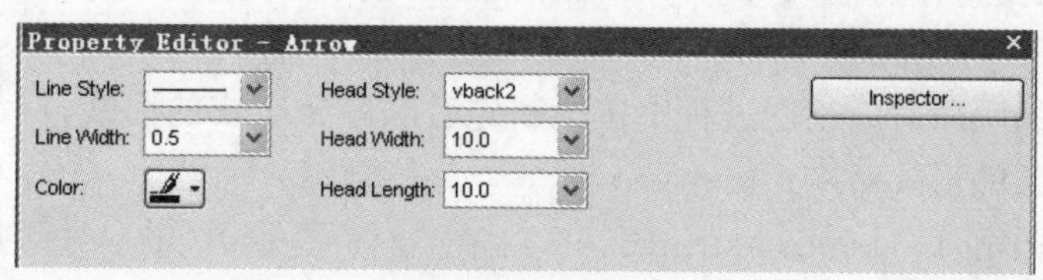

图 2 - 44

5　图例的添加

在绘制图形过程中，会出现一个图形窗口中绘制多条曲线的情形，为了更方便的区分各条曲线，对它们表示的数据进行更准确的区分，可以使用图例加以说明. 在图形编辑窗口中，打开 Insert 菜单中选择 Legend 命令，此时在图形窗口中自动生成图例，此时图例文字为"data1"，如图 2 - 45 所示：

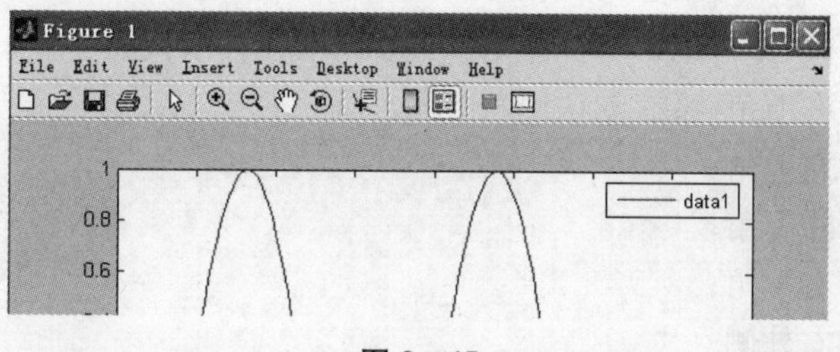

图 2 - 45

双击图例，可以修改图例中的文字，根据需要可以用鼠标拖动图例文本框到其他位置，可以通过修改 Legend 属性编辑器中的数据对图例进行编辑，如改变图例的背景颜色、边框颜色、边框线宽等等，如图 2 - 46 所示：

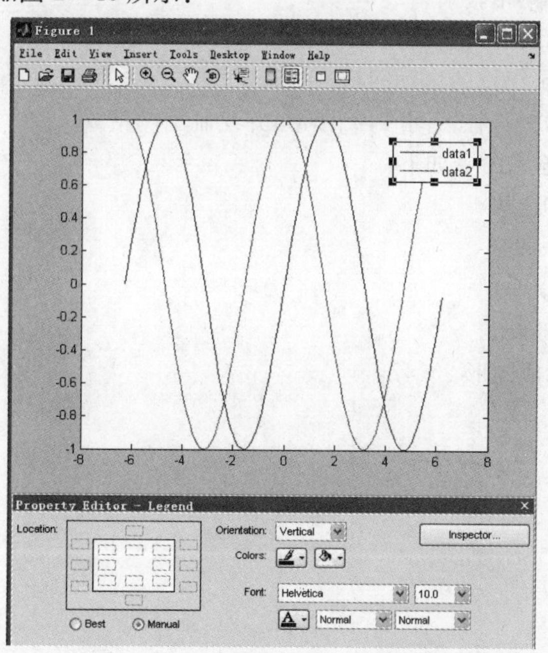

图 2 - 46

下面简单介绍用 Legend 函数进行图例标注，Legend 函数对图形中的所有曲线进行自动标注，以输入的变量作为输入文本，其具体调用格式如下：

legend(string1，string2，string3，…)：在当前图形中输入标注语句 string1，string2，string3，…，标注的顺序对应绘图过程中按绘制先后顺序所生成的曲线，标注文本的大小和形式与相应坐标系的形式对应；

legend(H，string1，string2，string3，…)：在当前图形中输入标注语句 string1，string2，string3，…，并且使用在向量 H 中定义的句柄，标注包含对应于相应句柄指定的文本；

legend off：从当前坐标系中删除 legend 函数所生成的图例标注；

legend hide：使得 legend 函数所生成的图例标注不可见；

legend show：使得 legend 函数所生成的图例标注可见；

legend(…，Pos)：将 legend 函数所生成的图例标注放置在指定的位置，其中 Pos 的取值和意义如下：

0＝系统自动定位，使得图形与标注重复最少，即最优化标注；

1＝置于图形的右上角(系统默认值)；

2＝置于图形的左上角；

3＝置于图形的左下角；

4＝置于图形的右下角；

－1＝置于图形的右外侧.

6　坐标网格的添加

MATLAB 中提供了 grid 函数来绘制坐标网格，很大程度上提高了图形的显示效果，具体调用格式如下：

grid off：关闭坐标网格；

grid on：打开坐标网格；

grid Minor：使用更细化的坐标网格.

例 6　绘制函数 $y=\mathrm{e}^x$ 在区间[0，2]图形，并绘制出网格线.

解　在命令窗口输入命令如下：

```
>> x=0:0.01:2;
>> y=exp(x);
>> plot(x,y)
>> grid on
```

按 ENTER 键，生成图形 2－47：

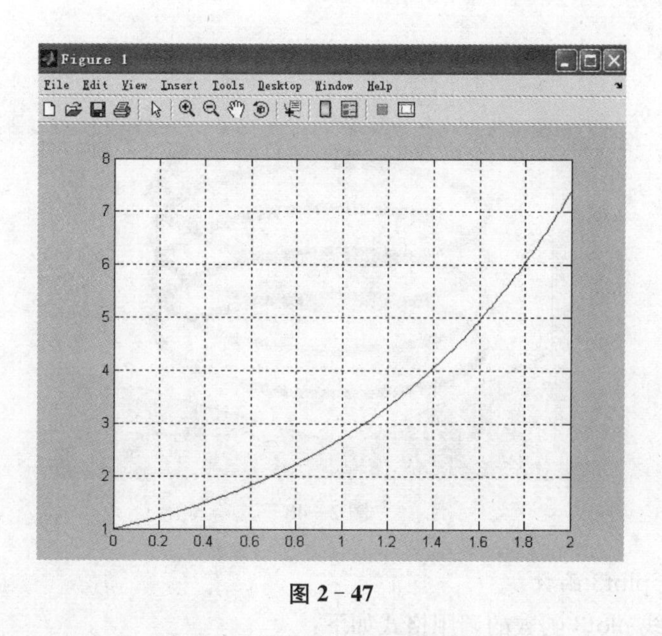

图 2-47

第四节　三维图形的绘制

在工程科学计算领域,三维图形是一个很重要的技巧,MATLAB 提供了大量有关三维图形绘制的命令,本节主要介绍三维曲线、三维网格线及网面的绘制.

一、三维曲线的绘制

1. 一条三维曲线的绘制

同二维图形绘制中的 plot 函数相对应,绘制三维曲线的函数命令是 plot3,它将函数的特性拓展到了三维空间,两者之间的区别在于 plot3 增加了第三维数据,plot3 的主要功能是用于绘制显式函数 $z=f(x,y)$和参数式函数 $x=x(t)$, $y=y(t)$,$z=z(t)$的空间曲线.

其调用格式如下:

plot3(x,y,z,'LineSpec'):x、y、z 都是 n 维向量,分别表示曲线上点集的横坐标、纵坐标和函数值,LineSpec 表示曲线颜色、线型、两坐标轴上的比例等等参数. 若省略 LineSpec,plot3 将自动选择一组默认值绘制出空间曲线.

例 1　绘制$\begin{cases}x=\cos t\\y=\sin t\\z=t\end{cases}$所示的三维螺旋曲线图.

解　在命令窗口输入命令如下:

```
>> t=0:pi/100:8*pi;
>> plot3(cos(t),sin(t),t,'-or')
```

按 ENTER 键,显示图形 2-48:

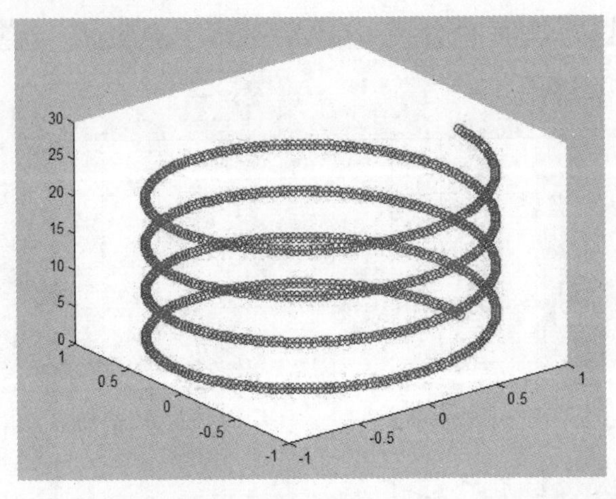

图 2-48

2. 多条曲线 plot3 函数

绘制多条曲线 plot3 函数的调用格式如下：

plot3(x,y,z)：其中 $\boldsymbol{x},\boldsymbol{y},\boldsymbol{z}$ 都是 $m\times n$ 矩阵，其对应的每一列表示一条曲线.

例 2 作出函数 $z=\sin(xy)$，$(x\in(0,5),y\in(0,5))$ 的函数图形.

解 在命令窗口输入命令如下：

```
>>[x,y]=meshgrid(0:0.1:5,0:0.1:5);
```

%meshigrid(x,y)的作用是产生一个以向量 $\boldsymbol{x}$ 为行，向量 $\boldsymbol{y}$ 为列的矩阵，而 $\boldsymbol{x}$ 是从 0 开始到 5，每间隔 0.1 记下一个数据，并把这些数据集成矩阵 $\boldsymbol{X}$；同理 $\boldsymbol{y}$ 也是从 0 到 5，每间隔 0.1 记下一个数据，并集成矩阵 $\boldsymbol{Y}$.

```
>> z=sin(x.*y);
>> plot3(x,y,z)
```

按 ENTER 键，显示图形 2-49：

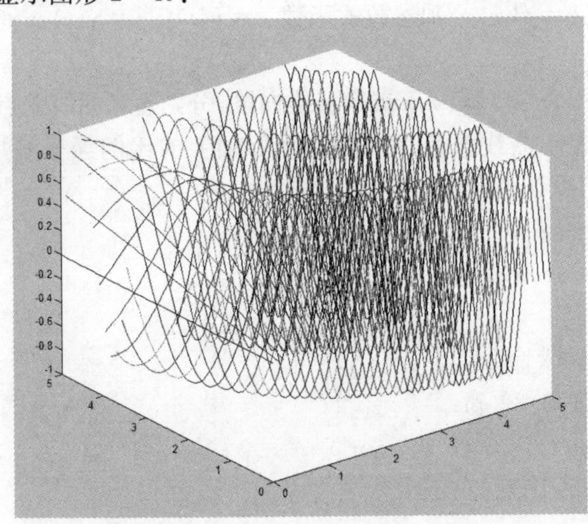

图 2-49

可适当旋转作调整，可以更方便的观察图形的全貌，可点选 旋转成图 2－50：

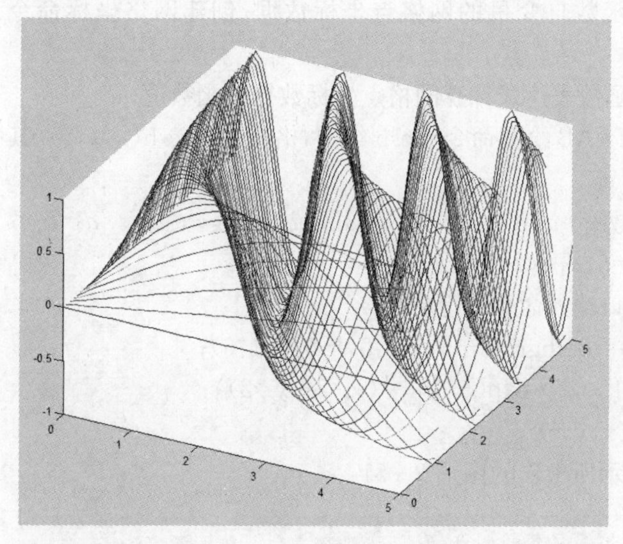

图 2－50

二、三维网格线、网面的绘制

网格图是指将相邻的数据点连接起来形成网状曲面. MATLAB 利用 xoy 平面的矩阵网格点上的 z 轴坐标值定义一个网格曲面. 根据二元函数的图形为曲面，在 xoy 平面上明确一个矩形区域，即二元函数两自变量 x 与 y 取值范围所表示的区域，采用与坐标轴平行的直线将其分格，计算平面上某点处的曲面高度值，即二元函数 z 的函数值，可以根据高度数据绘制出三维网状曲面.

MATLAB 中绘制曲面的常用网图函数见下表 2－8：

表 2－8

函数名	功能描述
mesh(x,y,z)	用空间中的两组相交的平行平面上的网状线的方式表示曲面
meshc(x,y,z)	用 mesh 的方式表示曲面，并附带有等高线
surf(x,y,z)	用空间中网状线并网格中填充色彩的方式表示曲面
surfc(x,y,z)	用 surf 的方式表示曲面，并附带有等高线
ezmesh('fun')	直接绘制三维网格图
ezsurf('fun')	直接绘制三维表面图
hidden on	消除掉被遮住部分的网状线
hidden off	将被遮住部分的网状线显示出来

以下介绍使用命令 mesh 绘图步骤：

(1) 生成二元函数自变量的网格点坐标数据，创建网格坐标命令：[x, y]=meshgrid(x, y)；

(2) 根据二元函数表达式计算网格点坐标数据的函数值；

(3) 利用 MATLAB 绘图命令 mesh 绘图，格式为：mesh(x, y, z)，其中 $\boldsymbol{x}, \boldsymbol{y}, \boldsymbol{z}$ 为三个维数相同的矩阵.

例 3 作出函数 $z=axe^{-b(x^2+y^2)}$ 在矩形区域 $-c_1\leqslant x\leqslant c_2, -d_1\leqslant y\leqslant d_2$ 上的图形. 其中 $a=b=0.1, c_1=c_2=5, d_1=d_2=6$.

解 在命令窗口输入命令如下：

```
>>[x,y]=meshgrid(-5:0.1:5, -6:0.1:6);
>> z=0.1*x.*exp(-0.1*(x.^2+y.^2));
>> mesh(x,y,z)
```

运行后屏幕显示所求作的图形 2-51：

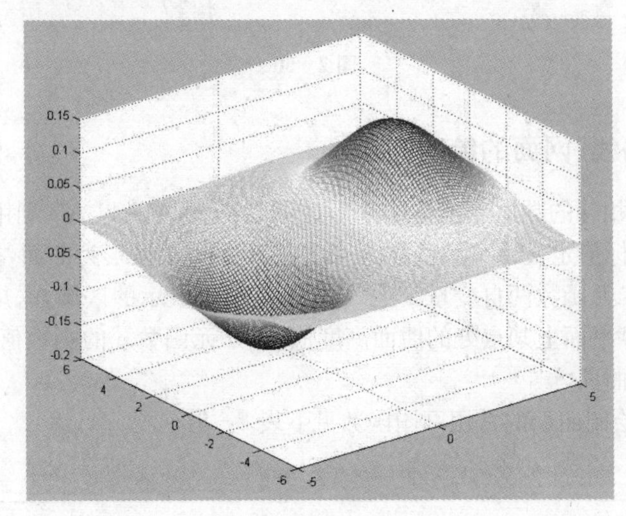

图 2-51

读者可以改变此例中 a, b, c_1, c_2, d_1, d_2 的值，将会画出许多有趣的图形.

例 4 绘制二元函数 $z=\dfrac{\sin\sqrt{x^2+y^2}}{\sqrt{x^2+y^2}}$ 在平面区域 $D=\{(x,y): -8\leqslant x\leqslant 8, -8\leqslant y\leqslant 8\}$ 上的图形.

解 在命令窗口输入命令如下：

```
>>[x,y]=meshgrid(-8:0.5:8, -8:0.5:8);
>> z=sin(sqrt(x.^2+y.^2))./sqrt(x.^2+y.^2);
>> mesh(x,y,z)
```

运行后输出图形如图 2-52：

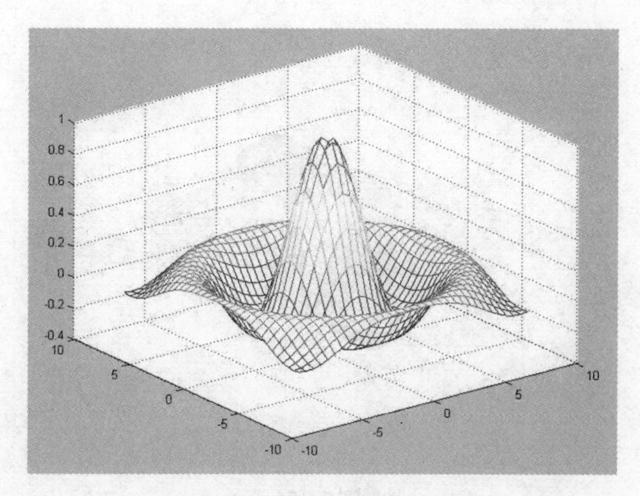

图 2-52

```
>> meshc(x,y,z)                    %带有等高线的曲面图
```

运行后输出图形如图 2-53：

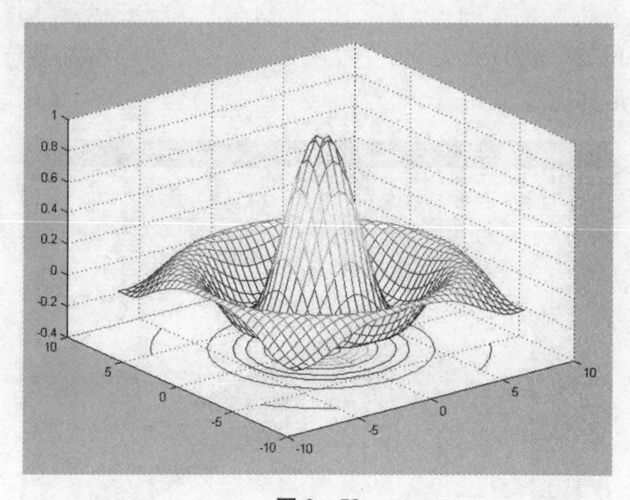

图 2-53

例 5 作出函数 $z=2+xe^{-x^2-y^2}$ 在区域 $-2\leqslant x\leqslant 2,-2\leqslant y\leqslant 2$ 上的网面图形.

解 在命令窗口输入命令如下：

```
>>[x,y]=meshgrid(-2:0.2:2,-2:0.2:2);
>> z=2+x.*exp(-x.^2-y.^2);
>> surf(x,y,z)   %用空间中网状线并在网格中填充色彩的方式表示曲面,
```

运行后输出图形如图 2-54：

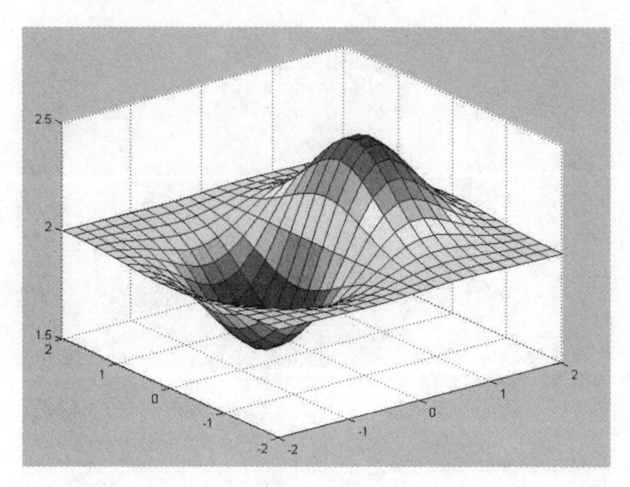

图 2-54

例 6 绘制抛物柱面 $z=2-x^2$ 的图形.

解 在命令窗口输入命令如下:

```
>> clear
>> ezmesh('2-x^2')                                    %简易绘图命令
```

运行后输出图形如图 2-54:

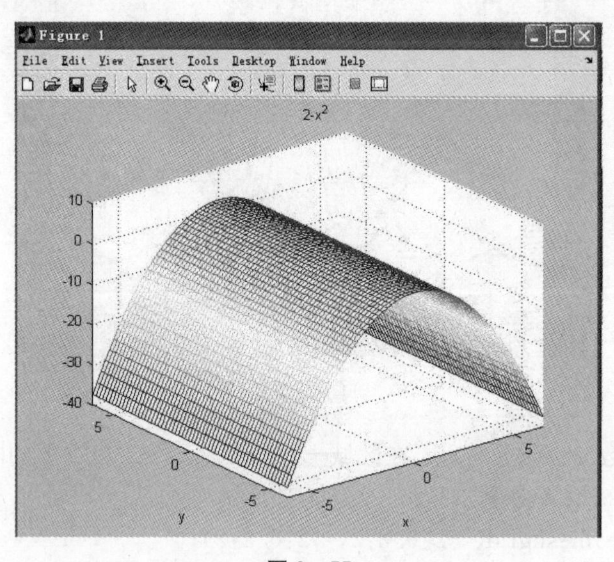

图 2-55

```
>> ezsurf('2-x^2')
```

运行后输出图形如图 2-56:

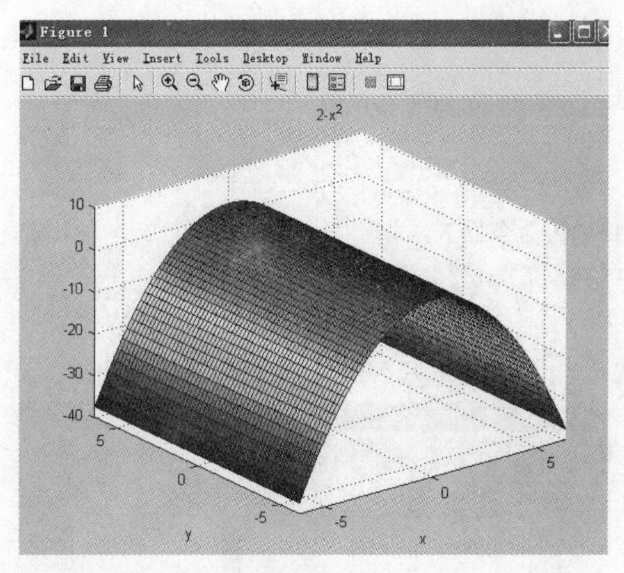

图 2－56

第五节　特殊图形的绘制

一、条形图和面积图

条形图和面积图用于绘制向量和矩阵数据，这两种图形可以用来比较不同数据在总体数据中所占的比例，其中条形图适合表示离散型数据，面积图适合表示连续型数据. MATLAB提供了一些函数来绘制各种条形图和面积图，如表 2－9 所示：

表 2－9　条形图和面积图函数

MATLAB函数名	功能描述
bar	绘制 $Y(m\times n)$ 各列的垂直条形图，各条以垂直方向显示
barh	绘制 $Y(m\times n)$ 各列的垂直条形图，各条以水平方向显示
bar3	绘制 $Y(m\times n)$ 各列的三维垂直条形图，各条以垂直方向显示
bar3h	绘制 $Y(m\times n)$ 各列的三维垂直条形图，各条以水平方向显示
area	绘制向量的堆积面积图

1. 集合式条形图

在默认情况下，矩阵中的每一个元素在图形中都有一个条形来代表，在二维条形图中，所有的条形都沿着 x 轴分布，其中每一行的元素集中在 x 轴的某一个地方.

例 1　绘制 $\boldsymbol{Y}=\begin{pmatrix}4&2&3\\2&5&4\\3&3&2\\6&0&3\\4&3&5\end{pmatrix}$ 的垂直条形图.

解　在命令窗口输入命令如下:

```
>> Y=[4 2 3;2 5 4;3 3 2;6 0 3;4 3 5];
>> bar(Y)
```

按 ENTER 键,显示图形 2-57:

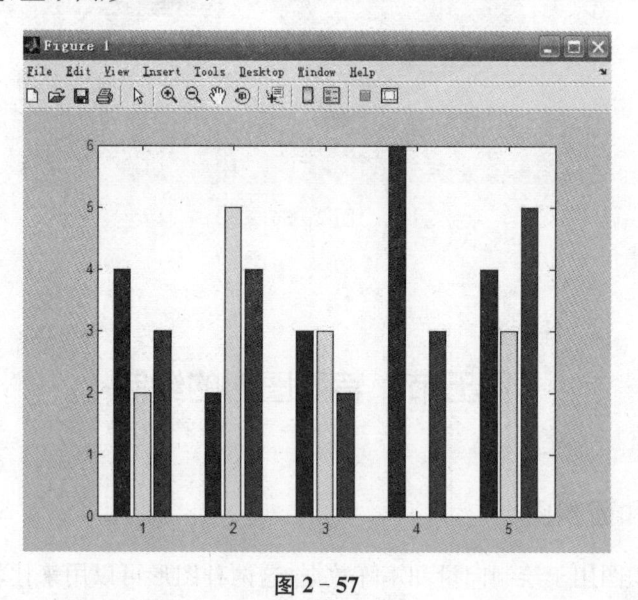

图 2-57

2. 分离式三维条形图

函数 bar3 最简单的使用形式是将每一个元素以分离的三维条的形式表现出来,将每一列的元素沿着 y 轴分布,其中第一列的元素以 x 轴的 1 为中心分布.

例 2　绘制 $\boldsymbol{Y}=\begin{pmatrix}4&2&3\\2&5&4\\3&3&2\\6&0&3\\4&3&5\end{pmatrix}$ 的三维垂直条形图.

解　在命令窗口输入命令如下:

```
>> Y=[4 2 3;2 5 4;3 3 2;6 0 3;4 3 5];
>> bar3(Y)
```

按 ENTER 键,显示图形 2-58:

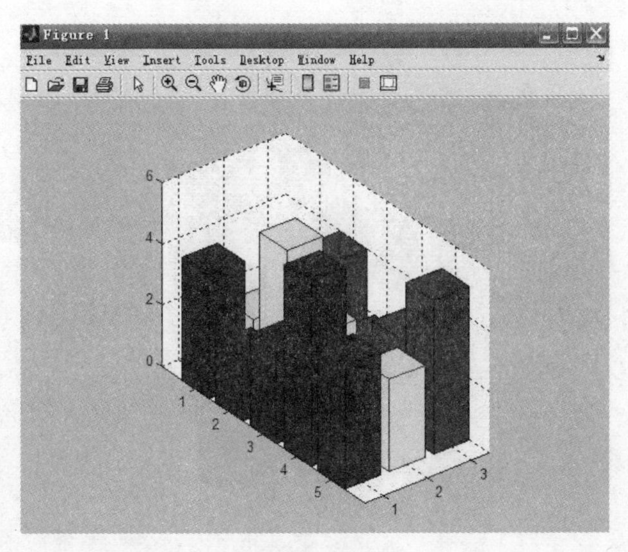

图 2-58

3. 堆叠式条形图

堆叠式条形图可以显示矩阵中各个元素在其所在的行中所占的比例,这种图形将矩阵中的每一行以一个条形显示,每一条被分隔成 n 个区段,其中 n 为矩阵每列的元素数目,对于垂直条形图,每一个条形的高度等于每行元素的总和,而条形中的每一段为对应元素的值.

例 3 绘制 $\boldsymbol{Y}=\begin{pmatrix}4 & 2 & 3\\2 & 5 & 4\\3 & 3 & 2\\6 & 0 & 3\\4 & 3 & 5\end{pmatrix}$ 的堆叠式条形图.

解 在命令窗口输入命令如下:

```
>> Y=[4 2 3;2 5 4;3 3 2;6 0 3;4 3 5];
>> bar3(Y,'stack')
>> grid on
>> set(gca, 'Layer', 'top')
```

按 ENTER 键,显示图形 2-59:

4. 面积图

area 函数显示向量或矩阵中各列元素的曲线图,该函数将矩阵中的每列元素分别绘制曲线,并填充曲线和 x 轴之间的空间. 面积图在显示向量或是矩阵中的元素在 x 轴的特定点占所有元素的比例时十分有效,在默认情况下,area 函数将矩阵中各行的元素集中并将这些值绘成曲线.

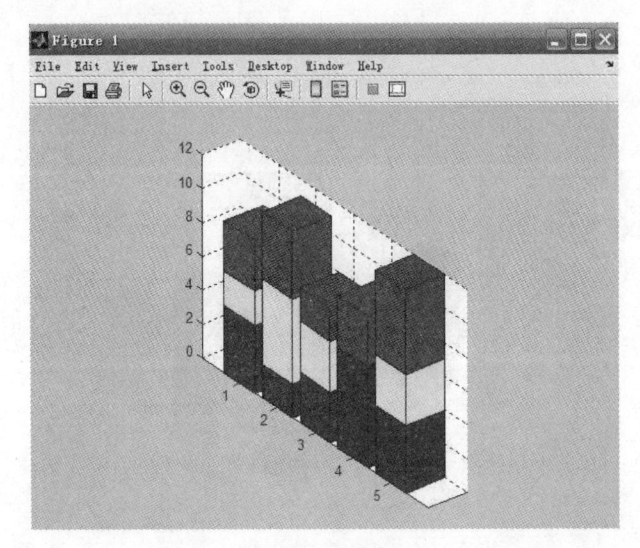

图 2-59

例 4 绘制 $\boldsymbol{Y}=\begin{pmatrix}4 & 2 & 3\\2 & 5 & 4\\3 & 3 & 2\\6 & 0 & 3\\4 & 3 & 5\end{pmatrix}$ 的面积图.

解 在命令窗口输入命令如下:

```
>> Y=[4 2 3;2 5 4;3 3 2;6 0 3;4 3 5];
>> area (Y)
```

按 ENTER 键,显示图形 2-60:

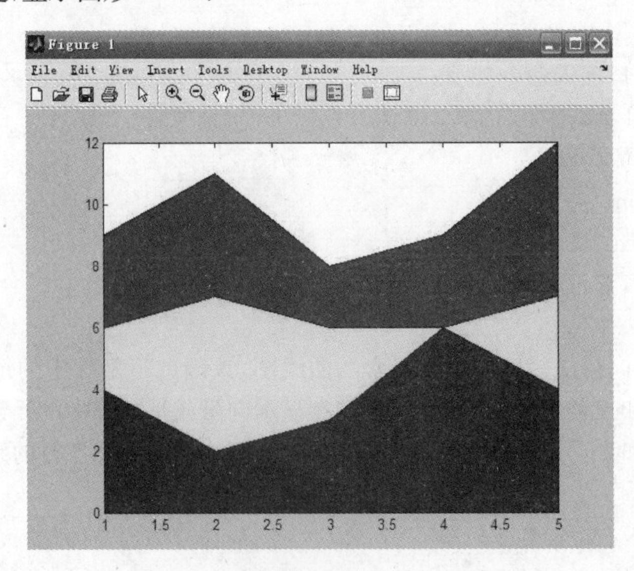

图 2-60

二、饼形图

在统计学中，人们经常要用到饼形图来表示各个统计量占总量的份额，饼形图可以显示向量或矩阵中的元素占所有元素总和的百分比，MATLAB提供了pie函数和pie3函数，分别用于绘制二维和三维的饼形图，具体调用格式如下：

pie(***x***)、pie3(***x***)：绘制关于向量***x***的各个分量的饼形图，前者是二维的图形，后者是三维的图形. ***x***的各个分量先除以sum(***x***)，这样可以决定各个分量在图形中所对应的"饼块份额". 若sum(***x***)<=1.0，则向量***x***各个分量的值将直接成为"饼块份额"，此时程序只能绘出一个不完整的饼图；

H=pie(***x***,***e***)、H=pie3(***x***,***e***)：绘制出饼块分离的饼形图，其中前者是二维的图形，后者是三维的图形. 向量***e***必须和***x***具有相同的维数，***e***和***x***的分量一一对应，若其中有分量不为零，则***x***中的对应分量将被分离出饼形图；

H=pie(…,labels)、H=pie3(…,labels)：给每个饼块取名，向量***labels***必须和***x***具有相同的维数且只能为字符串，其中前者是二维图形，后者是三维图形.

例5　利用pie函数和pie3函数绘制***x***=[0.1 0.2 0.3 0.4]的饼形图.

解　在命令窗口输入命令如下：

```
>> x=[0.1 0.2 0.3 0.4];                          %sum(x)<=1.0
>> label={'east','south','west','north'};        %给各个饼块添加标签
>> pie(x,label)                                  %二维的饼形图
```

按ENTER键，显示图形2-61：

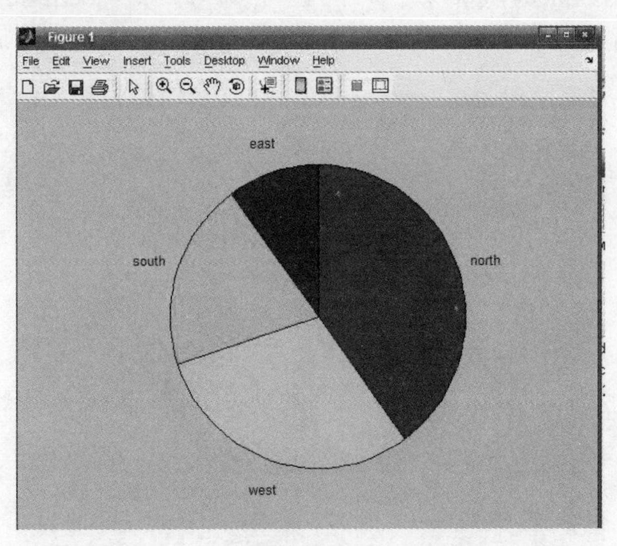

图2-61

继续在命令窗口输入：

```
>> pie3(x,label)                    %三维的饼形图
```

按ENTER键，显示图形2-62：

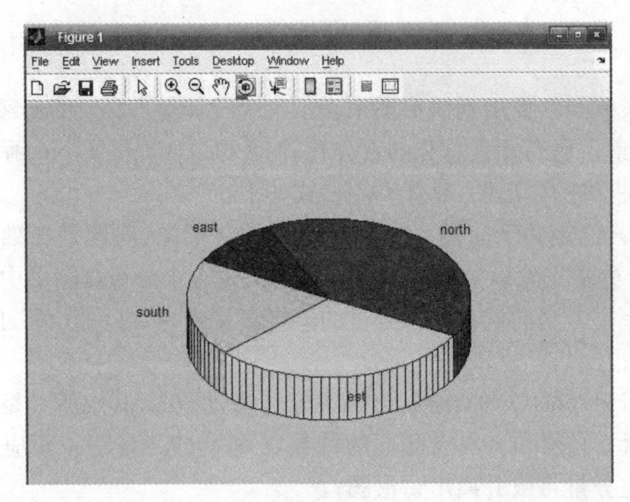

图 2-62

例 6 绘制中国(13 亿)、印度(10 亿)、美国(3 亿)、日本(2 亿)和俄罗斯(1 亿)五国的人口比重饼形图.

解 在命令窗口输入命令如下:

```
>> x=[13 10 3 2 1];
>> explode=[1 0 0 0 0];                %将中国所代表的那一部分饼块单独绘出
>> label={'China','India','American','Japan','Russian'};  %给各个饼块添加标签
>> pie3(x,explode,label)                         %三维的饼形图
```

按 ENTER 键,显示图形 2-63:

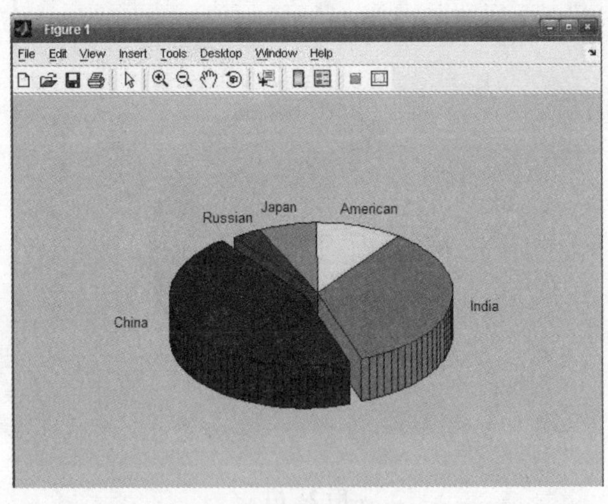

图 2-63

习　题

1. 熟悉图形窗口的各个菜单和工具栏的功能和作用.

2. 利用MATLAB绘制在$[0,2\pi]$上正弦函数$y=\sin x$和余弦函数$y=\cos x$两条曲线，且x的取值以$\frac{\pi}{10}$为步长，线宽为6个像素，正弦曲线为绿色实线，余弦函数为红色虚线.

3. 使用交互式绘图方式对上题所绘图形进行修改，将数据点型换为*型.

4. 利用MATLAB命令对第3题所绘制的图形增添原点、x轴标签及y轴标签.

5. 分别使用MATLAB命令语句和交互式绘图方式给上题的图形增添标题，标题为“一个周期的正弦函数和余弦函数”.

6. 给上题所绘制的两条曲线增添图例，分别为“正弦曲线”和“余弦曲线”.

7. 使用箭头、矩形和文本框对上题所绘制图形进行标注，用矩形圈出图形在$x=\frac{\pi}{2}$处的点，并用箭头指向文本框，文本框中标明该点处的x和y的值.

8. 重新绘制第2题描述的曲线，将两个曲线分别画在两个子图当中个，子图竖向排列.

9. 绘制函数$y=10e^{(-0.2+\pi)x}$，$x\in[0,10]$，使用函数plot(x,y)绘制.

10. 用plot，fplot绘制函数$y=\cos(\tan(\pi x))$的图形.

11. 用ezplot绘制函数$e^{x+y}-\sin(x+y)=0$在$[-3,3]$上的图形.

12. 在极坐标系下绘制函数$v(t)=10e^{(-0.2+\pi)t}$，$t\in[0,10]$.

13. 用ezplot绘制摆线$\begin{cases}x=4(t-\sin t)\\y=4(1-\cos t)\end{cases}$，$t\in[0,2\pi]$的图形.

14. 绘制三维曲线$z=e^{2x+3y}$，$x\in[0,10]$，$y=\sin x$.

15. 用surf、mesh绘制曲面$z=2x^2+y^2$.

第三章　MATLAB在符号运算及微积分中的应用

在科学研究中，数值运算非常重要，然而科学理论分析中存在各式各样的公式、关系式及其推导这些属于符号运算要解决的问题. MATLAB在高等数学运算方面的功能有了很大的提高，它采用全新的数据结构、面向对象编程和重载技术，使得符号计算和数值计算在形式和风格上形成了良好的统一. 从MATLAB5.3开始，MATLAB提供了更为强大的符号运算功能，它提供了符号运算工具箱Symbolic Math Toolbox，完全可以替代其他的符号运算专用计算语言，如Maple和Mathematic等. 该工具箱不是基于矩阵的数值分析，而是使用字符串来进行分析和运算.

MATLAB的符号数学工具箱可以完成几乎所有的符号运算，包括：符号表达式的运算、符合、化简，符号矩阵的运算，符号微积分，符号函数画图，符号代数方程求解，符号微分方程求解等. 此外，工具箱还支持可变精度运算，即支持符号运算并以指定的精度返回结果.

第一节　符号运算基础

符号表达式是代表数字、函数、算子和变量的MATLAB字符串或字符串数组，不要求变量有预先确定的值. MATLAB可以对符号变量、表达式进行各种操作，包括四则运算、合并同类项、多项式分解和简化等. 下面予以简单说明.

参与符号运算的对象可以是符号变量、符号表达式或符号矩阵，在进行符号运算时，首先要定义基本的符号对象，而后利用这些基本符号对象去构成新的表达式，从而进行所需的符号运算. 在MATLAB中使用sym、syms两个函数来定义符号变量和符号表达式.

一、符号变量的定义

1. sym函数

sym函数的主要功能是创建单个符号数值、符号变量、符号表达式或符号矩阵. sym的一般使用格式为：

```
x=sym('x')
```

表示由单引号内的x创建一个名为x的符号变量，如果输入变量x是字符或字符串，结果就是创建了一个符号变量x；如果x是一个常数，结果是创建了一个符号常量x；如果输入量x是一个矩阵，结果是创建了一个符号矩阵x. 例如：

```
a=sym('a')                 %定义了符号变量a
x=sym('1/3')               %定义了符号常量b
F=sym('[1,xy,z,w]')        %定义了符号矩阵F
```

如果输入量 x 是不存在的变量,此处的单引号不可省略. 如果已存在变量 A,可使用命令 S=sym(A)来创建符号对象 S. 带属性的使用格式为 S=sym(A,flag),可将数值或矩阵转化为符号形式,其中 flag 选项由四个参数 'r','d','e','f',其属性见表 3-1.

表 3-1

flag	属性
'r'	最接近的有理数(rational 缩写)
'd'	最接近的十进制数(decimal 缩写)
'e'	有理数逼近后的误差(estimate error 缩写)
'f'	最接近的十六进制数(floating point 缩写)

例 1　考察符号变量与数值变量的差别.

解　在 MATLAB 命令窗口中输入:

```
>> x=sym('x');y=sym('y');z=sym('z');    %定义了 3 个符号变量
>> a=3;b=5;c=7;d=9;                        %定义了 4 个数值
```

变量

例 2　考察不同命令形成符号常量的差异.

解　在 MATLAB 命令窗口中输入:

```
>> A=[1/3,sqrt(2),pi/3,pi+sqrt(5)]
```

按 ENTER 键,结果显示

```
A=
    0.3333    1.4142    1.0472    5.3777
>> B=sym([1/3,sqrt(2),pi/3,pi+sqrt(5)])
```

按 ENTER 键,结果显示

```
B=
[1/3,   sqrt(2),   pi/3,   pi+sqre(5)
>> C=sym('[1/3,sqrt(2),pi/3,pi+sqrt(5)]')
```

按 ENTER 键,结果显示

```
[1/3,   sqrt(2),   pi/3,    pi+sqrt(5)]
```

使用 sym 函数也可以定义符号表达式,有两种定义方法,一是使用 sym 函数将式中的每一个变量定义为符号变量;二是使用 sym 函数将整个表达式集体定义. 在使用第二种方法时,虽然也生成了与第一种方法相同的表达式,但是并没将里边的变量也定义为符号变量.

例 3　使用 sym 函数定义符号表达式 ax^2+bx+c.

解　首先采取单个变量定义法,在 MATLAB 命令窗口中输入:

```
>> a=sym('a');
>> b=sym('b');
>> c=sym('c');
>> x=sym('x');
```

```
>> f=a*x^2+b*x+c
```

按 ENTER 键,结果显示

```
f=
a*x^2+b*x+c
```

也可以采用整体定义法,此时将整个表达式用单引号括起来,再用 sym 函数加以定义,继续在命令窗口中输入如下命令:

```
>> f=sym('a*x^2+b*x+c')
```

按 ENTER 键,结果显示

```
f=
a*x^2+b*x+c
```

2. 使用 syms 函数定义符号变量和符号表达式

syms 函数的功能比 sym 函数要更为强大,它可以一次创建任意多个符号变量. 而且 syms 函数的使用格式也很简单,使用格式如下:

```
syms var1 var2 var3……
```

例 4 使用 syms 函数定义符号表达式 ax^2+bx+c.

解 在 MATLAB 命令窗口中输入:

```
>> syms a b c x;
>> f=a*x^2+b*x+c
```

按 ENTER 键,结果显示

```
f=
a*x^2+b*x+c
```

二、符号方程的生成

方程与函数的区别在于函数是一个由数字和变量组成的代数式,而方程则是由函数和等号组成的等式. 在 MATLAB 语言中,生成符号方程的方法与使用 sym 函数生成符号函数类似,但是不能采用直接生成法生成符号方程.

例 5 使用 sym 函数生成符号方程.

解 在 MATLAB 命令窗口中输入:

```
>> equation1=sym('sin(x)+cos(x)=1')
```

按 ENTER 键,结果显示

```
equation1=
sin(x)+cos(x)=1
```

三、符号表达式的四则运算

符号表达式也与通常的算术式一样,可以进行四则运算.

例 6 符号表达式的四则运算.

解 在 MATLAB 命令窗口中输入:

```
>> syms x y a b;
>> fun1=sin(x)+cos(y)
```

按ENTER键,结果显示

```
fun1=
  sin(x)+cos(x)
>> fun2=a+b
```

按ENTER键,结果显示

```
  fun2=a+b
>> fun1+fun2
```

按ENTER键,结果显示

```
ans=
  sin(x)+cos(x)+a+b
>> fun1*fun2
```

按ENTER键,结果显示

```
ans=
(sin(x)+cos(y))*(a+b)
```

四、合并符号表达式的同类项

在MATLAB语言中,使用collect函数来合并符号表达式的同类项,其使用格式如下:

collect(S,v):命令将符号矩阵S中所有同类项合并,并以v为符号变量输出;

collect(S):命令使用findsym函数规定的默认变量代替上式中的v.

例7　符号多项式同类项的合并.

解　在MATLAB命令窗口中输入:

```
>> syms x y;
>> collect(x^2*y+y*x-x^2-2*x)
```

按ENTER键,结果显示

```
  ans=
(y-1)*x^2+(y-2)*x
```

五、符号因式分解

在MATLAB语言中,使用factor函数进行因式分解,其具体使用格式如下:

factor(x):参量x可以是正整数、符号表达式阵列或符号整数阵列.若x为一正整数,则factor(x)返回x的质数分解式.若x为多项式或整数矩阵,则factor(x)分解矩阵的每一元素.若整数阵列中有一元素位数超过16位,用户必须用命令sym生成该元素.

例8　将符号表达式因式分解:F1$=x^4-y^4$,F2$=a^2-b^2$,F3$=x^3+y^3$.

解　在MATLAB命令窗口中输入:

```
>> syms a b x y;
>> F1=factor(x^4-y^4)
```

按ENTER键,结果显示

```
F1=
(x-y)*(x+y)*(x^2+y^2)
```

```
>> F2=factor(a^2-b^2)
```

按 ENTER 键，结果显示

```
F2=
    (a-b)*(a+b)
>> F3=factor(x^3+y^3)
```

按 ENTER 键，结果显示

```
F3=
(x+y)*(x^2-x*y+y^2)
```

六、符号表达式的简化

在 MATLAB 语言中，使用 simplify 函数和 simple 函数进行符号表达式的简化.

(1) simplify 函数的使用

simplify(S)：命令将符号表达式 S 中的每一个元素都进行简化，该函数的缺点是即使多次运用 simplify 也不一定能得到最简形式.

例 9 将函数$\left(\frac{1}{x}+\frac{7}{x^2}+\frac{12}{x}+8\right)^{\frac{1}{3}}$化简.

解 在 MATLAB 命令窗口中输入：

```
>> syms x;
>> fun1=(1/x+7/x^2+12/x+8)^(1/3);
>> sfy1=simplify(fun1)
```

按 ENTER 键，结果显示

```
sfy1=
    ((13*x+7+8*x^2)/x^2)^(1/3)
```

例 10 将函数$\sin^2 x+\cos^2 x$化简.

解 在 MATLAB 命令窗口中输入：

```
>> syms x;
>> fun2=sin(x)^2+cos(x)^2;
>> simplify(fun2)
```

按 ENTER 键，结果显示

```
ans=
1
```

(2) simple 函数的使用

用 simple 函数对符号表达式进行简化，该方法比使用 simplify 函数要简单，所得的结果也比较合理. 其使用格式如下：

Simple(S)：命令使用多种代数简化方法对符号表达式 S 进行化简，并显示其中最简单的结果.

[R,how]=simple(S)：命令在返回最简单的结果的同时，返回一个描述简化方法的字符串 how.

例 11 化简 $2\cos^2 x-\sin^2 x$.

解　在MATLAB命令窗口中输入：

```
>> syms x;
>> fun1=2*cos(x)^2-sin(x)^2;
>> simple(fun1)
```

按ENTER键，结果显示

```
simplify:
3*cos(x)^2-1
radsimp:
2*cos(x)^2-sin(x)^2
 combine(trig):
3/2*cos(2*x)+1/2
 factor:
2*cos(x)^2-sin(x)^2
expand:
2*cos(x)^2-sin(x)^2
combine:
3/2*cos(2*x)+1/2
convert(exp):
2*(1/2*exp(i*x)+1/2/exp(i*x))^2+1/4*(exp(i*x)-1/exp(i*x))^2
convert(sincos):
2*cos(x)^2-sin(x)^2
convert(tan):
2*(1-tan(1/2*x)^2)^2/(1+tan(1/2*x)^2)^2-4*tan(1/2*x)^2/(1+
tan(1/2*x)^2)^2
collect(x):
2*cos(x)^2-sin(x)^2
 mwcos2sin:
2-3*sin(x)^2
ans=
3*cos(x)^2-1
```

下面再应用[R,how]=simple(S)命令对相同的表达式进行化简，读者可以从中对比两个命令的区别，继续在命令窗口中输入如下命令：

```
>>[R,how]=simple(fun1)
```

按ENTER键，结果显示

```
R=
3*cos(x)^2-1
how=
simplify
```

七、subs 函数用于替换求值

在 MATLAB 语言中，使用 subs 函数可以将符号表达式中的字符型变量用数值型变量替换，其使用方法如下：

Subs(S)：命令将符号表达式 S 中的所有符号变量用调用函数中的值或是工作区间的值代替；

subs(S,new)：命令将符号表达式 S 中的自由符号变量用数值型变量或表达式 new 替换；

subs(S,old,new)：命令将符号表达式 S 中的符号变量 old 用数值型变量或表达式 new 替换.

例 12 求表达式 $f=2x^2-3x+1$，当 $x=2$ 时的值.

解 在 MATLAB 命令窗口中输入：

```
>> syms x;
>> f=2*x^2-3*x+1;
>> subs(f,x,2)
```

按 ENTER 键，结果显示

```
ans=
    3
```

如果没有指定被替换的符号变量，那么 MATLAB 将按如下规则选择默认的替换变量，对于单个字母的变量，MATLAB 选择在字母表中与 x 最接近的字母，若有两个变量与 x 一样近，选择字母表中靠后的那个. 因此，在上边的程序中 subs(f,x,2)与 subs(f,2)的返回值是相同的.

例 13 设表达式 $f=x^2y+5x\sqrt{y}$，求 $y=3$ 时的结果.

解 在 MATLAB 命令窗口中输入：

```
>> syms x y;
>> f=x^2*y+5*x*sqrt(y);
>> subs(f,y,3)
```

按 ENTER 键，结果显示

```
ans=
3*x^2+5*x*3^(1/2)
```

八、反函数的运算

在 MATLAB 语言中，使用 finverse 函数来实现对符号函数的反函数运算. 使用格式如下：

g=finverse(f)：命令用于求函数 f 的反函数，其中 f 为一符号表达式，x 为单变量，函数 g 也是一个符号函数，且满足 g(f(x))=x.

g=finverse(f,v)：命令所返回的符号函数表达式的自变量是 v，这里 v 是一个符号变量，且是表达式的向量变量. 而 g 的表达式要求满足 g(f(x))=v，当 f 包括不止一个变量时选用该命令.

例 14 求函数 $y=\frac{2x}{x-1}$的反函数.

解 在命令窗口输入如下命令:

```
>> syms x;
>> f=(2*x)/(x-1);
>> y=finverse(f,x)
```

按 ENTER 键,结果显示

```
y=
x/(-2+x)
```

即函数的反函数为:$y=\frac{x}{x-2}$.

例 15 求函数 $f=x^2$ 的反函数.

解 在命令窗口输入如下命令:

```
>> syms x;
>> f=x^2;
>> g=finverse(f,x)
```

按 ENTER 键,结果显示

```
Warning: finverse(x^2) is not unique.
> In sym.finverse at 43

g=
x^(1/2)
```

由于函数 $f=x^2$ 的反函数不唯一,程序语言给出警告信息,并给出变量默认为正值的反函数.

九、复合函数的运算

在 MATLAB 语言中,提供了专门用于进行复合函数运算的函数 compose.具体使用格式如表 3-2:

表 3-2

Matlab 命令	解释说明
compose(f,g)	命令返回当 $f=f(x)$,$g=g(x)$时的复合函数 $f(g(y))$,x 为 findsym 定义的 f 的符号变量,y 是 findsym 定义的 g 的符号变量.
compose(f,g,z)	命令返回当 $f=f(x)$,$g=g(y)$时的复合函数 $f(g(z))$,返回的函数以 z 为自变量,x 为 findsym 定义的 f 的符号变量,y 是 findsym 定义的 g 的符号变量.
compose(f,g,x,z)	命令返回复合函数 $f(g(z))$,这里 x 是函数 f 的独立变量.例如 $f=\cos(x/t)$,该命令将返回 $\cos(g(z)/t)$,而 compose(f,g,t,z)命令将返回 $\cos(x/g(z))$.
compose(f,g,x,y,z)	命令返回 $f(g(z))$并使得 x 是函数 f 的独立变量,y 是函数 g 的独立变量.例如 $f=\cos(x/t)$,$g=\sin(y/u)$,则 compose(f,g,x,y,z)命令将返回 $\cos(\sin(z/u)/t)$,而 compose(f,g,x,u,z)命令将返回 $\cos(\sin(y/z)/t)$.

例 16　设 $f=\frac{1}{1+x^2}$，$g=\sin y$，求复合函数 $f(g(t))$.

解　在命令窗口输入如下命令：

```
>> syms x y t;
>> f=1/(1+x^2);
>> g=sin(y);
>> compose(f,g,t)
```

按 ENTER 键，结果显示

```
ans=
1/(1+sin(t)^2)
```

十、代数方程的符号解析解

在 MATLAB 语言中，由命令函数 solve( )来完成代数方程的求解，具体形式为：

g=solve(eq)：输入参量 eq 可以是符号表达式或字符串. 若 eq 是一符号表达式 x^2－2＊x－1 或一没有等号的字符串 'x^2－2＊x－1'，则 solve(eq)对方程 eq 中的缺省变量(由命令 findsym(eq)确定的变量)求解方程 eq=0. 若输出参量 g 为单一变量，则对于有多重解的非线性方程，**g** 为一行向量.

g=solve(eq,var)：对符号表达式或没有等号的字符串 eq 中指定的变量 var 求解方程 eq(var)=0.

g=solve(eq1,eq2,…,eqn)：输入参量 eq1,eq2,…,eqn 可以是符号表达式或字符串. 该命令对方程组 eq1,eq2,…,eqn 中由命令 findsym 确定的 n 个变量如 x1,x2,…,xn 求解. 若 g 为一单个变量，则 g 为一包含 n 个解的结构；若 **g** 为有 n 个变量的向量，则分别返回结果给相应的变量.

g=solve('eqn1', 'eqn2',…, 'eqnn', 'var1', 'var2',…, 'varn')：对方程组 eq1,eq2,…,eqn 中指定的 n 个变量如 var1,var2,…,varn 求解.

注意：对于单个的方程或方程组，若不存在符号解，则返回方程(组)的数值解.

例 17　解方程 $3x^2+4x-5=0$.

解　在 MATLAB 命令窗口中输入：

```
>> syms x;                          %定义变量
>> y=3*x^2+4*x-5;                   %输入函数
>> t=solve(y)或 t=solve(y=0)        %求方程的解
```

按 ENTER 键，结果显示

```
t=
  -2/3+1/3*19^(1/2)
  -2/3-1/3*19^(1/2)
```

或者简单点，输入：

```
>> x=solve('3*x^2+4*x-5')或>> x=solve('3*x^2+4*x-5=0')
%'…' 直接定义符号表达式求解
```

按 ENTER 键，结果显示

```
x=
  -2/3+1/3*19^(1/2)
  -2/3-1/3*19^(1/2)
>> double(x)                %将x显示为双精度数值
ans=
    0.7863
   -2.1196
```

例18 解方程 $ax^2+bx+c=0$；$ax^2+bx+c=0$（b为未知量）.

解 在MATLAB命令窗口中输入：

```
>> solve('a*x^2+b*x+c')
```

按ENTER键，结果显示

```
ans=
    1/2/a*(-b+(b^2-4*a*c)^(1/2))
    1/2/a*(-b-(b^2-4*a*c)^(1/2))
>> solve('a*x^2+b*x+c','b')
```

按ENTER键，结果显示

```
ans=
  -(a*x^2+c)/x
```

第二节　函数极限求解

函数极限是微积分知识的基础和出发点，因此要学好微积分，就必须先了解函数极限的求法，在MATLAB语言中，可以使用limit函数来求符号极限. 具体使用格式如表3-3：

表3-3

Matlab求极限命令	数学运算解释
limit(S,x,a)	$\lim\limits_{x\to a} S$
Limit(S,x,a, 'right')	$\lim\limits_{x\to a^+} S$ 或 $\lim\limits_{x\to a+0} S$
Limit(S,x,a, 'left')	$\lim\limits_{x\to a^-} S$ 或 $\lim\limits_{x\to a-0} S$

说明：系统默认变量为x，limit(S,x,a)与limit(S,a)结果相同，变量x可以省略.

例1 分析函数 $f(x)=x\sin\dfrac{1}{x}$ 当 $x\to 0$ 时的变化趋势.

解 在MATLAB命令窗口中输入：

```
>> x=-1:0.01:1;
>> y=x.*sin(1./x);
```

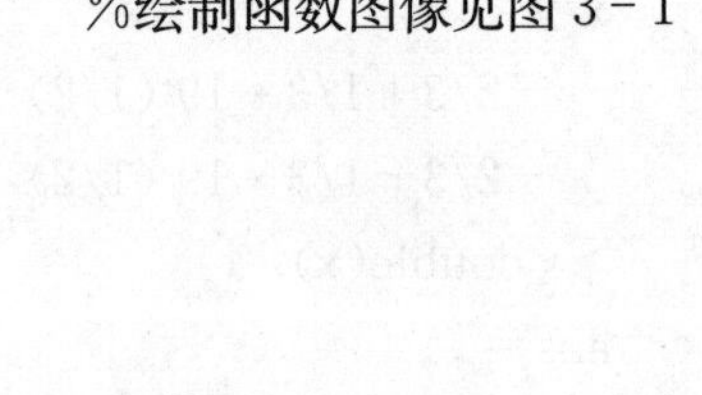

```
>> plot(x,y,x,x,'--b',x,-x,'--b')          %绘制函数图像见图 3-1
>> syms x
>> f=x*sin(1/x)
>> limit(f,x,0)
ans=
0
```

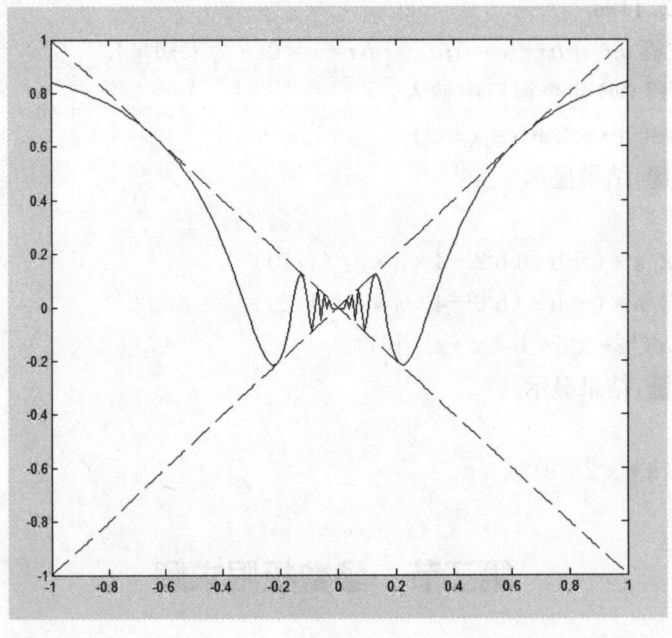

图 3-1

例 2 分析函数 $f(x)=x\cos x$ 当 $x\to\infty$ 时的变化趋势.

解 在 MATLAB 命令窗口中输入:

```
>> x=-15*pi:0.01:15*pi;
>> y=x.*cos(x);
>> plot(x,y)                                %绘制函数图像见图 3-2
>> syms x
>> y=x*cos(x);
>> limit(y,x,inf)
ans=
NaN
```

输出结果为 NaN,表示函数 $f(x)=x\cos x$ 当 $x\to\infty$ 时极限不存在.

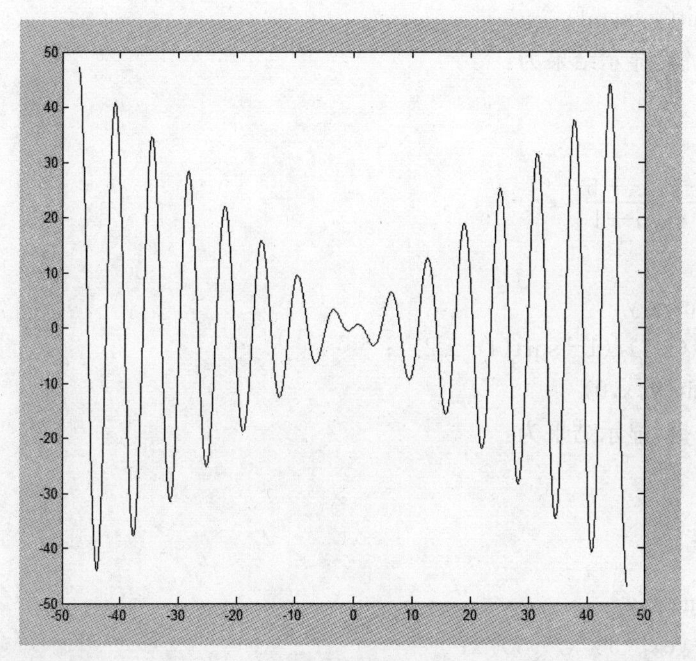

图 3-2

例 3　求下列函数极限.

(1) $\lim\limits_{x\to 1}\dfrac{x^2-2}{x^2-x+1}$；　(2) $\lim\limits_{x\to\infty}\dfrac{2x^3+x^2-5}{x^2-3x+1}$；　(3) $\lim\limits_{x\to 0}\dfrac{x^2}{1-\sqrt{1+x^2}}$；

(4) $\lim\limits_{x\to 0}\dfrac{e^{3x}-1}{x}$；　(5) $\lim\limits_{x\to\infty}\left(\dfrac{2x+3}{2x-1}\right)^{x+1}$；　(6) $\lim\limits_{x\to 0^+}\left(\dfrac{1}{x}\right)^{\tan x}$；

(7) $\lim\limits_{x\to 0^-}x\sin\dfrac{1}{x}$；　(8) $\lim\limits_{x\to 0^+}\dfrac{\sin ax}{\sqrt{1-\cos x}}$，$(a\neq 0)$.

解　(1)：在 MATLAB 命令窗口中输入：

```
>> syms x y
>> y=(x^2-2)/(x^2-x+1);
>> limit(y,x,1)
```

按 ENTER 键，显示结果为：

```
ans=
-1
```

(2) 输入：(接(1)不再重新定义变量)

```
>> syms x y
>> y=(2*x^3+x^2-5)/(x^2-3*x+1);
>> limit(y,x,-inf)
```

按 ENTER 键，显示结果为：

```
ans=
-Inf
```

```
>> limit(y,x,inf)
```

按 ENTER 键，显示结果为：

```
ans=
Inf
```

综上，$\lim\limits_{x\to\infty}\dfrac{2x^3+x^2-5}{x^2-3x+1}=\infty$.

(3) 输入：

```
>> syms x y
>> y=(x^2)/(1-sqrt(1+x^2));
>> limit(y,x,0)
```

按 ENTER 键，显示结果为：

```
ans=
-2
```

(4) 输入：

```
>> syms x y
>> y=(exp(3*x)-1)/x;
>> limit(y,x,0)
```

按 ENTER 键，显示结果为：

```
ans=
  3
```

(5) 输入：

```
>> syms x y
>> y=((2*x+3)/(2*x-1))^(x+1);
>> limit(y,x,inf)
```

按 ENTER 键，显示结果为：

```
ans=
    exp(2)
>> limit(y,x,-inf)
```

按 ENTER 键，显示结果为：

```
ans=
    exp(2)
```

综上，$\lim\limits_{x\to\infty}\left(\dfrac{2x+3}{2x-1}\right)^{x+1}=\mathrm{e}^2$

(6) 输入：

```
>> syms x y
>> y=(1/x)^tan(x);
>> limit(y,x,0, 'right')
```

按 ENTER 键，显示结果为：

```
ans=
```

```
1
```

(7)输入：

```
>> syms x y
>> y=x*sin(1/x);
>> limit(y,x,0, 'left')
```

按ENTER键，显示结果为：

```
ans=
0
```

(8) 输入：

```
>> clear                          %清除内存中变量
>> syms xy a;                     %定义变量x,y,a
>> y=(sin(a*x))/(sqrt(1-cos(x)));
>> limit(y,x,0, 'right')
```

按ENTER键，显示结果为：

```
ans=
a*2^(1/2)
```

例4　求函数 $f(x)=\begin{cases}x+1, & x<0\\ 0, & x=0\\ x-1, & x>0\end{cases}$，当 $x\to 0$ 时的极限.

解　在MATLAB命令窗口中输入：

```
>> clear
>> syms x
>> f1=x+1;
>> f2=x-1;
>> a=limit(f1,x,0, 'right')              %求函数在x=0处的右极限
```

按ENTER键，显示结果为：

```
a=
    1
>> b=limit(f2,x,0, 'left')               %求函数在x=0处的左极限
```

按ENTER键，显示结果为：

```
b=
    -1
```

左右极限存在但是不相等，所以此题极限不存在.

第三节　导数、微分运算

一、导数的实际意义

在 MATLAB 语言中，使用 diff( )函数来完成微分和求导运算，其具体形式为：

diff(function,'variable',n)：参数 function 为需要进行求导运算的函数，variable 为求导运算的独立变量，n 为求导的阶次. 命令函数 diff( )默认求导的阶次为 1 阶；如果表达式里有多个符号变量，并且没有在参数里说明，则按人们习惯的独立变量顺序确定进行求导的变量.

例 1　求函数 $y=\ln x$ 的导数.

解法 1　根据导数的定义来求解，在 MATLAB 命令窗口中输入：

```
>> syms x y1 t
>> y1=(log(x+t)-log(x))/t;          %y1=Δy/Δx=(y(x+t)-y(x))/t
>> limit(y1,t,0)                    %lim(t→0) y1 = lim(Δx→0) Δy/Δx
```

按 ENTER 键，显示结果为：

```
ans=
1/x
```

解法 2　直接利用 diff 命令求解

```
>> syms x y
>> y=log(x);
>> dy=diff(y,x)
```

按 ENTER 键，显示结果为：

```
dy=
 1/x
```

例 2　画出曲线 $y=\sin x$ 在点 $\left(\frac{\pi}{3},\frac{\sqrt{3}}{2}\right)$ 处的切线.

解　函数在某点处的导数是曲线在该点处的变化率，几何意义是在该点处切线的斜率. 在 MATLAB 命令窗口中输入：

```
>> syms x y
>> x=-1:0.01:3                          %选定 x 的范围
>> y=sin(x);
>> plot(x,y,'-k')
>> hold on                              %在上图中作图，不另开窗口
>> y1=cos(pi/3)*x-(pi/3)*cos(pi/3)+sqrt(3)/2;
>> plot(x,y1,'r')
```

按ENTER键,显示图3-3.

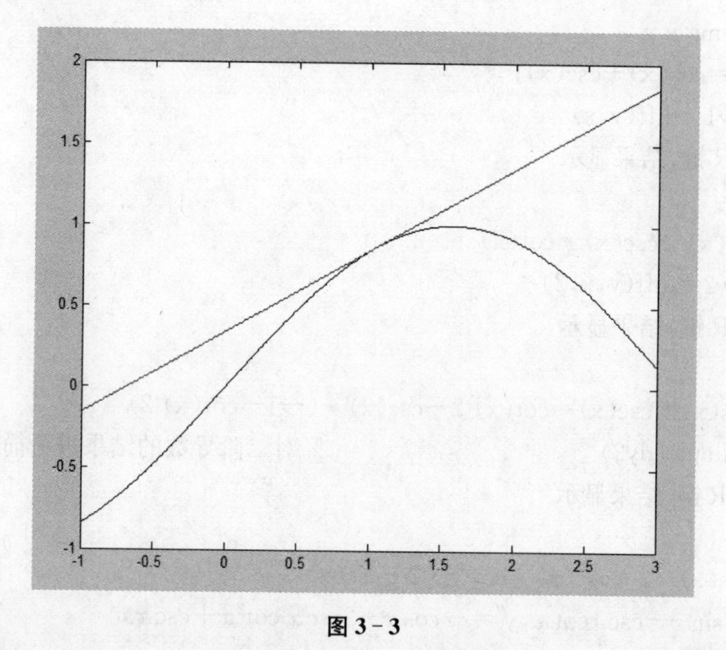

图3-3

二、显函数的求导与高阶求导实例

例3　求函数 $y=2+\sin x+\ln x-x^2$ 的导数.

解　在MATLAB命令窗口中输入:

```
>> syms x y                              %定义变量
>> y=2+sin(x)+log(x)-x^2;               %输入函数
>> dy1=diff(y,x,1)                       %求y的一阶导数
```

按ENTER键,结果显示

```
dy 1=
      cos(x)+1/x-2*x
```

即 $y'=\cos x+\dfrac{1}{x}-2x$.

例4　求函数 $y=\ln(\sin x)$的导数.

解　在MATLAB命令窗口中输入:

```
>> syms x y;
>> y=log(sin(x));
>> dy1=diff(y,x)
```

按ENTER键,结果显示

```
dy1=
      cos(x)/sin(x)
```

即 $y'=\cot x$.

例5　求函数 $y=\cos x+\csc x$ 的一阶导数和二阶导数.

解 在 MATLAB 命令窗口中输入：

```
>> syms x y
>> y=cos(x)+csc(x);
>> dy1=diff(y,x)
```

按 ENTER 键，结果显示

```
dy1=
-sin(x)-csc(x)*cot(x)
>> dy2=diff(y,x,2)
```

按 ENTER 键，结果显示

```
dy2=
-cos(x)+csc(x)*cot(x)^2-csc(x)*(-1-cot(x)^2)
>> simple(dy2)                    %对二阶导数的结果进行简单化简
```

按 ENTER 键，结果显示

```
ans=
-cos(x)+2*csc(x)*cot(x)^2+csc(x)
```

即 $y'=-\sin x-\csc x\cot x, y''=-\cos x+2\csc x\cot^2 x+\csc x$.

例 6 求函数 $y=a^x$ 的导数，其中 $a>0$，且 $a\neq 1$.

解 在 MATLAB 命令窗口中输入：

```
>> syms x y a
>> y=a^x;
>> diff(y,x)
```

按 ENTER 键，结果显示

```
ans=
a^x*log(a)
```

即：$y'=a^x\ln a$.

三、参数式函数求导

参数式函数的求导也可由 Matlab 里函数 diff( )来完成$\begin{cases}x=\text{function1}\\y=\text{function2}\end{cases}$，参数为 t 的求导运算，其具体形式为：

F=diff(y,t)/diff(x,t)

例 7 求参数式函数$\begin{cases}x=\ln(1+t^2)\\y=\dfrac{1}{1+t^2}\end{cases}$的导数.

解 在 MATLAB 命令窗口中输入：

```
>> clear
>> syms x y t
>> x=log(1+t^2);
>> y=1/(1+t^2);
```

```
>> dy_dx=diff(y,t)/diff(x,t)                    %dy/dx=(dy/dt)/(dx/dt)
```

按 ENTER 键,结果显示

```
dy_dx=
-1/(1+t^2)
```

即$\frac{dy}{dx}=-\frac{1}{1+t^2}$.

例 8　求参数式函数$\begin{cases}x=\sin t\\ y=\cos t\end{cases}$的一阶和二阶导数.

解　在 MATLAB 命令窗口中输入:

```
>> clear
>> symsx y t
>> x=sin(t);y=cos(t);
>> f=diff(y,t)/diff(x,t)                        %求参数式函数的一阶导数
```

按 ENTER 键,结果显示

```
f=
   -sin(t)/cos(t)
>> g=diff(f,t)/diff(x,t)                        %求参数式函数的二阶导数
```

按 ENTER 键,结果显示

```
g=
(-1-sin(t)^2/cos(t)^2)/cos(t)
```

即$\frac{dy}{dx}=-\frac{\sin t}{\cos t}=-\tan t$

$$\frac{d^2y}{dx^2}=\frac{d\left(\frac{dy}{dx}\right)}{dx}=\left(-1-\frac{\sin^2 t}{\cos^2 t}\right)\frac{1}{\cos t}=-\sec^3 t$$

说明:求解结果若需要进行化简,可调用命令 simple( )来解决,也可以调用命令 pretty( ),使得表达式更符合数学上的书写习惯.

四、隐函数求导

隐函数 f(x,y)=0 的求导也可由 Matlab 里由命令函数 diff( )来完成,其具体形式为:g=-diff(f,x)/diff(f,y),若需化简结果可改为:g=simple(-diff(f,x)/diff(f,y)).

例 9　求由方程 $y^5+2y-x-3x^7=0$ 确定的隐函数 $y=y(x)$的导数.

解　在 MATLAB 命令窗口中输入:

```
>> clear
>> syms x y
>> f=y^5+2*y-x-3*x^7;
>> g=simple(-diff(f,x)/diff(f,y))
```

按 ENTER 键,结果显示

```
g=
```

```
(1+21*x^6)/(5*y^4+2)
```

即$\frac{dy}{dx}=\frac{1+21x^6}{5y^4+2}$.

例 10 求由方程$e^y+xy-e=0$确定的隐函数$y=y(x)$的导数.

解 在 MATLAB 命令窗口中输入:

```
>> clear
>> syms x y
>> f=exp(y)+x*y-exp(1);
>> g=simple(-diff(f,x)/diff(f,y))
```

按 ENTER 键,结果显示

```
g=
-y/(exp(y)+x)
```

即$\frac{dy}{dx}=-\frac{y}{e^y+x}$.

第四节　导数应用

一、中值定理

函数零点的求解可由 Matlab 里由命令函数 fzero( )来完成,其具体形式为:

```
t=fzero('f',[a,b])
```

例 1 对函数$y=(1-x)(1+x)$讨论罗尔定理.

解 令$y=f(x)=(1-x)(1+x)$,

$f(-1)=f(1)=0$,由罗尔定理可知

$\exists\xi\in[-1,1]$,使得$f'(\xi)=0$.

(1) 求$y=f(x)$的导数

在 MATLAB 命令窗口中输入:

```
>> syms x y
>> y=(1-x)*(1+x)
>> dy=diff(y,x)
```

按 ENTER 键,结果显示

```
dy=
-2*x
```

(2) 绘制$y=f(x)$与$y=f'(x)$的图形

继续在 MATLAB 命令窗口输入:

```
>> x=-1:0.1:2;
>> y=(1-x).*(1+x);
>> z=-2*x;
```

```
>> plot(x,y,'--s',x,z,'-^')                    %小正方形曲线为 y=f(x);
```
上三角直线为 $y=f'(x)$

按 ENTER 键,显示图 3-4.

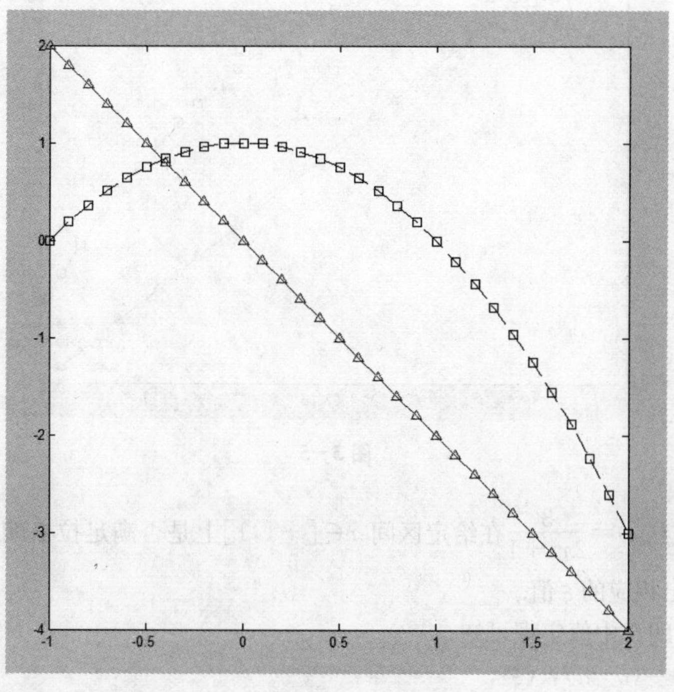

图 3-4

(3) 求中值 t

继续在 MATLAB 命令窗口输入:

```
>> syms x
>> t=fzero('-2*x',[-1,1])
```

按 ENTER 键,结果显示

```
t=
0
```

即中值为 0.

(4) 绘制 $y=f(x)$在点 t 的切线

继续在 MATLAB 命令窗口输入:

```
>> hold on
>> y1=1-2*0.x;
>> plot(x,y1)
```

按 ENTER 键,显示图 3-5.

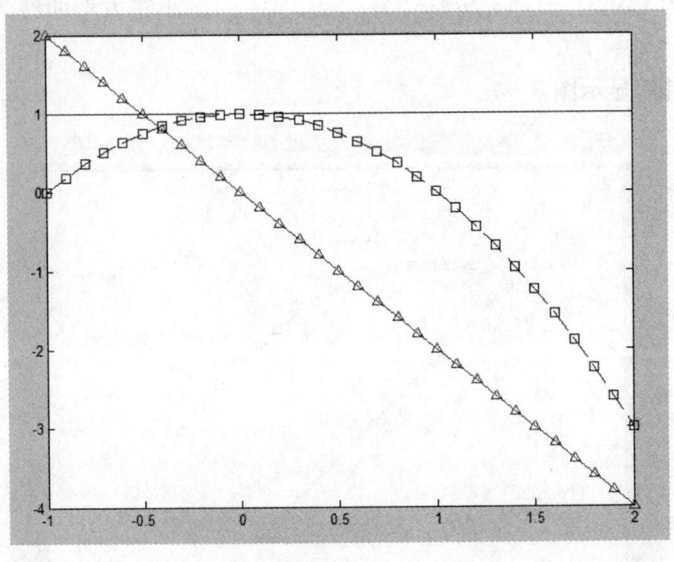

图 3-5

例 2 函数 $f(x)=\dfrac{3}{2x^2+1}$ 在给定区间 $x\in[-1,1]$ 上是否满足拉格朗日中值定理的条件？若满足，求出相应的 ξ 值.

解 由拉格朗日中值定理可知

$f(b)-f(a)=(b-a)f'(\xi)$,

即 $f(b)-f(a)-(b-a)f'(\xi)=0$

将 ξ 换成 x，构建函数 $y(x)=f(b)-f(a)-(b-a)f'(x)$

若满足拉格朗日中值定理，要找到 ξ，使得 $y(\xi)=0$.

在 MATLAB 命令窗口输入：

```
>> clear
>> syms x f y
>> f=3/(2*x^2+1);
>> df=diff(f,x);
>> y=3/(2*1^2+1)-3/(2*(-1)^2+1)-2*df
                                  %y(x)=f(1)-f(-1)-2f'(x)
```

按 ENTER 键，结果显示

```
y=
24/(2*x^2+1)^2*x
>> t=fzero('24/(2*x^2+1)^2*x',[-1,1])
                                  %t 是 y(x)=f(1)-f(-1)-2f'(x)的零点
```

按 ENTER 键，结果显示

```
t=0
```

因此满足拉格朗日中值定理，ξ 值为 0.

二、函数驻点的求解

与函数极值的求解步骤相同：

(1) 用命令 diff 求函数的导数；

(2) 用命令 solve 求导函数的驻点.

例3　求函数 $y=x^3+2x^2-5x+1$ 的驻点.

解　在MATLAB命令窗口中输入：

```
>> y='x^3+2*x^2-5*x+1';
>> dy=diff(y,x)
```

按ENTER键，结果显示

```
dy=
3*x^2+4*x-5
>> t=double(solve(dy))
```

按ENTER键，结果显示

```
t=
    0.7863
   -2.1196
>> y1=t.^3+2*t.^2-5*t+1
```

按ENTER键，结果显示

```
y1=
   -1.2088
   11.0607
```

三、函数在给定区间上的最值求解

求函数在给定区间上的最小值的 Matlab 命令是 fminbnd，其具体调用格式如下：x=fminbnd(y,x1,x2)：其中 y 是函数的符号表达式，命令 fminbnd 仅用于求函数的最小值，若要求解函数的最大值，可先将函数变号，求得最小值，再次改变符号，则得到所求函数的最大值，x1，x2 是自变量 x 的变化范围.

例4　求函数 $y=e^{-x}+(x-1)^2$ 在区间[−3,3]内的最小值.

解　在MATLAB命令窗口中输入：

```
>> x=fminbnd('exp(-x)+(x-1)^2',-3,3);
>> y=exp(-x)+(x-1)^2;
>> x
```

按ENTER键，结果显示

```
x=
    1.1572
>> y
```

按ENTER键，结果显示

```
y=
```

0.3391

即为函数的最小值.

说明:输出格式有以下几种形式:

x

[x,fval]

[x,fval,exitflag]

[x,fval,exitflag,output]

x 表示最小值点,fval 表示函数在给定区间的最小值,exitflag 为结束标志,其值>0 时表示结果收敛到最优解 x,

<0 时表示迭代次数超过允许最大次数,

=0 时表示计算结果没有收敛.

output 为求解过程的一些信息,如迭代次数、算法等信息.

例 5 求函数 $f(x)=\dfrac{x^3+x^2-1}{e^x+e^{-x}}$ 在[-5,5]上的最小值和最大值.

解 在 MATLAB 命令窗口中输入:

```
>> f1='(x^3+x^2-1)/(exp(x)+exp(-x))';
>>[x_min,f_min, exitflag]=fminbnd(f1,-5,5)
```

按 ENTER 键,结果显示

```
x_min=
    -3.3112
f_min=
    -0.9594
exitflag=
    1
```

在 MATLAB 命令窗口中继续输入:

```
>> f2='-(x^3+x^2-1)/(exp(x)+exp(-x))';
>>[x_max,f2_min, exitflag]=fminbnd(f2,-5,5)
```

按 ENTER 键,结果显示

```
x_max=
    2.8498
f2_min=
    -1.7452
exitflag=
    1
>> f_max=-f2_min                    %f 的最大值
```

按 ENTER 键,结果显示

```
f_max=
    1.7452
```

第五节　函数积分

一、求解不定积分

MATLAB符号运算工具箱中提供了一个函数命令int( )，可以直接用来求符号函数的不定积分.该函数的调用格式如表3-4

表3-4

输入命令	对应数学公式
int(f(x))或int(f(x),x)	$\int f(x)\mathrm{d}x$

F=int(fun,x)：如果被积函数fun中只有一个变量，则调用语句中的x可以省略.

另外，该函数得出的结果F(x)是积分原函数，实际的不定积分应该是F(x)+C构成的函数族，其中C是任意常数.

对于可积的函数，MATLAB符号运算工具箱提供的int函数可以用计算机代替繁重的手工推导，立即得出原始问题的解.而对于不可积的函数来说，MATLAB也是无能为力的.

例1　求积分$\int\frac{3}{1+\cos 2x}\mathrm{d}x$.

解　在MATLAB命令窗口中输入：

```
>> syms x f
>> f=3/(1+cos(2*x));
>> int(f,x)
```

按ENTER键，结果显示

```
ans=
    3/2*tan(x)
```

注意：结果缺省任意常数C

即原式$=\frac{3}{2}\tan x+C$.

例2　求积分$\int\left(\frac{x-1}{x}\right)^2\mathrm{d}x$.

解　在MATLAB命令窗口中输入：

```
>> syms x f
>> f=((x-1)/x)^2;
>> simple(int(f,x))
```

按ENTER键，结果显示

```
ans=
x-1/x-2*log(x)
```

即原式$=x-2\ln|x|-\frac{1}{x}+C$.

例 3 求积分 $\int 2x\cos(x^2-1)\mathrm{d}x$.

解 在 MATLAB 命令窗口中输入:

```
>> syms x f
>> f=2*x*cos(x^2-1);
>> int(f,x)
```

按 ENTER 键,结果显示

```
ans=
    sin(x^2-1)
```

即原式$=\sin(x^2-1)+C$.

例 4 求积分 $\int \frac{x}{(1+x)^3}\mathrm{d}x$.

解 在 MATLAB 命令窗口中输入:

```
>> syms x f
>> f=x/(1+x)^3;
>> int(f,x)
```

按 ENTER 键,结果显示

```
ans=
    -1/(1+x)+1/2/(1+x)^2
```

即原式$=-\frac{1}{1+x}+\frac{1}{2(1+x)^2}+C$

例 5 求积分 $\int \frac{1}{\sqrt{1+\mathrm{e}^x}}\mathrm{d}x$.

解 在 MATLAB 命令窗口中输入:

```
>> syms x f
>> f=1/sqrt(1+exp(x));
>> int(f,x)
```

按 ENTER 键,结果显示

```
ans=
    -2*atanh((1+exp(x))^(1/2))
```

即原式$=-2\mathrm{arctanh}(\sqrt{1+\mathrm{e}^x})+C$.

例 6 求积分 $\int \frac{1}{\sqrt{x^2-a^2}}\mathrm{d}x(a>0)$.

解 在 MATLAB 命令窗口中输入:

```
>> syms x a f
>> f=1/sqrt(x^2-a^2);
>> int(f,x)
```

按 ENTER 键,结果显示

```
ans=
    log(x+(x^2-a^2)^(1/2))
```

即原式$=\ln\left|x+\sqrt{x^2-a^2}\right|+C$.

例7　求积分$\int x^3\ln x\mathrm{d}x$.

解　在MATLAB命令窗口中输入：

```
>> syms x f
>> f=x^3*log(x) ;
>> int(f,x)
```

按ENTER键,结果显示

```
ans=
      1/4*x^4*log(x)-1/16*x^4
```

即原式$=\frac{1}{4}x^4\ln x-\frac{1}{16}x^4+C$.

例8　求积分$\int \mathrm{e}^x\cdot\sin^2 x\mathrm{d}x$.

解　在MATLAB命令窗口中输入：

```
>> syms x f
>> f=exp(x)*sin(x)^2 ;
>> int(f,x)
```

按ENTER键,结果显示

```
ans=
      1/5*(sin(x)-2*cos(x))*exp(x)*sin(x)+2/5*exp(x)
```

即原式$=\left(\frac{1}{5}\sin^2 x-\frac{1}{5}\sin 2x+\frac{2}{5}\right)\mathrm{e}^x+C$.

例9　求积分$\int\frac{5xt}{1+x^2}\mathrm{d}t$.

解　在MATLAB命令窗口中输入：

```
>> syms x t f
>> f=5*x*t/(1+x^2);
>> int(f,t)
```

按ENTER键,结果显示

```
ans=
      5/2*x*t^2/(1+x^2)
```

即原式$=\frac{5x}{2(1+x^2)}t^2+C$.

例10　考虑两个不可积问题

(1) $\int\exp(-x^2/2)\mathrm{d}x$

(2) $\int x\sin(ax^4)\exp(-x^2/2)\mathrm{d}x$

解　(1):在MATLAB命令窗口中输入：

```
>> syms x f
```

```
>> f=exp(-x^2/2);
>> int(f,x)
```

按 ENTER 键,结果显示

```
ans=
    1/2 * pi^(1/2) * 2^(1/2) * erf(1/2 * 2^(1/2) * x)
```

该解中含有 erf 函数(误差函数),它的定义为:$erf(x)=\frac{2}{\sqrt{\pi}}\int_0^x \exp(-t^2)\mathrm{d}t$

这样似乎可以写出积分的解析表达式.但事实上,这样的结果在工程中是不能用的,必须得出相应的数值解.

(2) 在 MATLAB 命令窗口中输入:

```
>> syms a x
>> f=x * sin(a * x^4) * exp(x^2/2);
>> int(f,x)
```

运行后,将出现如下的错误信息:

```
Warning: Explicit integral could not be found
```

说明积分不成功.

二、求解定积分

1. 定积分的符号解法

MATLAB 中使用 int 函数用来求解积分问题,可以是不定积分也可以是定积分,可以得到解析解,无任何误差,同时 MATLAB 也提供了其他求解定积分的数值方法函数,主要有 cumsum、trapz、quad 和 quad8 等,有计算精度的限制.

求定积分的运算命令如下表 3-5:

表 3-5

输入命令	对应数学公式
int(f(x),a,b)或 int(f(x),x,a,b)	$\int_a^b f(x)\mathrm{d}x$

例 11 求定积分 $\int_{-1}^{0}\frac{3x^4+3x^2+1}{x^2+1}\mathrm{d}x$.

解 在 MATLAB 命令窗口中输入:

```
>> syms x f
>> f=(3 * x^4+3 * x^2+1)/(x^2+1);
>> int(f',x,-1,0))
```

按 ENTER 键,结果显示

```
ans=
    1+1/4 * pi
```

例 12 求定积分 $\int_0^3 \frac{x}{\sqrt{1+x}}\mathrm{d}x$.

解　在MATLAB命令窗口中输入:

```
>> syms x f
>> f=x/sqrt(1+x);
>> int(f,x,0,3)
```

按ENTER键,结果显示

```
ans=
    8/3
```

例13　求定积分$\int_0^{\pi}\sqrt{\sin^3 x-\sin^5 x}\mathrm{d}x$.

解　在MATLAB命令窗口中输入:

```
>> syms x f
>> f=sqrt(sin(x)^3-sin(x)^5);
>> int(f,x,0,pi))
```

按ENTER键,结果显示

```
ans=
    1/5*2^(1/2)*8^(1/2)
```

为让结果简单可改写上述语句

```
>> clear
>> simple(int('sqrt(sin(x)^3-sin(x)^5)',0,pi))
```

按ENTER键,结果显示

```
ans=
    4/5
```

即为所求.

例14　求定积分$\int_{-\frac{\pi}{2}}^{\frac{\pi}{2}}\frac{x+\cos x}{1+\sin^2 x}\mathrm{d}x$.

解　在MATLAB命令窗口中输入:

```
>> syms x f
>> f=(x+cos(x))/(1+sin(x)^2);
>> int(f,x,-pi/2,pi/2)
```

按ENTER键,结果显示

```
ans=
    -1/4*i*2^(1/2)*pi*log(2^(1/2)-1-i)+1/4*i*2^(1/2)*pi*log(2^
(1/2)+1+i)-1/4*i*2^(1/2)*pi*log(2^(1/2)-1+i)+i*log(-1-i)+1/2
*i*2^(1/2)*pi*log(2^(1/2)-1)-i*log(-1+i)+1/4*i*2^(1/2)*pi*log
(2^(1/2)+1-i)-pi
>> simple(ans)                %简化结果
```

按ENTER键,结果显示

```
ans=
1/2*pi
```

例 15 求定积分$\int_0^1 x\arctan x\mathrm{d}x$.

解 在 MATLAB 命令窗口中输入：

```
>> syms x f
>> f=x*atan(x) ;
>> int(f,x,0,1)
```

按 ENTER 键，结果显示

```
ans=
1/4*pi-1/2
```

例 16 求曲线段 $f(x)=\mathrm{e}^{-0.2x}\sin(0.5x)$，$x\in[0,2\pi]$绕 x 轴旋转一周所形成的旋转曲面的面积.

解 在 MATLAB 命令窗口中输入：

```
>> syms x f
>> f=exp(-0.2*x)*sin(0.5*x);
>> s=pi*int(f^2,0,2*pi)
```

按 ENTER 键，结果显示

```
s=
125/116*pi*(-1+exp(pi)^(4/5))/exp(pi)^(4/5)
>> double(s)                                %将符号表达式转换为数值数据
```

按 ENTER 键，结果显示

```
ans=
   3.1111
```

2. 定积分的数值方法

用定积分的符号解法求解定积分时有时会失效，可以用数值方法来计算定积分，MATLAB 提供了一些计算定积分的数值方法.

(1) 矩形法

$\int_a^b f(x)\mathrm{d}x$ 的几何意义是由 $y=f(x)$，$x=a$，$x=b$，$y=0$ 四条线所围成的曲边梯形的面积，如图 3-6 所示，将曲边梯形分成有限多个等距小矩形，将各个小矩形面积相加来求定积分的近似值，这种方法称为矩形法，精确度相对较低. 矩形法可以调用命令 sum 来实现，它的功能为求向量各元素的和或矩阵每一列向量各元素的和.

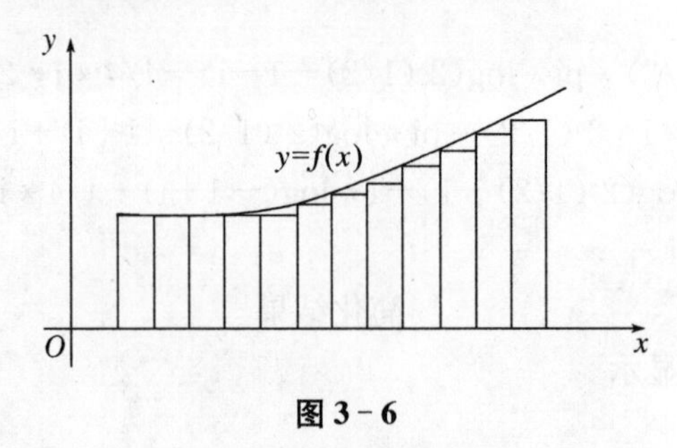

图 3-6

例 17 用矩形法求$\int_0^{10}(-x^2+115)\mathrm{d}x$.

解 在MATLAB命令窗口中输入:

```
>> dx=0.01;
>> x=0:dx:10;
>> y=-x.^2+115;
>> sum(y(1:length(x)-1))*dx
```

按ENTER键,结果显示

```
ans=
      817.17
```

因此积分值约为817.17.

(2) 梯形公式

用小梯形面积替代小曲边梯形的面积,然后求和得到定积分的近似值,调用函数trapz,其具体使用格式如下:

trapz(x,y):利用复合梯形公式计算定积分,$\boldsymbol{x}$是积分变量在积分区间上的点向量,$\boldsymbol{y}$为被积函数在$\boldsymbol{x}$处相应的函数值向量.

例 18 用复合梯形公式计算$\int_0^{\pi}\sin x\mathrm{d}x$.

解 在MATLAB命令窗口中输入:

```
>> x=linspace(0,pi,50);                    %x在0与π之间按50等份取点
>> y=sin(x);
>> trapz(x,y)
```

按ENTER键,结果显示

```
ans=
    1.9993
```

结果与精确值比较接近.

(3) Simpson公式

本方法用抛物线代替小曲边梯形的曲边计算小面积,再求和得定积分的近似值,调用函数quad,其具体使用格式如下:

quad('fun',a,b,tol,trace):fun是被积函数表达式字符串或者M函数文件名,a、b分别是积分的下限和上限,tol表示精度,可以缺省,缺省时tol=0.001,trace=1时用图形展示积分过程,trace=0时无图形,默认值为0.

例 19 用Simpson公式计算$\int_0^{\pi}\sin x\mathrm{d}x$.

解 在MATLAB命令窗口中输入:

```
>> f=inline('sin(x)','x');        % inline用来定义内联函数,第一个参数
                                    是表达式,第二参数是函数变量
>> quad(f,0,pi)
```

按ENTER键,结果显示

```
ans=
```

2.0000

可见，Simpson 公式计算的精度很高.

例 20 设 $s(x)=\int_0^x y(t)\mathrm{d}t$，其中 $y(t)=\mathrm{e}^{-0.8t|\sin t|}$，如图 3-7 所示，求 $s(10)$.

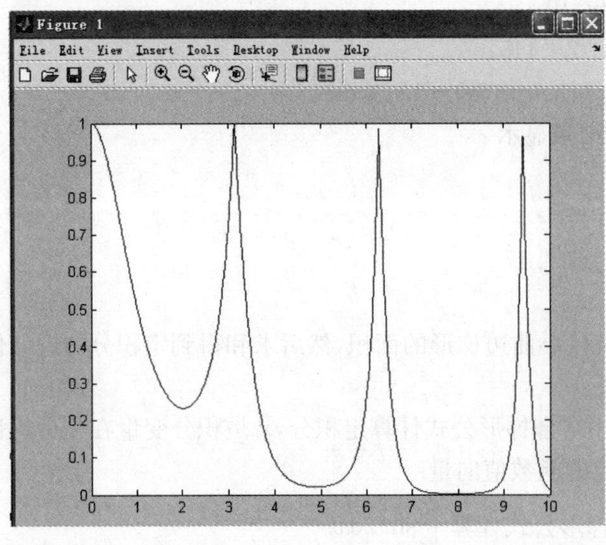

图 3-7

解 在 MATLAB 命令窗口中输入：

```
>> f=inline('exp(-0.8*t.*abs(sin(t)))','t');
>> quad(f,0,10)
```

按 ENTER 键，结果显示

```
ans=
    2.6597
```

三、求解广义积分

求广义积分的运算命令如下表 3-5：

表 3-5

输入命令	对应数学公式	备注
int(f(x),a,inf)或 int(f(x),x,a,inf)	$\int_a^{+\infty} f(x)\mathrm{d}x$	无穷区间上的广义积分
int(f(x) ,-inf,b)或 int(f(x),x, -inf,b)	$\int_{-\infty}^b f(x)\mathrm{d}x$	
int(f(x) ,-inf,inf) 或 int(f(x),x, -inf,inf)	$\int_{-\infty}^{+\infty} f(x)\mathrm{d}x$	
int(f(x),a,b)或 int(f(x),x,a,b)	$\int_a^b f(x)\mathrm{d}x$	无界函数的广义积分

例 21 求广义积分$\int_{-\infty}^{0} xe^{x}\mathrm{d}x$.

解 在MATLAB命令窗口中输入:

```
>> syms x f
>> f=x*exp(x) ;
>> int(f,x,-inf,0)
```

按ENTER键,结果显示

```
ans=
-1
```

例 22 求广义积分$\int_{-\infty}^{+\infty} \frac{\mathrm{d}x}{1+x^2}$.

解 在MATLAB命令窗口中输入:

```
>> syms x f
>> f=1/(1+x^2);
>> int(f,x,-inf,inf)
```

按ENTER键,结果显示

```
ans=
pi
```

例 23 求广义积分$\int_{1}^{2} \frac{1}{x\sqrt{\ln x}}\mathrm{d}x$.

解 在MATLAB命令窗口中输入:

```
>> syms x f
>> f=1/x/sqrt(log(x));
>> int(f,x,1,2)
```

按ENTER键,结果显示

```
ans=
2*log(2)^(1/2)
```

四、二重积分

调用函数int(int( ))可用于求解能转化为二次积分的二重积分,格式为:

```
q=int(int('fun(x,y)', 'x',xmin,xmax), 'y',ymin,ymax)
q=int(int('fun(x,y)', 'y',ymin,ymax), 'x',xmin,xmax)
```

说明:计算二重积分,先确定积分区域即变量的积分上、下限,然后再分别对变量进行积分.

例 24 计算二重积分$\iint_D \frac{\sin y}{y}\mathrm{d}x\mathrm{d}y$,其中D是由抛物线$y=\sqrt{x}$及直线$y=x$所围成区域.

解 在MATLAB命令窗口中输入:

```
>>syms x y f
>> f=sin(y)/y;
```

```
>> int(int(f,x,y^2,y),y,0,1)
```
%将二重积分转化为二次积分 $\int_0^1 dy \int_{y^2}^{y} \frac{\sin y}{y} dx$

按 ENTER 键,结果显示

```
ans=
    -sin(1)+1
```

例 25 计算二重积分 $\iint_D x\sqrt{y}\,dxdy$,其中 D 是由两条抛物线 $y=\sqrt{x}$, $y=x^2$ 所围成的区域.

解 在 MATLAB 命令窗口中输入:

```
>> syms x y f
>> f=x*sqrt(y);
>> int(int(f,y,x^2,sqrt(x)),x,0,1)
```
%将二重积分转化为二次积分 $\int_0^1 dx \int_{x^2}^{\sqrt{x}} x\sqrt{y}\,dy$

按 ENTER 键,结果显示

```
ans=
    6/55
```

例 26 计算二重积分 $\iint_D \ln(1+x^2+y^2)\,dxdy$,其中 D 是圆心在原点的单位圆的第一象限部分.

解 $\iint_D \ln(1+x^2+y^2)\,dxdy = \int_0^{\frac{\pi}{2}} d\theta \int_0^1 \ln(1+r^2) r dr$

在 MATLAB 命令窗口中输入:

```
>> syms r t f
>> f=log(1+r^2)*r;
>> int(int(f,r,0,1),t,0,pi/2)
```

按 ENTER 键,结果显示

```
ans=
    1/2*pi*log(2)-1/4*pi
```

即原式 $=\frac{(2\ln 2-1)\pi}{4}$.

第六节 常微分方程

常微分方程有时很难求解,MATLAB 提供了功能强大的工具,可以帮助求解微分方程. 函数 dsovle 可以用来计算常微分方程的符号解,其具体调用格式如下:

dsolve('equation', 'var'):求微分方程的解,其中 equation 代表常微分方程式,var 表示自变量;

dsolve('equation','condition1','condition2',…,'var'):求常微分方程 equation 满足初始条件的特解,其中 equation 是求解的微分方程或微分方程组,condition1,condition2,…是初始条件,var 是自变量.

因为我们要求解微分方程,就需要用一种方法将微分包含在表达式中.所以,dsovle 句法与大多数其他函数有一些不同,用字母 D 来表示求微分,D2,D3 等等表示重复求微分,并以此来设定方程.任何 D 后所跟的字母为因变量.其中 equation 代表常微分方程式即 $y'=g(x,y)$,且 Dy 代表一阶微分项 y' 或 $\frac{dy}{dx}$,D2y 代表二阶微分项 y'' 或 $\frac{d^2y}{dx^2}$.

例 1 求微分方程 $\frac{dy}{dx}=2xy$ 的通解.

解 在 MATLAB 命令窗口中输入:

```
>> y=dsolve('Dy=2*x*y','x')
```

按 ENTER 键,结果显示

```
y=
C1*exp(x^2)                %结果即为所求的通解
```

例 2 求一阶方程 $\frac{dy}{dx}=1+y^2$ 的通解,当 $y(0)=1$ 求其特解.

解 在 MATLAB 命令窗口中输入:

```
>> y=dsolve('Dy=1+y^2','y(0)=1','x')
```

按 ENTER 键,结果显示

```
y=
tan(x+1/4*pi)
```

例 3 求方程 $(1+e^x)yy'=e^x$ 满足 $y|_{x=0}=0$ 的特解.

解 在 MATLAB 命令窗口中输入:

```
>> y=dsolve('(1+exp(x))*y*Dy=exp(x)','y(0)=0','x')
```

按 ENTER 键,结果显示

```
y=
  (2*log(1+exp(x))-2*log(2))^(1/2)
```

即 $\frac{y^2}{2}=\ln\frac{1+e^x}{2}$.

例 4 求一阶线性微分方程 $\frac{dy}{dx}-\frac{n}{x+1}y=e^x(x+1)^n$ 的通解,其中 n 为常数.

解 在 MATLAB 命令窗口中输入:

```
>> syms x y n;
>> y=dsolve('Dy-n*y/(x+1)=exp(x)*(x+1)^n','x')
```

按 ENTER 键,结果显示

```
y=
(exp(x)+C1)*(x+1)^n
```

即方程的通解为:$y=(e^x+C)(x+1)^n$.

例 5 求解微分方程$(1+x^2)y''+2xy'=1$.

解 在 MATLAB 命令窗口中输入:

```
>> y=dsolve('(1+x^2)*D2y+2*x*Dy=1','x')
```

按 ENTER 键,结果显示

```
y=
1/2*log(1+x^2)+C1*atan(x)+C2
```

即方程的通解为:$y=\frac{1}{2}\ln(1+x^2)+C_1\arctan x+C_2$.

例 6 求二阶常系数齐次线性微分方程 $y''-2y'-3y=0$ 的通解.

解 在 MATLAB 命令窗口中输入:

```
>> y=dsolve('D2y-2*Dy-3*y=0','x')
```

按 ENTER 键,结果显示

```
y=
C1*exp(3*x)+C2*exp(-x)
```

即方程的通解为:$y=C_1e^{3x}+C_2e^{-x}$.

例 7 求二阶常系数齐次线性微分方程 $y''-2y'+5y=0$ 的通解.

解 在 MATLAB 命令窗口中输入:

```
>> y=dsolve('D2y-2*Dy+5*y=0','x')
```

按 ENTER 键,结果显示

```
y=
C1*exp(x)*sin(2*x)+C2*exp(x)*cos(2*x)
```

即方程的通解为:$y=e^x(C_1\sin 2x+C_2\cos 2x)$.

例 8 求二阶非齐次线性微分方程 $y''-5y'+6y=xe^{2x}$的通解.

解 在 MATLAB 命令窗口中输入:

```
>> y=dsolve('D2y-5*Dy+6*y=x*exp(2*x)','x')
```

按 ENTER 键,结果显示

```
y=
exp(2*x)*C2+C1*exp(3*x)-1/2*x*exp(2*x)*(2+x)
```

即方程的通解为:$y=C_1e^{3x}+C_2e^{2x}-xe^{2x}\left(1+\frac{x}{2}\right)$.

例 9 求二阶非齐次线性微分方程 $y''+y=x\cos 2x$ 的通解.

解 在 MATLAB 命令窗口中输入:

```
>> y=dsolve('D2y+y=x*cos(2*x)','x')
```

按 ENTER 键,结果显示

```
y=
sin(x)*C2+cos(x)*C1+4/9*sin(2*x)-1/3*x*cos(2*x)
```

即方程的通解为:$y=C_1\cos x+C_2\sin x+\frac{4}{9}\sin 2x-\frac{1}{3}x\cos 2x$.

MATLAB解符号微分方程的 dsolve 函数对通常的一阶线性微分方程,可降阶的高阶微分方程,二阶常系数齐次和非齐次方程能给出通解和特解,但对于某些齐次方程、全微分方程与可转化为全微分的方程却无能为力，主要原因是这些微分方程只有隐式解，dsolve 函数无法解决这种情况，可利用 MATLAB 工具箱，编程解决上述问题，在此不作介绍.

第七节 多元函数微分

已经学习了 Matlab 中调用命令 diff 对一元函数求导，也可以在多元函数中求偏导使用. 将二元函数 $z=f(x,y)$的各阶偏导数分别记作 $zx,zy,zxx,zyy,zxy,zyx,zxxx,zxxy,zxyy,zyyy,\cdots\cdots$. 若二元函数 $z=f(x,y)$的两个混合偏导数 zxy,zyx 在某区域 D 上连续，则 $zxy=zyx$. 三元函数同理. 用 diff 可以作多元函数的符号求偏导函数、全微分和在一点处的偏导数和全微分，下面以二元函数和三元函数为例说明 diff 的调用格式和功能，见表3－6所示：

表 3－6

符号求导的命令	功　能
zx=diff(f(x,y),x)	求 $z=f(x,y)$对 x 的一阶偏导函数 $z'_x=f'_x(x,y)$
zy=diff(f(x,y),y)	求 $z=f(x,y)$对 y 的一阶偏导函数 $z'_y=f'_y(x,y)$
dz=zx * dx+zy * dy	求 $z=f(x,y)$的全微分 $dz=f'_x(x,y)dx+f'_y(x,y)dy$
zxx=diff(zx,x)	求 $z=f(x,y)$对 x 的二阶偏导函数 $z''_{xx}=f''_{xx}(x,y)$
zxy=diff(zx,y)	求 $z=f(x,y)$的二阶混合偏导函数 $z''_{xy}=f''_{xy}(x,y)$
zxn=diff(f(x,y),x,n)	求 $z=f(x,y)$对 x 的 n 阶偏导函数$\frac{\partial^n z}{\partial x^n}$
zyn=diff(f(x,y),y,n)	求 $z=f(x,y)$对 y 的 n 阶偏导函数$\frac{\partial^n z}{\partial y^n}$
ux=diff(f(x,y,z),x)	求 $u=f(x,y,z)$对 x 一阶偏导函数 $u'_x=f'_x(x,y,z)$
uy=diff(f(x,y,z),y)	求 $u=f(x,y,z)$对 y 一阶偏导函数 $u'_y=f'_y(x,y,z)$
uz=diff(f(x,y,z),z)	求 $u=f(x,y,z)$对 z 一阶偏导函数 $u'_z=f'_z(x,y,z)$
du=ux * dx+uy * dy+uz * dz	求 $u=f(x,y,z)$的全微分 $du=f'_x(x,y,z)\mathrm{d}x+f'_y(x,y,z)\mathrm{d}y+f'_z(x,y,z)\mathrm{d}z$
uyx=diff(uy,x)	求 $u=f(x,y,z)$的二阶混合偏导函数 $u''_{yx}=f''_{yx}(x,y,z)$

（续表）

符号求导的命令	功 能
Zx=－diff(F,x)/diff(F,z) Zy=－diff(F,y)/diff(F,z)	隐函数 $F(x,y,z)=0$ 求偏导函数$\frac{\partial z}{\partial x},\frac{\partial z}{\partial y}$
pretty(diff(f(x,y,z),x))	输出一个符合日常书写习惯的表达式

例 1 求 $z=x^2+3xy+y^2$ 对 x,y 的一阶偏导数及其全微分、二阶偏导数.

解 在 MATLAB 命令窗口中输入：

```
>> syms x y dx dy
>> f=x^2+3*x*y+y^2;
>> zx=diff(f,x)                          %关于变量 x 的一阶偏导数
```

按 ENTER 键，结果显示

```
zx=
2*x+3*y
>> zy=diff(f,y)                          %关于变量 y 的一阶偏导数
```

按 ENTER 键，结果显示

```
zy=
3*x+2*y
>> dz=zx*dx+zy*dy                        %全微分
```

按 ENTER 键，结果显示

```
dz=
(2*x+3*y)*dx+(3*x+2*y)*dy.
>> zxx=diff(zx,x)                        %关于变量 x 的二阶偏导数
```

按 ENTER 键，结果显示

```
zxx=
2
>> zxy=diff(zx,y)                        %混合二阶偏导数
```

按 ENTER 键，结果显示

```
zxy=
3
>> zyx=diff(zy,x)                        %混合二阶偏导数
```

按 ENTER 键，结果显示

```
zyx=
3
>> zyy=diff(zy,y)                        %关于变量 y 的二阶偏导数
```

按 ENTER 键,结果显示

```
zyy=
2
```

即$\frac{\partial z}{\partial x}=2x+3y$,$\frac{\partial z}{\partial y}=3x+2y$,$dz=(2x+3y)dx+(3x+2y)dy$,

$\frac{\partial^2 z}{\partial xx}=2$,$\frac{\partial^2 z}{\partial xy}=3$,$\frac{\partial^2 z}{\partial yx}=3$,$\frac{\partial^2 z}{\partial yy}=2$.

例 2　设 $z=e^{3x^2+4y^2}\ln(x^2-y^2)$,求$\frac{\partial z}{\partial x}$,$\frac{\partial z}{\partial y}$.

解　在 MATLAB 命令窗口中输入:

```
>> syms x y
>> f=exp(3*x^2+4*y^2)*log(x^2-y^2);
>> zx=diff(f,x)
```

按 ENTER 键,结果显示

```
zx=
6*x*exp(3*x^2+4*y^2)*log(x^2-y^2)+2*exp(3*x^2+4*y^2)*x/(x^2-y^2)
>> zy=diff(f,y)
```

按 ENTER 键,结果显示

```
zy=
8*y*exp(3*x^2+4*y^2)*log(x^2-y^2)-2*exp(3*x^2+4*y^2)*y/(x^2-y^2)
```

即$\frac{\partial z}{\partial x}=e^{3x^2+4y^2}\left[6x\ln(x^2-y^2)+\frac{2x}{x^2-y^2}\right]$,$\frac{\partial z}{\partial y}=2ye^{3x^2+4y^2}\left[4\ln(x^2-y^2)-\frac{1}{x^2-y^2}\right]$.

例 3　求由方程 $e^z-xyz=0$ 所确定的函数 $z=f(x,y)$的偏导数$\frac{\partial z}{\partial x}$.

解　在 MATLAB 命令窗口中输入:

```
>> syms x y z
>> F=exp(z)-x*y*z;
>> zx=-diff(F,x)/diff(F,z)
```

按 ENTER 键,结果显示

```
zx=
    y*z/(exp(z)-x*y)
```

即$\frac{\partial z}{\partial x}=\frac{yz}{e^z-xy}$.

第八节 级 数

一、常数项级数的求和与审敛

在讨论常数项级数时,我们认为,如果级数 $\sum_{i=1}^{\infty} a_i$ 的部分和 $\sum_{i=1}^{n} a_i$ 的极限存在,则称该级数收敛,并称此极限为级数的和. 在 Matlab 中,用于级数求和的命令是 symsum( ),该命令的应用格式为:

symsum(comiterm,v,a,b):其中 comiterm 为级数的通项表达式,v 是通项中的求和变量,a 和 b 分别为求和变量的起点和终点. 如果 a,b 缺省,则 v 从 0 变到 v-1,如果 v 也缺省,则系统对 comiterm 中的默认变量求和.

例 1 求级数 $I_1 = \sum_{i=1}^{\infty} \frac{2n-1}{2^n}$, $I_2 = \sum_{i=1}^{\infty} \frac{1}{n(2n+1)}$ 的和.

解 在 MATLAB 命令窗口中输入:

```
>> syms n
>> f1=(2*n-1)/2^n;
>> f2=1/(n*(2*n+1));
>> I1=symsum(f1,n,1,inf),I2=symsum(f2,n,1,inf)
```

按 ENTER 键,结果显示

```
I1=
  3
I2=
  2-2*log(2)
```

本例是收敛的情况,如果发散,则求得的和为 inf,因此,本方法就可以同时用来解决求和问题和收敛性问题.

例 2 求级数 $I_3 = \sum_{n=1}^{\infty} \frac{\sin x}{n^2}$, $I_4 = \sum_{n=1}^{\infty} (-1)^{n-1} \frac{x^n}{n}$ 的和.

解 在 MATLAB 命令窗口中输入:

```
>> syms n x
>> f3=sin(x)/n^2;
>> f4=(-1)^(n-1)*x^n/n;
>> I3=symsum(f3,n,1,inf),I4=symsum(f4,n,1,inf)
```

按 ENTER 键,结果显示

```
I3=
  1/6*sin(x)*pi^2
I4=
  log(x+1)
```

从这个例子可以看出，symsum( )这个函数不但可以处理常数项级数，也可以处理函数项级数.

二、函数的泰勒展开

级数是高等数学中函数的一种重要表示形式，有许多复杂的函数都可以用级数简单地来表示，而将一个复杂的函数展开成幂级数并取其前面的若干项来近似表达这个函数是一种很好的近似方法，在学习级数的时候，我们知道将一个函数展开成级数有时是比较麻烦的，现在我们介绍用 Matlab 展开函数的方法.

在 Matlab 中，用于幂级数展开的函数为 taylor( )，其具体格式为：

taylor(function,n,x,a)：function 是待展开的函数表达式，n 为展开项数，缺省是展开至 5 次幂，即 6 项，x 是 function 中的变量，a 为函数的展开点，缺省为 0，即麦克劳林展开.

例 3　将函数 $\sin x$ 展开为 x 的幂级数，分别展开至 5 次和 19 次.

解　在 MATLAB 命令窗口中输入：

```
>> syms x
>> f=sin(x);
>> taylor(f)
```

按 ENTER 键，结果显示

```
ans=
x-1/6*x^3+1/120*x^5
>> taylor(f,20)
```

按 ENTER 键，结果显示

```
ans=
x-1/6*x^3+1/120*x^5-1/5040*x^7+1/362880*x^9-1/39916800*x^
11+1/6227020800*x^13-1/1307674368000*x^15+1/355687428096000*x^17
-1/121645100408832000*x^19
```

例 4　将函数$(1+x)^m$ 展开为 x 的幂级数，m 为任意常数，展开至 4 次幂.

解　在 MATLAB 命令窗口中输入：

```
>> syms x m
>> f=(1+x)^m;
>> taylor(f,5)
```

按 ENTER 键，结果显示

```
ans=
1+m*x+1/2*m*(m-1)*x^2+1/6*m*(m-1)*(m-2)*x^3+1/24
*m*(m-1)*(m-2)*(m-3)*x^4
```

例 5　将函数 $f(x)=\frac{1}{x^2+5x-3}$ 展开为(x-2)的幂级数，展开至 4 次幂.

解　在 MATLAB 命令窗口中输入：

```
>> syms x
>> f=1/(x^2+5*x-3);
```

```
>> taylor(f,5,x,2)
```

按 ENTER 键,结果显示

```
ans=
29/121-9/121*x+70/1331*(x-2)^2-531/14641*(x-2)^3+4009/
161051*(x-2)^4
>> pretty(ans)                    %将结果化成数学的形式
```

按 ENTER 键,结果显示

```
 29                70        2   531        3      4009          4
----- - 9/121 x + ------ (x - 2)  - ------ (x - 2)  + -------- (x - 2)
 121              1331             14641             161051
```

习　题

1. 创建符号表达式 $f(x)=3^x+\sin x-\ln x$.

2. 设 x 为符号变量,$f(x)=x^4+2x^2+1$,$g(x)=x^3+6x^2+3x+5$,试进行如下运算:

(1) $f(x)+g(x)$

(2) $f(x)\cdot g(x)$

(3) 对 $f(x)$进行因式分解

(4) 求 $g(x)$的反函数

3. 求下列函数极限:

(1) $\lim\limits_{x\to 2}\dfrac{x^2-x-1}{(x-2)^2}$

(2) $\lim\limits_{x\to 0}\dfrac{1-\cos 2x+\tan^2 x}{x\sin x}$

(3) $\lim\limits_{x\to +\infty}[\sin(\ln(x+1))-\sin(\ln x)]$

(4) $\lim\limits_{x\to\infty}\left(\dfrac{2x+3}{2x+1}\right)^{x+10}$

(5) $\lim\limits_{x\to 0^+}x\sin^2\dfrac{1}{x}$

4. 求下列函数的导数

(1) $y=\sqrt{x}\,\mathrm{arccot}\,x$

(2) $y=x\arcsin(\ln x)$

(3) $y=x^2+\ln(x+\sqrt{x^2+a^2})$,($a$ 为常数)

5. 求符号表达式 $\sin x+x^5$ 的 5 次微分.

6. 求由参数方程$\begin{cases}x=1+\sin t\\ y=t\cos t\end{cases}$所确定函数的导数$\dfrac{\mathrm{d}y}{\mathrm{d}x}$.

7. 求由方程 $xy=\mathrm{e}^{x+y}$所确定隐函数 $y=y(x)$的导数.

8. 求下列不定积分

(1) $\int x\ln x\mathrm{d}x$

(2) $\int \sqrt{x^2-4}\mathrm{d}x$

(3) $\int \frac{x}{x^2+2x-3}\mathrm{d}x$

(4) $\int \frac{x+\arctan^2 x}{1+x^2}\mathrm{d}x$

9. 求$\int_{-\frac{\pi}{2}}^{\frac{\pi}{2}} \frac{x+\cos x}{1+\sin^2 x}\mathrm{d}x$.

10. 求$\int_{-\infty}^{+\infty} \frac{1}{x^2+2x+2}\mathrm{d}x$.

11. 求下列微分方程的通解.

(1) $(x^2+y^2)\mathrm{d}x-xy\mathrm{d}y=0$

(2) $(x^2-1)y'+2xy-\cos x=0$

(3) $y''-4y'+5y=0$

(4) $2y''+y'-y=2\mathrm{e}^x$

12. 设$z=\mathrm{e}^u\sin v$,而$u=xy,v=x+y$,求$\frac{\partial z}{\partial x},\frac{\partial z}{\partial y}$.

13. 计算$I=\iint\limits_D (x^2+y^2-x)\mathrm{d}x\mathrm{d}y$,其中$D$由直线$x=2,y=x,y=2x$所围成.(提示:先对$y$后对$x$积分,$I=\int_0^2\mathrm{d}x\int_x^{2x}(x^2+y^2-x)\mathrm{d}y$)

14. 将函数$f(x)=\frac{1}{x^2+3x+2}$展开成$(x-1)$的幂级数,展开至4次幂.

第四章　MATLAB 在概率统计中的应用

在 MATLAB 的工具箱 toolbox 中也包含概率统计的库函数，为概率统计的计算提供了很多便利，本章将简单介绍 MATLAB 在概率统计中的应用.

第一节　随机数的生成

在实际应用中经常需要生成不同分布的随机数，下面简单介绍几种 MATLAB 中常用的随机数生成命令. 可以利用 MATLAB 工具箱提供的专用函数来生成，也可以利用工具箱提供的通用函数 random 来生成. random 的具体调用格式如下：

Y＝random('name',A,B,C)：生成随机数，其中参数 name 不同的取值代表了不同的分布，详见表 4－1. 而不同的分布相应的参数也不同，A,B,C 为不同分布的参数，这里的参数不一定有 3 个，有的分布也可以只取 1 个参数. 若 A,B,C 是数组或矩阵，则它们的尺寸必须相匹配.

Y＝random('name',A,B,C,m,n)：生成 m×n 阶的随机数矩阵.

表 4－1　name 参数表

name 的取值	参数说明
bino	二项分布
poiss	泊松分布
unif	均匀分布
exp	指数分布
norm	正态分布
chi2	χ^2 分布
f	F 分布
gam	Γ 分布
geo	几何分布
beta	β 分布
logn	对数正态分布
t	t 分布

例1　生成一个满足参数λ=2的Poiss分布的随机数.

解　在MATLAB命令窗口中输入：

```
>> r=random('poiss',2)
```

按ENTER键，结果显示：

```
r=
    2.00
```

例2　生成一个满足标准正态分布的2行3列随机数矩阵.

解　在MATLAB命令窗口中输入：

```
>> r=random('norm',0,1,2,3)
```

按ENTER键，结果显示：

```
r=
    -0.43      0.13      -1.15
    -1.67      0.29      1.19
```

一、生成满足二项分布的随机数

在MATLAB中专门提供了用于生成满足二项分布的随机数的命令binornd，具体使用格式如下；

R=binornd(N,P)：N,P为二项分布的参数，N,P可以为向量，也可以是矩阵，但尺寸需保持一致，生成的随机数R的尺寸与N,P一致；

R=binornd(N,P,v)：生成随机数向量；

R=binornd(N,P,m.n)：生成$m\times n$阶的随机数矩阵.

例3　生成7个满足二项分布的随机数.

解　在MATLAB命令窗口中输入：

```
>> n=1:1:7;
>> r=binornd(n,1./n)
```

按ENTER键，结果显示：

```
r=
    1   2   0   1   0   2   1
```

例4　生成一个2×3阶的随机数矩阵，要求满足二项分布，参数N=20，P=0.2.

解　在MATLAB命令窗口中输入：

```
>> r=binornd(20,0.2,2,3)
```

按ENTER键，结果显示：

```
r=
    9.00      5.00      5.00
    3.00      5.00      4.00
```

二、生成满足泊松分布的随机数

与生成满足二项分布的随机数的命令binornd类似，MATLAB也提供了专门用于生成满足泊松分布的随机数命令poissrnd，具体使用格式如下：

R=poissrnd(lambda):生成参数为 lambda,满足泊松分布的随机数;

R=poissrnd(lambda,v):生成参数为 lambda,满足泊松分布的随机数向量;

R=poissrnd(lambda,m,n):生成参数为 lambda,满足泊松分布的 $m\times n$ 阶随机数矩阵.

例 5 生成一个随机向量,要求满足参数 $\lambda=2$ 的 Poisson 分布.

解 在 MATLAB 命令窗口中输入:

```
>> r=poissrnd(2,1,6)
```

按 ENTER 键,结果显示:

```
r=
    Columns 1 through 4
       3.00       4.00       1.00       3.00
    Columns 5 through 6
       2.00       1.00
```

三、生成满足正态分布的随机数

在 MATLAB 中提供了专门用于生成满足正态分布随机数的命令 normrnd,具体使用格式如下:

R=normrnd(mu,sigma):生成参数为 mu、sigma,满足正态分布的随机数,其中参数 mu 为正态分布的数学期望,sigma 为正态分布的标准差;

R=normrnd(mu,sigma,v):生成参数为 mu、sigma,满足正态分布的随机数向量;

R=normrnd(mu,sigma,m,n):生成参数为 mu、sigma,满足正态分布的 $m\times n$ 阶的随机数矩阵.

例 6 生成 3 行 4 列的随机数矩阵,要求满足标准正态分布.

解 在 MATLAB 命令窗口中输入:

```
>> r=normrnd(0,1,3,4)
```

按 ENTER 键,结果显示:

```
r=
    -0.43      0.29      1.19      0.17
    -1.67     -1.15     -0.04     -0.19
    0.13       1.19      0.33      0.73
```

四、生成满足其他分布的随机数

除以上介绍的几种较为常用的随机数命令以外,还有一些如满足均匀分布、t 分布等随机数生成命令,其具体调用格式与前面介绍的格式类似,在此就不一一介绍了,仅以列表形式作简单介绍,如表 4-2 所示:

表 4-2

命令函数	具体调用格式	命令功能
unifrnd	R=unifrnd(A,B,m,n)	生成在[A,B]上连续均匀分布的随机矩阵
unidrnd	R=unidrnd(N,m,n)	生成最大值为N的离散均匀分布的随机矩阵
exprnd	R=exprnd(mu,m,n)	生成参数为mu,满足指数分布的随机矩阵
trnd	R=trnd(V,m,n)	生成自由度为V,满足t分布的随机矩阵
chi2rnd	R=chi2rnd(V,m,n)	生成自由度为V,满足χ^2分布的随机矩阵
frnd	R=frnd(V1,V2,m,n)	生成第一自由度为V1,第二自由度为V2,满足F分布的随机矩阵

例 7　生成一个满足自由度为2的t分布的3阶随机数方阵.

解　在MATLAB命令窗口中输入:

```
>> r=trnd(2,3)   %这里的行数和列数只给出了一个参数值3,表示产生一个3阶方阵
```

按ENTER键,结果显示:

```
r=
    -2.35    0.23    -0.57
    1.82     0.83    -3.86
    -0.08    0.04    0.26
```

例 8　生成一个满足自由度为4的χ^2分布的2行3列随机数矩阵.

解　在MATLAB命令窗口中输入:

```
>> r=chi2rnd(4,2,3)
```

按ENTER键,结果显示:

```
r=
    2.34    3.67    1.16
    0.62    4.13    7.45
```

第二节　随机变量的分布

在概率论与数理统计课程中,概率是研究随机变量分布特征的重要手段.利用MATLAB工具箱提供的专用函数来进行计算,也可以利用工具箱提供的通用函数pdf来计算概率$P\{X=x\}$(若X为连续型随机变量,则是计算密度函数的值$f(x)$,利用通用函数cdf计算概率$P\{X\leqslant x\}$).

一、通用函数计算各分布的概率

一般情况下,可以调用通用函数pdf、cdf来求解,其具体使用格式如下:

Px=pdf('*name*',X,A,B,C):指定分布在X处的概率,参数name不同的取值表示不

同的分布,具体参数见表 7-1,A,B,C 为不同分布的参数.

Px=cdf('*name*',X,A,B,C):指定分布计算概率 $P\{X\leqslant x\}$,其他同上.

例 1 若每次射击中靶的概率为 0.7,射击 10 次,试利用 MATLAB 求:

(1) 命中 3 次的概率;

(2) 至少命中 3 次的概率.

解 (1) 在命令窗口中输入:

```
>> Px=pdf('bino',3,10,0.7)          %bino 是二项分布,利用通用函数求解
```

按 ENTER 键,结果显示:

```
Px=
    0.0090
```

即所求命中 3 次的概率为 0.009.

(2) $P(x\geqslant3)=1-P(x\leqslant2)$

在命令窗口中输入:

```
>> p1=cdf('bino',2,10,0.7)
```

按 ENTER 键,结果显示:

```
p1=
    0.0016
>> 1-p1
```

按 ENTER 键,结果显示:

```
ans=
    0.9984
```

即至少命中 3 次的概率为 0.9984.

二、用 MATLAB 计算二项分布

当随机变量 $X\sim B(n,p)$时,可以调用专用函数 binopdf、binocdf 来求解,其具体使用格式如下:

Px=binopdf(X,n,p):计算某事件发生的概率为 p 的 n 重贝努利试验中,该事件发生的次数为 X 的概率.

Px=binocdf(X,n,p):计算某事件发生的概率为 p 的 n 重贝努利试验中,该事件发生的次数小于等于 X 的概率.

例 1 利用专用函数来求解例 1.

解 (1) 在命令窗口中输入:

```
>> Px=binopdf(3,10,0.7)          %专用函数求解
```

按 ENTER 键,结果显示:

```
Px=
    0.0090
```

即所求命中 3 次的概率为 0.009.

(2) $P(x\geqslant3)=1-P(x\leqslant2)$

在命令窗口中输入:

```
>> p1=binocdf(2,10,0.7)          %专用函数求解
```

按 ENTER 键，结果显示：

```
p1=
    0.0016
>> 1-p1
```

按 ENTER 键，结果显示：

```
ans=
    0.9984
```

即至少命中 3 次的概率为 0.9984，所得结果与例 1 同.

三、用 MATLAB 计算泊松分布

当随机变量 $X\sim P(\lambda)$时，在 MATLAB 中调用函数 poisspdf、poisscdf 来求解，其具体使用格式如下：

P=poisspdf(x,$lambda$)：计算服从参数为 $lambda$ 的泊松分布的随机变量取值 x 的概率.

P=poisscdf(x,$lambda$)：计算服从参数为 $lambda$ 的泊松分布的随机变量在$[0,x]$取值的概率.

例 2　已知某种疾病的发病率为$\frac{1}{1000}$，某单位共有 5000 名职工，试用 MATLAB 求：

(1) 该单位患有这种疾病的人数为 5 人的概率是多少？

(2) 该单位超过 5 人患有这种疾病的概率是多少？

解　利用泊松分布计算

$$\lambda=np=5000\cdot\frac{1}{1000}=5$$

(1) 在命令窗口中输入：

```
>> poisspdf(5,5)
```

按 ENTER 键，结果显示：

```
ans=
    0.1755
```

即 $P(x=5)=0.1755$.

(2) $P(x>5)=1-P(x\leqslant 5)$

在命令窗口中输入：

```
>> p1=poisscdf(5,5)
```

按 ENTER 键，结果显示：

```
p1=
    0.6160
>> 1-p1
```

按 ENTER 键，结果显示：

```
ans=
```

0.3840

即该单位超过 5 人患有这种疾病的概率是 0.3840.

四、用 MATLAB 计算均匀分布

当随机变量 $X \sim U(a,b)$ 时，在 MATLAB 中调用函数 unifpdf、unifcdf 来求解，其具体使用格式如下：

P=unifpdf(x,a,b)：计算在区间$[a,b]$服从均匀分布的随机变量的概率密度在 x 处的值.

P=unifcdf(X,a,b)：计算在区间$[a,b]$服从均匀分布的随机变量的分布函数在 X 处的值.

例 3 设随机变量 X 在区间[2,5]上服从均匀分布，利用 MATLAB 求 $P(3<X\leqslant 4)$.

解 $P(3<X\leqslant 4)=P(X\leqslant 4)-P(\xi\leqslant 3)$

在 MATLAB 命令窗口中输入：

```
>> p1=unifcdf(4,2,5)
```

按 ENTER 键，结果显示：

```
p1=
    0.6667
>> p2=unifcdf(3,2,5)
```

按 ENTER 键，结果显示：

```
p2=
    0.3333
>> p1-p2
```

按 ENTER 键，结果显示：

```
ans=
    0.3333
```

即 $P(3<\xi\leqslant 4)=0.3333$.

五、用 MATLAB 计算指数分布

当随机变量 $X \sim E(\lambda)$ 时，在 MATLAB 中调用函数 exppdf、expcdf 来求解，其具体使用格式如下：

P=exppdf(x,mu)：计算服从参数为 $mu=\dfrac{1}{\lambda}$ 的指数分布的随机变量的概率密度.

P=expcdf(x,mu)：计算服从参数为 $mu=\dfrac{1}{\lambda}$ 的指数分布的随机变量在区间$[0,x]$取值的概率.

例 4 某仪器装有三只独立工作的同型号电子元件，其寿命(单位：小时)都服从同一个指数分布，密度函数为：

$$f(x)=\begin{cases}\dfrac{1}{600}e^{-\frac{1}{600}x}, & x>0\\ 0, & x\leqslant 0\end{cases}$$

试利用MATLAB求在仪器试用的最初200小时内，至少有一个电子元件损坏的概率.

解　由题意知电子元件寿命 x 服从指数分布，参数 $mu=\frac{1}{\lambda}=600$，

在MATLAB命令窗口中输入：

```
>> p=expcdf(200,600)              %求P(x≤200)
```

按ENTER键，结果显示：

```
p=
    0.2835
>> 1-p                            %200小时内各个电子元件没有损坏的概率
```

按ENTER键，结果显示：

```
ans=
    0.7165
>> p2=binopdf(3,3,0.7165)         %200小时内求3个电子元件都没有损坏的概率
```

按ENTER键，结果显示：

```
p2=
    0.3678
>> 1-p2                           %200小时内至少有一个电子元件损坏的概率
```

按ENTER键，结果显示：

```
ans=
    0.6322
```

即仪器试用的最初200小时内，至少有一个电子元件损坏的概率为0.6322.

六、用MATLAB计算正态分布

当随机变量 $X\sim N(\mu,\sigma^2)$ 时，在MATLAB中调用函数normpdf、normcdf来求解，其具体使用格式如下：

P=normpdf(K,mu,$sigma$)：计算服从参数为 mu，$sigma$ 的正态分布的随机变量的概率密度.

P=normcdf(K,mu,$sigma$)：计算服从参数为 mu，$sigma$ 的正态分布的随机变量的分布函数在 K 处的值.

例5　某地抽样调查结果表明，考生的数学成绩(百分制)近似服从正态分布，平均成绩为72分，标准差为12分，试利用MATLAB求考生的数学成绩在60分至84分之间的概率.

解　由题意可知，考生数学成绩 $X\sim N(\mu,\sigma^2)$，其中 $\mu=72$，$\sigma=12$，

$P(60<X\leqslant 84)=P(X\leqslant 84)-P(X\leqslant 60)$

```
>> p1=normcdf(84,72,12)
```

按ENTER键，结果显示：

```
p1=
    0.8413
```

```
>> p2=normcdf(60,72,12)
```

按 ENTER 键,结果显示:

```
p2=
    0.1587
>> p1-p2
```

按 ENTER 键,结果显示:

```
ans=
    0.6827
```

即考生的数学成绩在 60 分至 84 分之间的概率为 0.6827.

第三节　随机变量的期望与方差

一、用 MATLAB 计算数学期望

1. 离散型随机变量的期望

通常,对取值较少的离散型随机变量,可用如下程序进行计算:

$$\boldsymbol{X}=[x_1,x_2,\cdots,x_n],\boldsymbol{P}=[p_1,p_2,\cdots,p_n],EX=X*P'$$

对于有无穷多个取值的随机变量,其期望的计算公式为:

$$E(\boldsymbol{X})=\sum_{i=0}^{\infty}x_ip_i$$

可用如下程序进行计算:

$\boldsymbol{EX}$=symsum(x_ip_i,0,inf)　%symsum 是级数求和的命令

例 1　设随机变量 X 的分布律如下表所示:

X	6	4.8	4	0
p	0.6	0.2	0.1	0.1

求 X 的数学期望.

解　在 MATLAB 命令窗口中输入:

```
>> X=[6 4.8 4 0];
>> p=[0.6 0.2 0.1 0.1];
>> EX=X*p'
```

按 ENTER 键,结果显示:

```
EX=
    4.9600
```

即 X 的数学期望为 4.96.

例 2　已知随机变量 X 的分布列如下:

$$p\{X=k\}=\frac{1}{3^k}\quad k=1,2,\cdots$$

计算 EX.

解　$EX=\sum_{k=1}^{\infty}k\frac{1}{3^k}$

在 MATLAB 命令窗口中输入：

```
>> syms k;
>> symsum(k*(1/3)^k,k,1,inf)
```

按 ENTER 键，结果显示：

```
ans=
3/4
```

即 $\boldsymbol{E}X=\frac{3}{4}$.

2. 连续型随机变量的数学期望

若 X 是连续型随机变量，由概率论知识可知数学期望的计算公式为：

$$EX=\int_{-\infty}^{+\infty}xf(x)\mathrm{d}x$$

利用 MATLAB 程序求解广义积分即可，形式如下：

$$EX=\mathrm{int}('x*f(x)',-\mathrm{inf},\mathrm{inf})$$

例 3　某种电子元件，其寿命(单位：小时)是一个随机变量服从指数分布，密度函数为：

$$f(x)=\begin{cases}\frac{1}{600}\mathrm{e}^{-\frac{1}{600}x}, & x>0\\ 0, & x\leqslant 0\end{cases}$$

试利用 MATLAB 求该电子元件的平均寿命.

解　$EX=\int_{-\infty}^{+\infty}xf(x)\mathrm{d}x=\int_{0}^{+\infty}x\frac{1}{600}\mathrm{e}^{-\frac{x}{600}}\mathrm{d}x$

在 MATLAB 命令窗口中输入：

```
>> int('x*1/600*exp(-x/600)',0,inf)
```

按 ENTER 键，结果显示：

```
ans=
    600
```

即 $\boldsymbol{E}X=600$.

3. 随机变量函数的数学期望

若 $y=f(x)$ 是连续函数，Y 是随机变量 X 的函数，$Y=f(X)$.

(1) 当 X 为离散型随机变量，其概率分布为：

$$P\{X=x_k\}=p_k,(k=1,2\cdots),$$

且级数 $\sum_{k=1}^{+\infty}f(x_k)p_k$ 存在，则有：

$$\boldsymbol{E}Y=\boldsymbol{E}[f(X)]=\sum_{k=1}^{+\infty}f(x_k)p_k,$$

其 MATLAB 计算命令为：

E[f(X)]=symsum(f(xk) * pk,1,inf)

(2) 当 X 为连续型随机变量,其概率密度为 $p(x)$,且积分 $\int_{-\infty}^{+\infty} f(x)p(x)\mathrm{d}x$ 存在,则有:

$$\boldsymbol{E}Y=\boldsymbol{E}[f(x)]=\int_{-\infty}^{+\infty} f(x)p(x)\mathrm{d}x,$$

其 MATLAB 计算命令为:

E[f(x)]=int('f(x) * p(x)',-inf,inf)

例 4 假定国际市场每年对我国某种商品的需求量是随机变量 X(单位:吨),服从[20,40]上的均匀分布,已知该商品每售出 1 吨,可获利 3 万美元,若销售不出去,则每吨要损失 1 万美元,试利用 MATLAB 计算如何组织货源,才可使收益最大?

解 设 y 为组织的货源数量,R 为收益,销售量为 x. 依题意有

$$R=f(x)=\begin{cases}3y & y\leqslant x\\ 3x-(y-x) & y>x\end{cases},$$

化简得:

$$f(x)=\begin{cases}3y & y\leqslant x\\ 4x-y & y>x\end{cases},$$

又已知销售量 x 服从[20,40]上的均匀分,即:

$$x\sim p(x)=\begin{cases}=\dfrac{1}{40-20}=\dfrac{1}{20} & 20<x<40\\ 0 & \text{其他}\end{cases}$$

于是

$$\begin{aligned}\boldsymbol{E}(R)=\boldsymbol{E}[f(x)]&=\int_{-\infty}^{+\infty} f(x)p(x)\mathrm{d}x\\ &=\frac{1}{20}\int_{20}^{40} f(x)\mathrm{d}x\\ &=\frac{1}{20}\int_{20}^{y}(4x-y)\mathrm{d}x+\frac{1}{20}\int_{y}^{40}3y\mathrm{d}x\end{aligned}$$

在 MATLAB 命令窗口中输入:

```
>> syms x y;
>> EY=1/20 * (int(4 * x-y,x,20,y)+int(3 * y,x,y,40))
```

按 ENTER 键,结果显示:

```
EY=
  1/10 * y^2-40-1/20 * y * (y-20)+3/20 * y * (40-y)
>> simple(EY)                    %简化结果
```

按 ENTER 键,结果显示:

```
ans=
-1/10 * y^2-40+7 * y
```

再对 EY 在区间[20,40]上求最大值,在命令窗口继续输入:

```
>> fminbnd('1/10 * x^2+40-7 * x',20,40)     %fminbnd 是对函数 f 在区
                                             间[a,b]上求极小值
```

按 ENTER 键,结果显示:

```
ans=
```

35.0000

即当组织35吨货源时,收益最大.

说明:fminbnd('f',a,b)是对函数f在区间[a,b]上求极小值,要求函数的极大值时只需将'f'变为'-f'即可.

二、用MATLAB计算方差

计算方差的常用公式为:$\boldsymbol{D}(X)=\boldsymbol{E}(X^2)-[\boldsymbol{E}(X)]^2$

(1) 若离散型随机变量X有分布律$P\{X=x_k\}=p_k(k=1,2,\cdots n)$,其MATLAB计算程序为:

$$X=[x_1,x_2,\cdots,x_n];P=[p_1,p_2,\cdots,p_n];\mathrm{EX}=X*P';$$

$$\mathrm{D}(X)=X.\wedge 2*P'-\mathrm{EX}\hat{}2$$

(2) 若X是连续型随机变量且密度函数为$f(x)$,则方差的MATLAB计算程序为:

$$\mathrm{EX}=\mathrm{int}(x*f(x),-\mathrm{inf},\mathrm{inf}),$$

$$\mathrm{D}(X)=\mathrm{int}(x\wedge 2*f(x),-\mathrm{inf},\mathrm{inf})-\mathrm{EX}\wedge 2.$$

例5　一项投资的收益与两种方案有关,其收益分别如下表:

方案X	0	100
P	0.6	0.4

方案Y	−200	400
P	0.6	0.4

试比较两种方案的投资风险.

解　两种方案都是离散型随机变量

在MATLAB命令窗口输入:

```
>> X=[0 100];
>> P=[0.6 0.4];
>> EX=X*P'                    %方案X的数学期望
```

按ENTER键,结果显示:

```
EX=
    40
>> DX=X.∧2*P'-EX∧2           %方案X的方差
```

按ENTER键,结果显示:

```
DX=
    2400
>> Y=[-200 400];
>> P=[0.6 0.4];
>> EY=Y*P'                    %方案Y的数学期望
```

按ENTER键,结果显示:

EY=

40

>> DY=Y.∧2*P'-EY∧2　　%方案 Y 的方差

按 ENTER 键,结果显示:

DY=

86400

相比之下,**D**X<**D**Y,方案 Y 的风险较更大.

例 6　设 ξ 为 $[a,b]$ 上均匀分布的随机变量,试用 MATLAB 计算 $D\xi$.

解　ξ 为 $[a,b]$ 上均匀分布,其概率密度函数为:

$$p(x)=\begin{cases}\dfrac{1}{b-a}, & a\leqslant x\leqslant b\\ 0, & \text{其他}\end{cases}$$

在 MATLAB 命令窗口中输入:

```
>> syms x a b;
>> Eξ=int(x/(b-a),x,a,b);
>> Dξ=int(1/(b-a)x∧2,x,a,b)-Eξ∧2
```

按 ENTER 键,结果显示:

```
Dξ=
    1/3/(b-a)*(b∧3-a∧3)-1/4/(b-a)∧2*(b∧2-a∧2)∧2
```

将其化简,在命令窗口中输入:

```
>> simple(1/3/(b-a)*(b∧3-a∧3)-1/4/(b-a)∧2*(b∧2-a∧2)∧
2)
```

按 ENTER 键,结果显示:

```
ans=
1/12*(-b+a)∧2
```

即 $(b-a)^2/12$.

三、常见分布的期望与方差

常见分布的期望与方差可以调用下表 4-3 所示函数来完成:

表 4-3

函数名称	函数调用格式	函数功能说明
binostat	[E,D]=binostat(N,P)	计算二项分布的期望与方差
geostat	[E,D]=geostat(P)	计算几何分布的期望与方差
poisstat	[E,D]=poisstat(λ)	计算泊松分布的期望与方差
unifstat	[E,D]=unifstat(N)	计算连续均匀分布的期望与方差
expstat	[E,D]=expstat(mu)	计算指数分布的期望与方差
normstat	[E,D]=normstat(mu,sigma)	计算正态分布的期望与方差

（续表）

函数名称	函数调用格式	函数功能说明
tstat	[E,D]=tstat(V)	计算 t 分布的期望与方差
Chi2stat	[E,D]=Chi2stat(V)	计算 χ^2 分布的期望与方差
fstat	[E,D]=fstat(V1,V2)	计算 F 分布的期望与方差

例 7　利用 MATLAB 求二项分布参数 $n=200$，$p=0.35$ 的期望方差

解　在 MATLAB 命令窗口中输入：

```
>> n=200;p=0.35;
>>[E,D]=binostat(n,p)
```

按 ENTER 键，结果显示：

```
E=
    70
D=
    45.5000
```

例 8　利用 MATLAB 求泊松分布 $\lambda=2$ 的期望方差.

解　在 MATLAB 命令窗口中输入：

```
>> lambda=2;
>>[E,D]=poisstat (lambda)
```

按 ENTER 键，结果显示：

```
E=
    2
D=
    2
```

第四节　区间估计与假设检验

一、利用 MATLAB 进行区间估计

如果已经知道一组数据来自正态分布总体，但是不知道正态分布总体的参数，可以利用 normfit( )命令来完成对总体参数的点估计和区间估计，其具体格式如下：

[mu,sig,muci,sigci]=normfit(x,alpha)：$\boldsymbol{X}$ 为向量或者矩阵，当 $\boldsymbol{x}$ 为矩阵时是针对矩阵的每一个列向量进行运算. alpha 为给出的显著水平 α（即置信度为$(1-\alpha)\%$，缺省时默认 $\alpha=0.05$，置信度为 95%）. mu、sig 分别为分布参数 μ、σ 的点估计值. Muci、sigci 分别为分布 μ、σ 的区间估计.

其他常用分布参数估计的命令还有：

[lam,lamci]=poissfit(x,alpha)：泊松分布的估计函数，lam、lamci 分别是泊松分布中参数 λ 的点估计及区间估计值.

[a,b,aci,bci]=unifit(x,alpha):均匀分布的估计函数,a、b、aci、bci 分别是均匀分布中参数 a、b 的点估计及区间估计值.

[lam,lamci]=expfit(x,alpha):指数分布的估计函数,lam、lamci 分别是指数分布中参数 λ 的点估计及区间估计值.

[phat,pci]=binofit(R,n,alpha):二项分布的估计函数,phat、pci 分别是二项分布中参数 p 的点估计及区间估计值. R 是样本中事件发生的次数,n 是样本容量.

例 1 从某超市的货架上随机抽取 9 包 0.5kg 装的食糖,实测其质量分别为(单位:kg):0.497,0.506,0.518,0.524,0.488,0.510,0.510,0.515,0.512,从长期的实践中知道,该品牌的食糖质量服从正态分布 $N(\mu,\sigma^2)$. 根据数据对总体的均值及标准差进行点估计和区间估计.

解 在 MATLAB 命令窗口中输入:

```
>> syms x alpha;
>> x=[0.497,0.506,0.518,0.524,0.488,0.510,0.510,0.515,0.512];
>> alpha=0.05;
>>[mu,sig,muci,sigci]=normfit(x,alpha)
```

按 ENTER 键,结果显示:

```
mu=
    0.5089
sig=
    0.0109
muci=
    0.5005
    0.5173
sigci=
    0.0073
    0.0208
```

结果显示,总体均值的点估计为 0.5089,总体标准差的点估计为 0.0109. 在 95%置信水平下,总体均值的区间估计为(0.5005,0.5173),总体标准差的区间估计为(0.0073,0.0208).

例 2 某厂用自动包装机包装糖,每包糖的质量 $X\sim N(\mu,\sigma^2)$某日开工后,测得 9 包糖的质量如下:99.3,98.7,100.5,101.2,98.3,99.7,102.1,100.5,99.5(单位:g). 分别求总体均值 μ 及方差 σ^2 的置信度为 0.95 的置信区间.

解 在 MATLAB 命令窗口中输入:

```
>> syms x alpha;
>> x=[99.3,98.7,100.5,101.2,98.3,99.7,102.1,100.5,99.5];
>> alpha=0.05;
>>[mu,sig,muci,sigci]=normfit(x,alpha)
```

按 ENTER 键,结果显示:

```
mu=
    99.9778
```

```
sig=
    1.2122
muci=
    99.0460
    100.9096
sigci=
    0.8188
    2.3223
```

结果显示，总体均值μ的置信度为0.95的置信区间为(99.05,100.91)，总体方差σ^2的置信度为0.95的置信区间为$(0.8188^2, 2.3223^2)=(0.67,5.39)$.

例3　对一大批产品进行质量检验时，从100个样本中检得一级品60个，求这批产品的一级品率p的置信区间(设置信度为0.95).

解　一级品率p是二项分布B(n,p)中的参数，可用二项分布的命令求解.

在MATLAB命令窗口中输入：

```
>> R=60;
>> n=100;
>> alpha=0.05;
>>[phat,pci]=binofit(R,n,alpha)
```

按ENTER键，结果显示：

```
phat=
    0.6000
pci=
    0.4972    0.6967
```

结果显示p的置信度为0.95的置信区间为(0.50,0.70).

二、利用MATLAB进行参数假设检验

假设检验是除参数估计之外的另一类重要的统计推断问题，其基本思想就是认为小概率事件在一次试验中是几乎不可能发生的，即若对总体的某个假设是真实的，那么不利于或不能支持这一假设的事件A在一次试验中是几乎不可能发生的，要是在一次试验中事件A竟然发生了，就有理由怀疑这一假设的真实性，并拒绝这一假设.

1. z检验方差(σ^2已知，单个正态总体均值μ的假设检验)

给定方差条件下进行正态总体均值检验，在MATLAB中可以利用ztest( )命令进行假设检验，其具体使用格式如下：

h=ztest(x,m,sigm)：在显著水平0.05下进行z检验，以确定服从正态分布的样本均值是否为m，sigm为给定的标准差；

h=ztest(x,m,sigm,alpha)：给出显著水平控制参数alpha；

[h,sig,ci]=ztest(x,m,sigm,alpha,tail)：允许指定是进行单侧检验还是双侧检验，sig为假设成立z统计量的概率，ci为均值的1－alpha置信区间. tail参数可以有以下几个取值：

tail=0(为默认设置)指定备择假设 $\mu\neq\mu_0$

tail=1 指定备择假设 $\mu>\mu_0$

tail=-1 指定备择假设 $\mu<\mu_0$

h=1,则拒绝原假设,h=0,则接收原假设

例 4 某批矿砂的 5 个样品中的镍含量,经测定为(%)3.25,3.27,3.24,3.26,3.24,设测定值总体服从正态分布,标准差为 0.04,问在 0.01 水平上能否接受假设:这批镍含量的均值为 3.25.

解 在 MATLAB 命令窗口中输入:

```
>> x=[3.25  3.27  3.24  3.26  3.24];
>>[h,sig,ci]=ztest(x,3.25,0.04,0.01)
```

按 ENTER 键,结果显示:

```
h=
    0                    %接收原假设
sig=
    0.9110
ci=
    3.2059    3.2981
```

例 5 下面列出的是某工厂随机选取的 20 只部件的装配时间:

9.8	10.4	10.6	9.6	9.7	9.9	10.9	11.1	9.6	10.2
10.3	9.6	9.9	11.2	10.6	9.8	10.5	10.1	10.5	9.7

设总体服从正态分布,标准差为 0.4,问在 0.05 水平上能否认为装配时间的均值显著的大于 10.

解 需检验 $H_0:\mu\leqslant 10, H_1:\mu>10$

在 MATLAB 命令窗口中输入:

```
>> x=[9.8 10.4 10.6 9.6 9.7 9.9 10.9 11.1 9.6 10.2 10.3 9.6 9.9 11.2
10.6 9.8 10.5 10.1 10.5 9.7];
>>[h,sig,ci]=ztest(x,10,0.4,0.05,1)
```

按 ENTER 键,结果显示:

```
h=
    1                    %拒绝原假设
sig=
    0.0127
ci=
    10.0529    Inf
```

例 6 某种零件的尺寸方差为 $\sigma_2=1.21$,对一批这类零件检查 6 件,得尺寸数据(单位:mm)为:32.56 29.66 31.64 30.00 21.87 31.03,设零件尺寸服从正态分布,问这批零件的平均能否认为是 32.50mm($\alpha=0.05$).

解 需检验 $H_0:\mu=32.5, H_1:\mu\neq 32.5$

在 MATLAB 命令窗口中输入:

```
>> x=[32.56 29.66 31.64 30.00 21.87 31.03];
>>[h,sig,ci]=ztest(x,32.5,1.1,0.05)
```

按 ENTER 键,结果显示:

```
h=
    1                    %拒绝原假设
sig=
  1.2923e-011
ci=
  28.5798    30.3402
```

2. t 检验(σ^2 未知,单个正态总体均值 μ 的假设检验)

未知方差条件下进行正态总体均值检验,可以利用 ttest( )命令进行假设检验,格式为:

```
h=ttest(x,m);
h=ttest(x,m,alpha);
[h,sig,ci]=ttest(x,m,alpha,tail);
```

h=1,则拒绝原假设,h=0, 则接收原假设,格式的使用和参数的取值与 ztest 大致相同.

例 7 某药厂生产一种抗菌素,已知在正常生产情况下,每瓶抗菌素的某项主要指标服从均值为 23.0 的正态分布.某日开工后,测得 5 瓶的数据如下:

22.3 21.5 22.0 21.8 21.4

问该日生产是否正常($\alpha=0.01$).

解 需检验 $H_0:\mu=23.0, H_1:\mu\neq 23.0$

在 MATLAB 命令窗口中输入:

```
>> x=[22.3 21.5 22.0 21.8 21.4];
>>[h,sig,ci]=ttest(x,23,0.01)
```

按 ENTER 键,结果显示:

```
h=
    1                %拒绝假设
sig=
    0.0019
ci=
    21.0435    22.5565
```

第五节 方差分析

在工农业生产和科学研究中,经常遇到这样的问题:在众多的因素影响产品产量、质量的因素中,我们需要了解哪些因素对影响产品产量、质量有显著影响.除了从机理方面进行研究外,常常要作许多试验,对结果作分析、比较,寻求规律.用数理统计分析试验结果、鉴别各因素对结果影响程度的方法称为方差分析(Analysis Of Variance),记作 ANOVA.

人们关心的试验结果称为指标,试验中需要考察、可以控制的条件称为因素或因子,因素所处的状态称为水平.处理这些试验结果的统计方法有单因素方差分析和多因素方差分析,本节主要介绍单因素方差分析.

MATLAB统计工具箱中单因素方差分析的命令是 anova1.若各组数据个数相等,称为均衡数据;若各组数据个数不相等,称为非均衡数据.

一、均衡数据的处理

MATLAB的调用格式为:p=anova1(X)

比较X中各列数据的均值是否相等.此时输出的p是零假设成立时,所对应的概率,当p＜0.05称差异是显著的,当p＜0.01称差异是高度显著的.输入X各列的元素相同,即各总体的样本大小相等,称为均衡数据的方差分析.

例1 某水产研究所为了比较四种不同配合饲料对鱼的饲喂效果,选取了条件基本相同的鱼20尾,随机分成四组,投喂不同饲料,经一个月试验以后,各组鱼的增重结果列于下表.四种不同饲料对鱼的增重效果是否显著?

表4-4

饲料	鱼的增重(x_{ij},单位:10g)				
A_1	31.9	27.9	31.8	28.4	35.9
A_2	24.8	25.7	26.8	27.9	26.2
A_3	22.1	23.6	27.3	24.9	25.8
A_4	27.0	30.8	29.0	24.5	28.5

解 这是单因素均衡数据的方差分析,在MATLAB命令窗口中输入:

```
>> A=[31.9 27.9 31.8 28.4 35.9; 24.8 25.7 26.8 27.9 26.2; 22.1 23.6
27.3 24.9 25.8; 27 30.8 29 24.5 28.5];           %原始数据输入
>> X=A';                                          %MATLAB中要求各列为不同
                                                  水平,因此将矩阵A转置
>> p=anova1(X)
```

结果显示:

```
p=
    0.0029
```

除上述结果外,运行后还得到一表一图,表是方差分析表见图4-1;图是各类数据的盒子图如图4-2所示,离盒子图中心线较远的对应于较大的F值,较小的概率p.

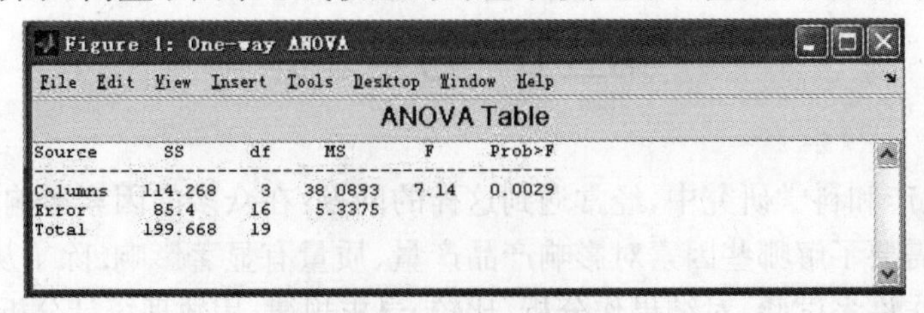

Source	SS	df	MS	F	Prob>F
Columns	114.268	3	38.0893	7.14	0.0029
Error	85.4	16	5.3375		
Total	199.668	19			

图4-1 方差分析表

上表中列出各项意义如下：

Source 方差来源	SS 平方和	df 自由度	MS 均方差	F统计量	P值
Columns 因素A组间	SS_A	$r-1$	$SS/(r-1)$	7.14	0.0029
Error 组内误差	SS_E	$n-r$	$SS/(n-r)$		
Total 总和	SS_T	$n-1$			

因为 $p=0.0029<0.01$，所以不同饲料对鱼的增重效果极为显著．那么哪一种最好，可通过盒子图看出．

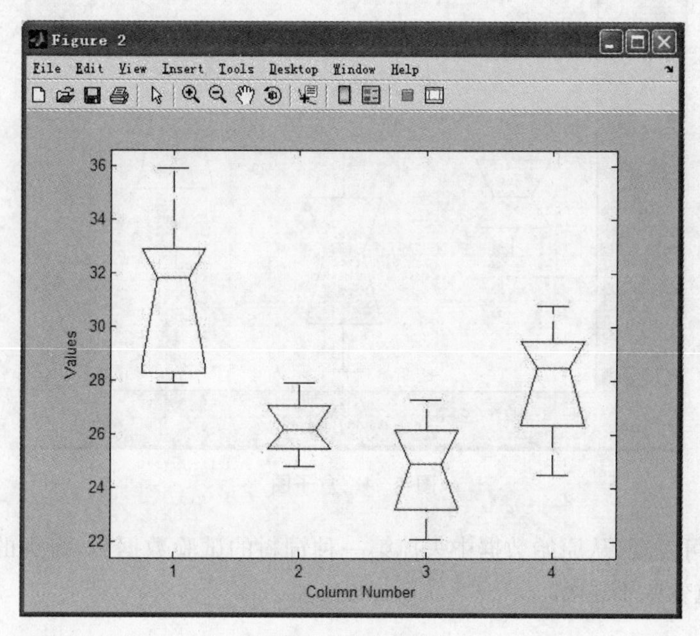

图4-2　盒子图

如图4-2所示可发现，第一个盒子图对应第一种饲料离盒子图中心线较远，效果最突出．

若在MATLAB命令窗口中输入：

```
>> p=anova1(X(:,2:4))          %从原始数据中去掉第一种饲料的试验
```

数据进行考察

结果显示：

```
p=
    0.0612
```

因为 $p=0.0612>0.05$，所以不同饲料对鱼的增重效果无显著差异．

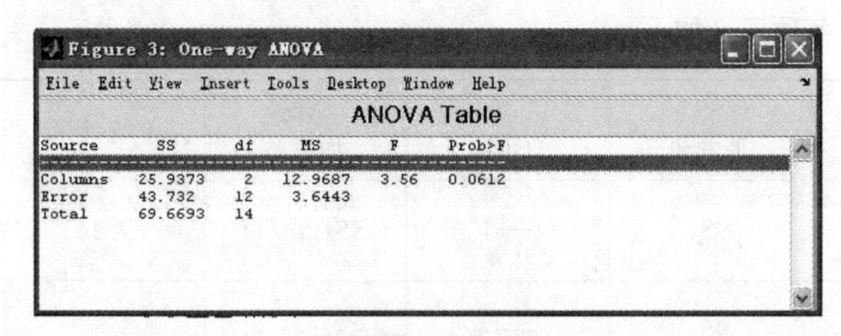

Figure 3: One-way ANOVA

File Edit View Insert Tools Desktop Window Help

ANOVA Table

Source	SS	df	MS	F	Prob>F
Columns	25.9373	2	12.9687	3.56	0.0612
Error	43.732	12	3.6443		
Total	69.6693	14			

图 4-3　方差分析表

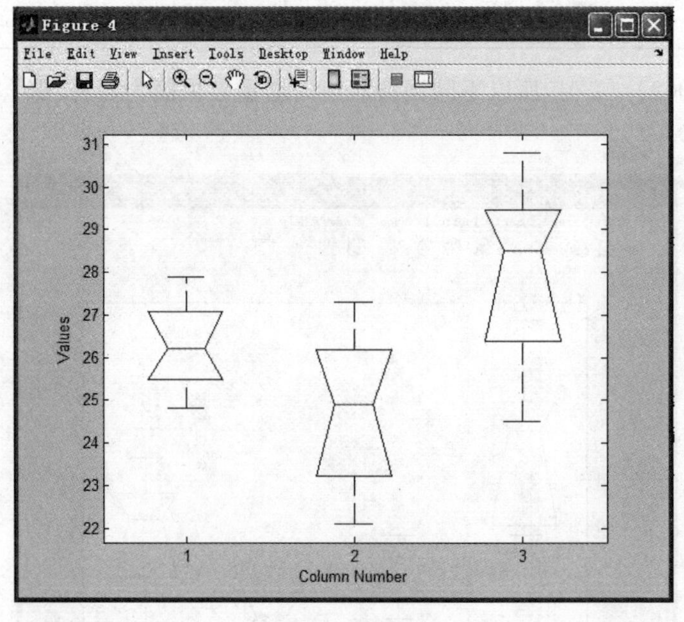

图 4-4　盒子图

从图 4-4 可发现，从原始数据中去掉第一种饲料的试验数据后，得到的结果为各饲料之间对鱼的增重效果不显著.

二、非均衡数据的处理

MATLAB 的调用格式为：p=anova1(X,group)

其中 X 是一个向量，从第一个总体的样本到第 r 个总体的样本依次排列，group 是与 X 有相同长度的向量，表示 X 中的元素是如何分组的. group 中某元素等于 i，表示 X 中这个位置的数据来自第 i 个总体. 因此 group 中分量必须取正整数，从 1 直到 r.

例 2　用 4 种工艺生产灯泡，从各种工艺制成的灯泡中各抽出了若干个测量其寿命，结果见表 4-5，试推断这几种工艺制成的灯泡寿命是否有显著差异.

表4-5

工艺	A_1	A_2	A_3	A_4
序号1	1620	1580	1460	1500
序号2	1670	1600	1540	1550
序号3	1700	1640	1620	1610
序号4	1750	1720		1680
序号5	1800			

解 这是单因素非均衡数据的方差分析,在MATLAB命令窗口中输入:

```
>> X=[1620 1670 1700 1750 1800 1580 1600 1640 1720 1460 1540 1620
1500 1550 1610 1680];
>> group=[ones(1,5),2*ones(1,4),3*ones(1,3),4*ones(1,4)];
>> p=anova1(X,group)
```

结果显示:

```
p=
    0.0331
```

生成图4-5,图4-6.

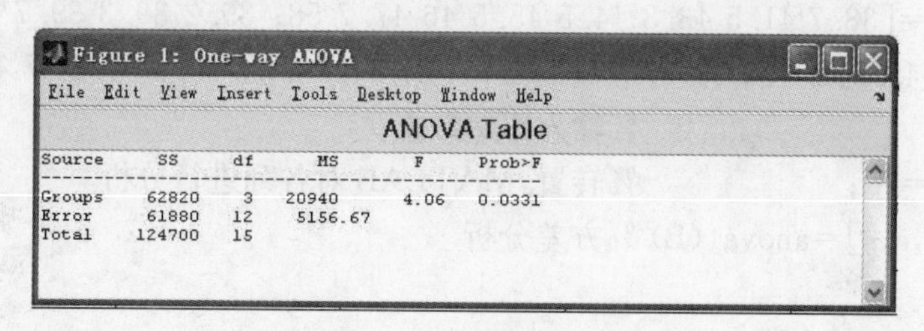

图4-5 方差分析表

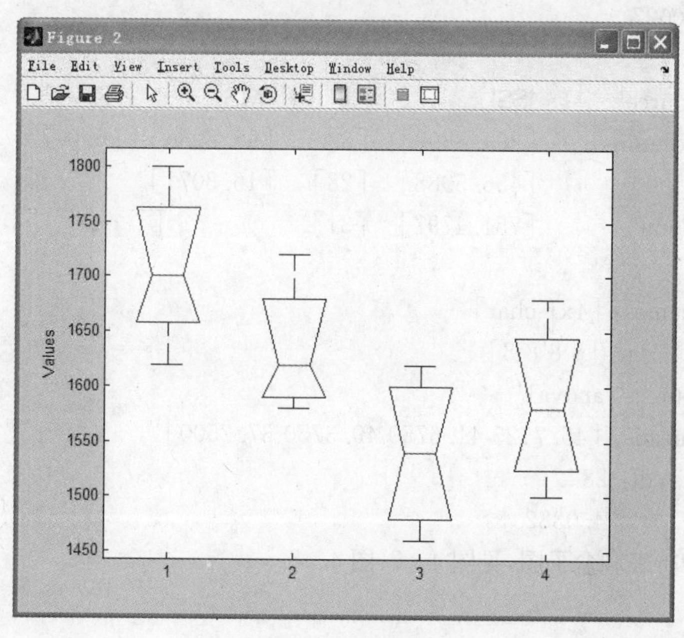

图4-6 盒子图

由于概率 0.01<p=0.0331<0.05,所以这几种工艺制成的灯泡寿命有显著差异.

三、多重比较的 MATLAB 实现

为便于解决实际问题,给出多重比较的 MATLAB 命令.

c=multcompare(s):其中输入 s,由[p,c,s]=anova1(B);得到输出 C 共有 5 列,每一行给出均值差的置信区间.

例 3 四个实验室试制同一型号纸张,为了比较光滑度每个实验室测量了 8 张纸,进行方差分析,4 个实验室之间是否有差异,具体数据见表 4-6.

表 4-6

实验室	纸张光滑度							
A1	38.7	41.5	43.8	44.5	45.5	46	47.7	58
A2	39.2	39.3	39.7	41.4	41.8	42.9	43.3	45.8
A3	34	35	39	40	43	43	44	45
A4	34	34.8	34.8	35.4	37.2	37.8	41.2	42.8

解 在 MATLAB 命令窗口中输入:

```
>> A=[38.7 41.5 43.8 44.5 45.5 46 47.7 58; 39.2 39.3 39.7 41.4 41.8
42.9 43.3 45.8; 34 35 39 40 43 43 44 45; 34 34.8 34.8 35.4 37.2 37.8 41.2 42.
8];                              %输入原始数据
>> B=A';                         %转置,MATLAB 对各列进行分析
>>[p,c,s]=anova1(B) %方差分析
```

结果显示:

```
p=
    0.0027
c=
    'Source'     'SS'          'df'    'MS'         'F'          'Prob>F'
    'Columns'    [294.8809]    [3]     [98.2936]    [6.0277]     [0.0027]
'Error'          [456.5988]    [28]    [16.3071]          []           []
    'Total'      [751.4797]    [31]           []          []           []
s=
    gnames: [4x1 char]
         n: [8 8 8 8]
    source: 'anova1'
     means: [45.7125 41.6750 40.3750 37.2500]
        df: 28
         s: 4.0382
```

生成方差分析表和盒子图,见图 4-7,图 4-8.

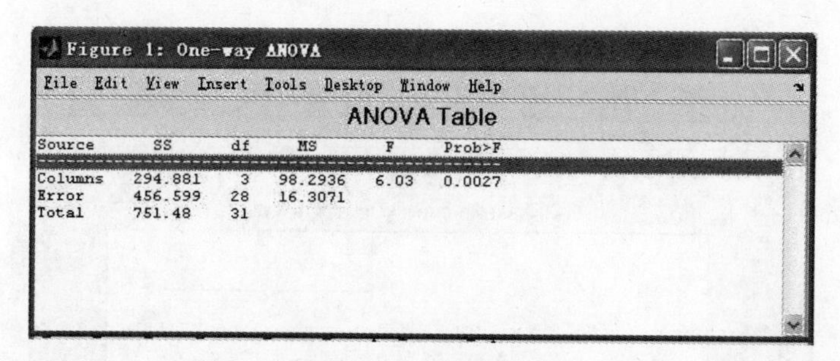
Figure 1: One-way ANOVA

File Edit View Insert Tools Desktop Window Help

ANOVA Table

Source	SS	df	MS	F	Prob>F
Columns	294.881	3	98.2936	6.03	0.0027
Error	456.599	28	16.3071		
Total	751.48	31			

图 4-7　方差分析表

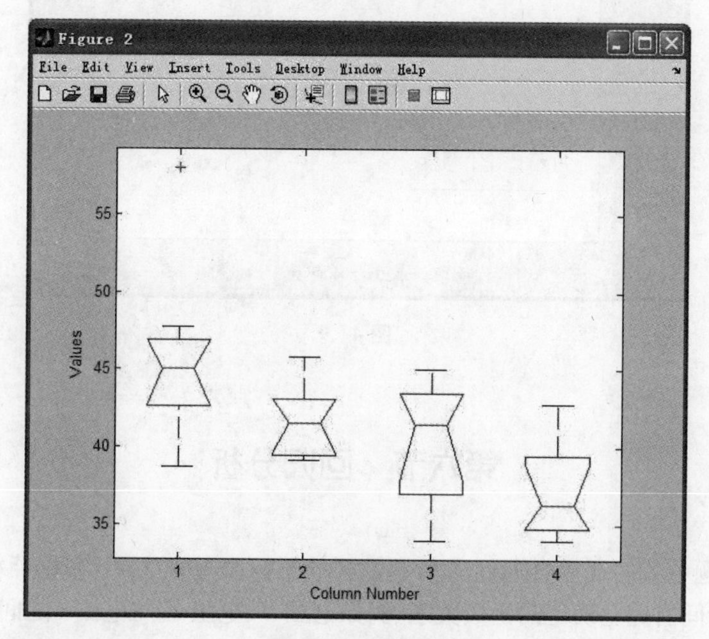

图 4-8　盒子图

从方差分析表可知，四个实验室生产有差异.

在 MATLAB 命令窗口中输入：

```
>> c=multcompare(s)                              %进行多重比较
```

结果显示：

```
c=
    1.0000    2.0000    -1.4753    4.0375     9.5503
    1.0000    3.0000    -0.1753    5.3375    10.8503
    1.0000    4.0000     2.9497    8.4625    13.9753
    2.0000    3.0000    -4.2128    1.3000     6.8128
    2.0000    4.0000    -1.0878    4.4250     9.9378
    3.0000    4.0000    -2.3878    3.1250     8.6378
```

上述输出 c 的结果，第 1,2 列表示比较的实验室号码，第 3,5 列分别为置信区间的左右端点，第 4 列是均值差的统计量观测值，若置信区间包含原点则无显著差异. 从上述结果可知，第 1 和第 4 实验室有显著差异. 同时，MATLAB 生成图 4-9，显示第 1 和第 4 实验室有显著差异.

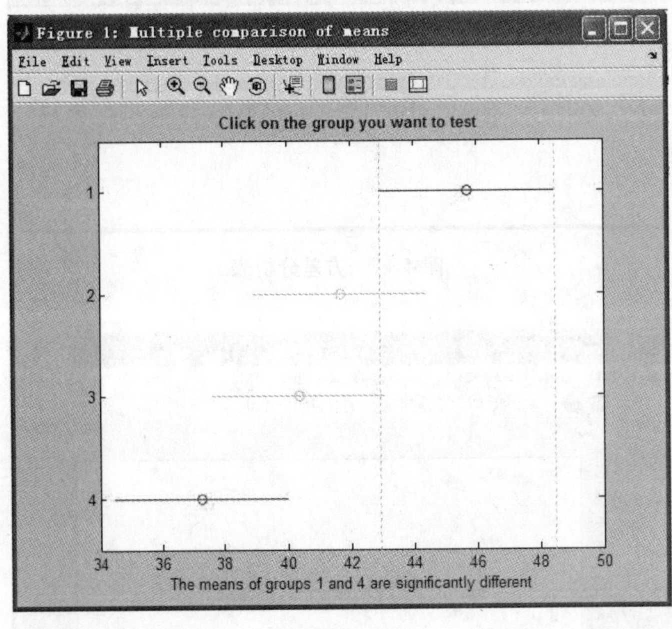

图 4-9

第六节 回归分析

在实际问题中我们常常会遇到多个变量同处于一个过程之中,它们互相联系、互相制约.在有的变量间有完全确定的函数关系,例如电压 V、电阻 R 与电流 I 之间有关系式:V=IR;在圆面积 S 与半径 R 之间有关系式 $S=\pi R^2$. 自然界众多的变量之间,除了以上所说的那种确定性的关系外,还有一类重要的关系,即所谓的相关关系.比如,人的身高与体重之间的关系.虽然一个人的身高并不能确定体重,但是总的说来,身高者,体重也大.我们称身高与体重这两个变量具有相关关系.

回归分析方法是处理变量间相关关系的有力工具.它不仅为建立变量间关系的数学表达式(经验公式)提供了一般的方法,而且还能判明所建立的经验公式的有效性,从而达到利用经验公式预测、控制等目的.因此,回归分析方法的应用越来越广泛,其方法本身也在不断丰富和发展.

基础回归模型:$y=f(x)+\varepsilon$,其中 $f(x)$ 为回归函数,ε 为随机误差或随机干扰,它是一个分布与 x 无关的随机变量,通常假设它是服从均值为 0 的正态分布.

多元回归模型:$y=f(x_1,x_2,\cdots,x_n)+\varepsilon$,同样 ε 为随机误差,它是与 $x_1,x_2,\cdots,x_n$ 无关的随机变量,一般设其服从均值为 0 的多元正态分布,$f(x_1,x_2,\cdots,x_n)$称为回归函数.

当线性回归模型只有一个自变量或可控变量时,称为一元线性回归模型,有多个自变量时称为多元线性回归模型.本节主要讨论一元线性回归模型与简单多元线性回归模型的 MATLAB 求解.

多元线性回归模型：$y=\beta_0+\beta_1x_1+\cdots+\beta_mx_m+\varepsilon$，$\beta_0,\beta_1,\cdots,\beta_m$ 为回归参数，ε 为随机误差，它是与 $x_1,x_2,\cdots,x_m$ 无关的随机变量，一般设其服从均值为 0 的多元正态分布.

当 $m=1$ 时为一元线性回归模型.

MATLAB 工具箱中计算回归系数及区间估计、残差及置信区间的命令是 regress. 调用格式为：b=regress(**Y**,**X**)

[b,bint,r,rint,stats]=regress(Y,X,alpha)

其中，Y 是因变量（列向量）$Y=\begin{bmatrix}Y_1\\Y_2\\\cdots\\Y_n\end{bmatrix}$，$\boldsymbol{X}$ 是 1 与自变量组成的矩阵 $\boldsymbol{X}=\begin{bmatrix}1 & x_{11} & x_{12} & \cdots & x_{1m}\\1 & x_{21} & x_{22} & \cdots & x_{2m}\\\cdots & \cdots & \cdots & \cdots & \cdots\\1 & x_{n1} & x_{n2} & \cdots & x_{nm}\end{bmatrix}$，alpha 是显著性水平 α，缺省时设定为 0.05；b 是参数 $\beta_0,\beta_1,\cdots,\beta_m$ 的点估计 $\hat{\beta}_0,\cdots,\hat{\beta}_1\cdots,\hat{\beta}_m$；bint 是 b 的区间估计；r 是残差的点估计；rint 是残差的区间估计，当点估计落在区间估计之外时，拒绝原假设；stats 中包含四项，相关系数 r^2、F 值、与 F 对应的概率 p，σ^2 的估计值.

rcoplot(r,rint)：画出残差及其置信区间.

进行多元线性回归的一般步骤如下：

(1) 做自变量与因变量的散点图，根据散点图的形状决定是否可以进行线性回归；

(2) 输入自变量与因变量；

(3) 利用命令：[b,bint,r,rint,s]=regress(Y,X,alpha)，rcoplot(r,rint)

得到回归模型的系数以及异常点的情况；

(4) 对回归模型进行检验.

例 1　某一汽车运输公司 14 年年度行车燃料实际消耗总量（单位：10^5L）与行车里程（单位：10^5km）统计如表 4-7 所示，试建立燃料消耗对行车里程的回归方程.

表 4-7

编号	1	2	3	4	5	6	7
年里程	185	177	128	158	134	186	149
年耗油量	60.3	55.7	39.9	51.9	42.7	61.9	54.3
编号	8	9	10	11	12	13	14
年里程	153	162	133	46	69	109	112
年耗油量	55.7	52.8	50.4	19.1	25.3	35.6	35.1

解　在 MATLAB 命令窗口中输入：

```
>> X1=[185 177 128 158 134 186 149 153 162 133 46 69 109 112];
>> Y1=[60.3 55.7 39.9 51.9 42.7 61.9 54.3 55.7 52.8 50.4 19.1 25.3
35.6 35.1];
```

```
>> plot(X1,Y1,'*')                    %绘制散点图
```

生成散点图见图 4-10.

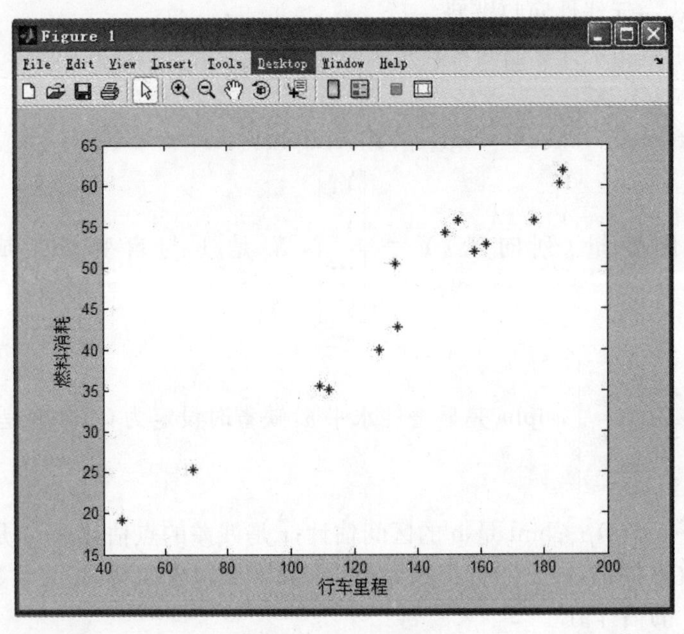

图 4-10　散点图

由图可看出,Y 随 X 增大有线性增长趋势.

在 MATLAB 命令窗口中输入:

```
>> x=X1';
>> X=[ones(14,1), x];
>> Y=Y1';
>>[b,bint,r,rint,stats]=regress(Y,X)
```

结果显示:

```
b=
    3.7210
    0.3096
bint=
    -2.7079    10.1500
    0.2642     0.3551
r=
    -0.7025
    -2.8254
    -3.4536
    -0.7425
    -2.5114
    0.5879
```

```
        4.4442
        4.6057
       -1.0810
        5.4983
        1.1360
        0.2145
       -1.8706
       -3.2995

rint=
       -7.0817    5.6768
       -9.0778    3.4269
       -9.8629    2.9557
       -7.4517    5.9667
       -9.1170    4.0942
       -5.7788    6.9546
       -1.6751   10.5635
       -1.4392   10.6506
       -7.7376    5.5756
       -0.2722   11.2688
       -4.1224    6.3944
       -5.8102    6.2393
       -8.4461    4.7048
       -9.6549    3.0558
stats=
        0.9484  220.4609  0.0000  9.6411
```

即：$\hat{\beta}_0=3.7210$，$\hat{\beta}_1=0.3096$，$\hat{\beta}_0$ 的置信区间为[-2.7079，10.1500]，$\hat{\beta}_1$ 的置信区间为[0.2642，0.3551]，$r^2=0.9484$，$F=220.4609$，$p=0.0000$，$p<0.05$，可知回归模型 $\hat{y}=3.721+0.3096x$ 成立.

在MATLAB命令窗口中输入：

```
>> rcoplot(r,rint)                    %作残差图
```

生成图形4－11残差图.

从残差图可以看出，其数据的残差离零点均较近，且残差的置信区间均包含零点，这说明回归模型 $\hat{y}=3.721+0.3096x$ 能较好地符合原始数据.

说明：通过残差图可发现是否有异常点，若有个别异常点，需删除异常点数据，再次进行回归分析得到改进后的回归模型的参数、参数置信区间与统计量.

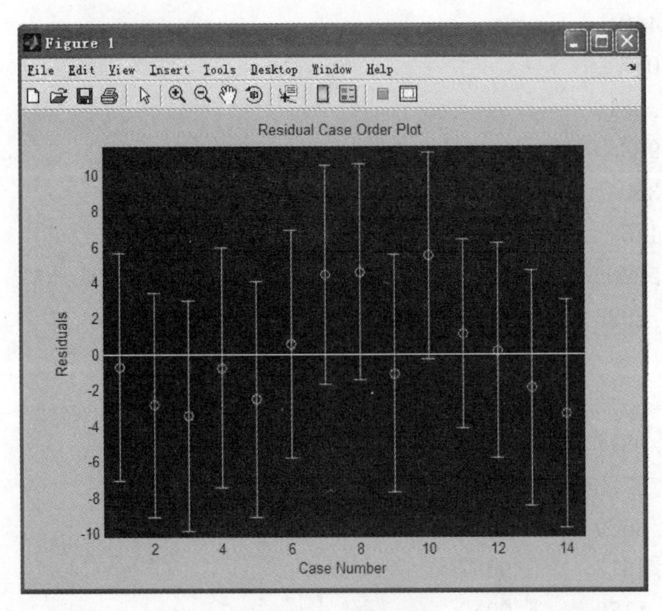

图 4-11 残差图

例 2 课程教学评价问题

为了掌握学生学习高等数学的情况，教学人员拟定一份调查问卷，分别对大一年级的 12 个教学班进行问卷调查，需要根据调查数据解决下面的问题：从总体上分析学生的学习状况；建立一定的标准，对调查的教学班进行分类；从学习态度、学习方法、师资水平等方面进行量化分析. 表 4-8 给出了评价数据表情况.

表 4-8 评价数据表

教学班级	平均分 Y	学习态度 X1	学习方法 X2	师资水平 X3
1	0.811	0.8141	0.8316	0.7895
2	0.810	0.7848	0.7476	0.8774
3	0.786	0.7792	0.7996	0.785
4	0.794	0.8237	0.7872	0.797
5	0.790	0.8127	0.8003	0.7495
6	0.824	0.8461	0.8070	0.8082
7	0.799	0.802	0.7865	0.804
8	0.815	0.8468	0.795	0.7863
9	0.843	0.8354	0.835	0.8593
10	0.835	0.8508	0.8132	0.8319
11	0.810	0.822	0.8239	0.782
12	0.767	0.8217	0.7941	0.7698

解 在 MATLAB 命令窗口中输入：

```
>> X1=[0.8141 0.7848 0.7792 0.8237 0.8127 0.8461 0.802 0.8468 0.8354
0.8508 0.822 0.8217];
```

>> X2=[0.8316 0.7476 0.7996 0.7872 0.8003 0.8070 0.7865 0.795 0.835 0.8132 0.8239 0.7941];

>> X3=[0.7895 0.8774 0.785 0.797 0.7495 0.8082 0.804 0.7863 0.8593 0.8319 0.782 0.7698];

>> Y1=[0.811 0.810 0.786 0.794 0.790 0.824 0.799 0.815 0.843 0.835 0.810 0.767];

>> plot(X1,Y1,'^')

生成Y与$X1$的散点图，见图4-12

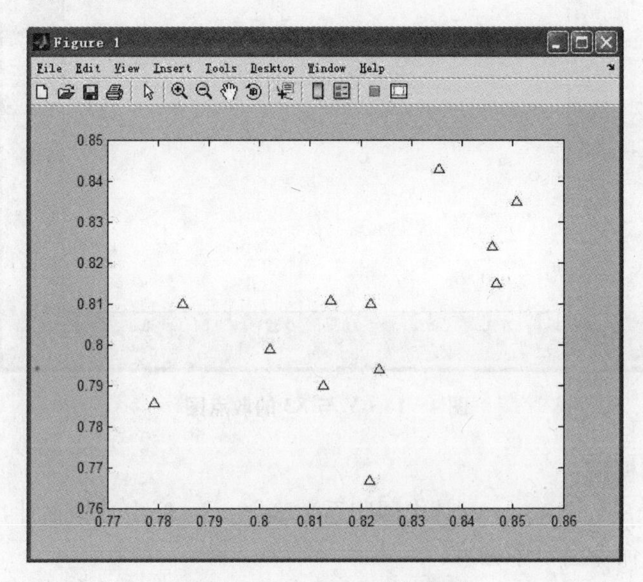

图4-12　Y与X1的散点图

>> plot(X2,Y1,'+')

生成Y与$X2$的散点图，见图4-13

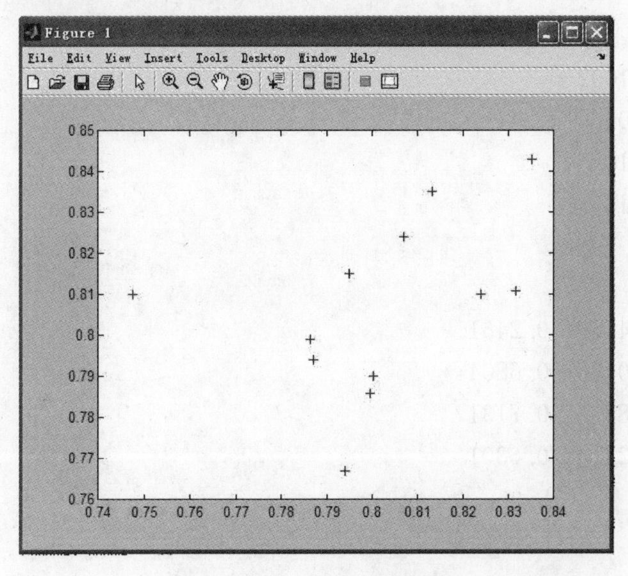

图4-13　Y与X2的散点图

```
>> plot(X3,Y1,'O')
```

生成 Y 与 $X3$ 的散点图,见图 4-14

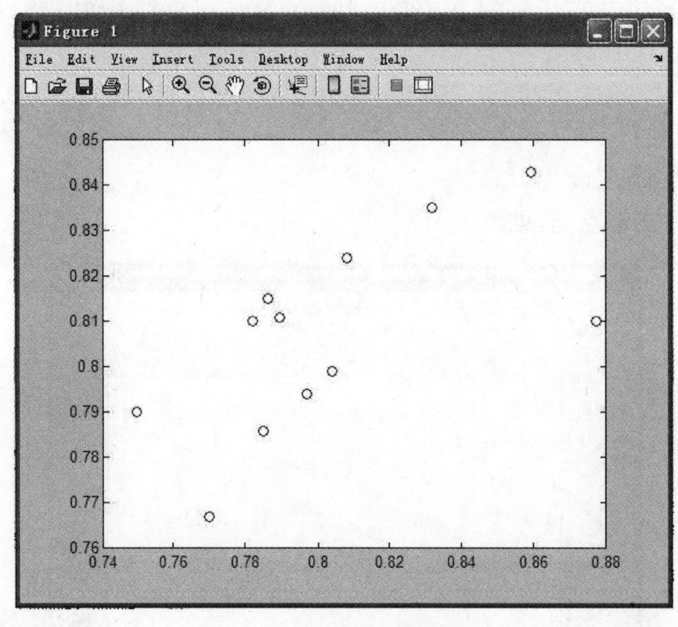

图 4-14　Y 与 X3 的散点图

建立线性回归模型:

$y=\beta_0+\beta_1x_1+\beta_2x_2+\beta_3x_3+\varepsilon$,其中回归系数 $\beta_0,\beta_1,\beta_2,\beta_3$ 由数据估计,ε 是随机误差.

在 MATLAB 命令窗口中输入:

```
>> X=[ones(12,1),X1',X2',X3'];
>> Y=Y1';
>>[b,bint,r,rint,s]=regress(Y,X)                %b 为回归系数估计值
```

结果显示:

```
b=

    -0.1002
    0.3309
    0.3610
    0.4313


bint=

    -0.4466   0.2461
    -0.0186   0.6804
    0.0088    0.7131
    0.2325    0.6301
```

```
r=
    0.0011
    0.0022
    0.0012
   -0.0063
    0.0091
    0.0043
    0.0032
    0.0089
   -0.0053
    0.0013
    0.0035
   -0.0234

rint=
   -0.0196   0.0218
   -0.0083   0.0127
   -0.0176   0.0199
   -0.0286   0.0161
   -0.0103   0.0286
   -0.0176   0.0263
   -0.0198   0.0261
   -0.0100   0.0278
   -0.0206   0.0101
   -0.0196   0.0222
   -0.0188   0.0259
   -0.0327  -0.0140

s=
    0.8358   13.5784   0.0017   0.0001
```

即：$r^2=0.8358$，$F=13.5784$，$p=0.0017<0.05$，可知回归模型

$\hat{y}=-0.1002+0.3309x_1+0.3610x_2+0.4313x_3$ 成立.

在 MATLAB 命令窗口中输入：

```
>> rcoplot(r,rint)
```

生成图形 4-15 残差图.

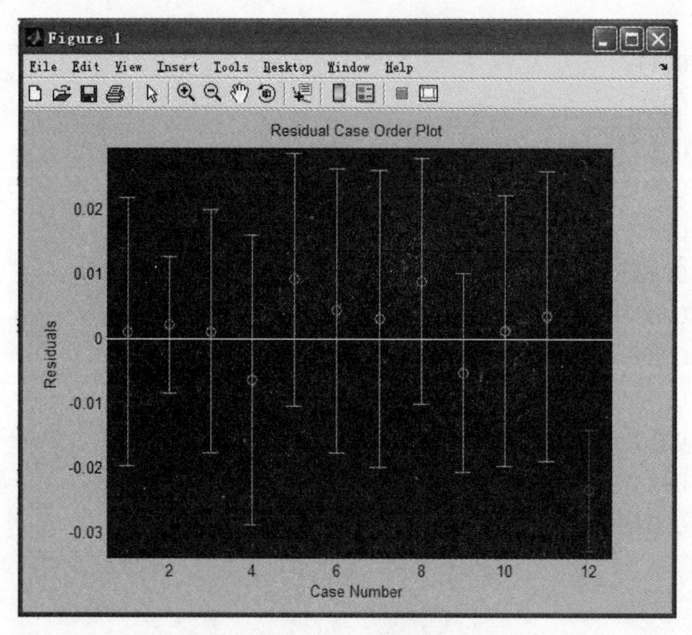

图 4-15　残差图

由残差图可知第十二个点是异常点，于是删除该点数据，再次进行回归得到改进后的回归模型的系数、系数置信区间与统计量.

```
>> X4=[0.8141 0.7848 0.7792 0.8237 0.8127 0.8461 0.802 0.8468 0.8354 0.8508 0.822];
>> X5=[0.8316 0.7476 0.7996 0.7872 0.8003 0.8070 0.7865 0.795 0.835 0.8132 0.8239];
>> X6=[0.7895 0.8774 0.785 0.797 0.7495 0.8082 0.804 0.7863 0.8593 0.8319 0.782];
>> X=[ones(11,1),X4',X5',X6'];
>> Y2=[0.811 0.810 0.786 0.794 0.790 0.824 0.799 0.815 0.843 0.835 0.810];
>> Y=Y2';
>>[b,bint,r,rint,s]=regress(Y,X)
```

结果显示：

```
b=
    -0.0062
    0.3807
    0.2742
    0.3532

bint=
    -0.1697   0.1572
```

```
    0.2192    0.5422
    0.1088    0.4395
    0.2565    0.4498
r=
    0.0005
    0.0026
   -0.0009
   -0.0106
    0.0027
    0.0015
    0.0003
    0.0032
   -0.0012
    0.0006
    0.0012
rint=
   -0.0091    0.0101
   -0.0016    0.0069
   -0.0095    0.0077
   -0.0127   -0.0085
   -0.0062    0.0117
   -0.0087    0.0116
   -0.0103    0.0110
   -0.0054    0.0118
   -0.0083    0.0059
   -0.0091    0.0103
   -0.0091    0.0116

s=
    0.9560   50.7386    0.0000    0.0000
```

即：

回归系数	回归系数估计值	回归系数置信区间
β_0	−0.0062	[−0.1697,0.1572]
β_1	0.3807	[0.2192,0.5422]
β_2	0.2742	[0.1088,0.4395]
β_3	0.3532	[0.2565,0.4498]
$r^2=0.9560$, F=50.7386, p=0.0000		

得到改进后的回归模型为：

$$\hat{y}=-0.0062+0.3807x_1+0.2742x_2+0.3532x_3.$$

习　题

1. 生成2行3列的随机数矩阵，要求满足标准正态分布.

2. 在一级品率为0.2的大批产品中，随机地抽取30个产品，试利用MATLAB计算其中有三个一级品的概率.

3. 用MATLAB计算：保险公司售出某种寿险保单2500份.已知此项寿险每单需交保费120元，当被保人一年内死亡时，其家属可以从保险公司获得2万元的赔偿(即保额为2万元).若此类被保人一年内死亡的概率0.002，试求：

(1) 保险公司的此项寿险亏损的概率；

(2) 保险公司从此项寿险获利不少于10万元的概率；

(3) 获利不少于20万元的概率.

4. 乘客到车站候车时间$\xi \sim U(0,6)$，试利用MATLAB计算$P(1<\xi \leqslant 3)$.

5. 某元件寿命ξ服从参数为$\lambda(\lambda=1000^{-1})$的指数分布.3个这样的元件使用1000小时后，都没有损坏的概率是多少?

6. 某厂生产一种设备，其平均寿命为10年，标准差为2年.如该设备的寿命服从正态分布，试利用MATLAB计算寿命不低于9年的设备占整批设备的比例?

7. 用MATLAB计算离散型随机变量的期望：

(1) 一批产品中有一、二、三等品、等外品及废品5种，相应的概率分别为0.7、0.1、0.1、0.06及0.04，若其产值分别为6元、5.4元、5元、4元及0元.求产值的平均值.

(2) 已知随机变量X的分布列如下：$p\{X=k\}=\frac{1}{2^k}$，$k=1,2,\cdots n,\cdots$计算EX.

8. 假定国际市场上对我国某种商品的年需求量是一个随机变量ξ(单位：吨)，服从区间$[a,b]$上的均匀分布，其概率密度为：$\varphi(x)=\begin{cases}\frac{1}{b-a} & a\leqslant x\leqslant b\\ 0 & 其他\end{cases}$，

试利用MATLAB计算我国该种商品在国际市场上年销售量的期望EX.

9. 利用MATLAB计算：设有甲、乙两种股票，今年的价格都是10元，一年后它们的价格及其分布分别如下表：

X(元)	8	12.1	15
P	0.4	0.5	0.1

Y(元)	6	8.6	23
P	0.3	0.5	0.2

试比较购买这两种股票时的投资风险.

10. 利用 MATLAB 计算期望、方差：

(1) 求二项分布参数 $n=100, p=0.2$ 的期望方差；

(2) 求正态分布参数 $mu=100, sigma=0.2$ 的期望方差.

11. 生成一组满足二项分布的随机数,并计算其参数点估计和区间估计值.

12. 生成一组满足正态分布的随机数,并对其进行 z 检验.

13. 某种电子元件的寿命 x(以小时计)服从正态分布,μ, σ^2 均未知,现知 16 个元件的寿命如下:159,280,101,212,224,379,179,264,222,362,168,250,149,260,485,170,问元件的平均寿命是否大于 225 小时?

14. 为比较同一类型的三种不同食谱的营养效果,将 19 支幼鼠随机分为三组,各采用三种食谱喂养.12 周后测得体重,数据见下表,问三种食谱营养效果是否有显著差异?

食谱	体重增加量(单位:克)
甲	164　190　203　205　206　214　228　257
乙	185　197　201　231
丙	187　212　215　220　248　265　281

15. 在某化学反应里,根据实验所得生成物浓度与时间的关系如下表所示：

时间	1	2	3	4	5	6	7	8
浓度	4.0	6.4	8.0	8.8	9.22	9.5	9.7	9.86
时间	9	10	11	12	13	14	15	16
浓度	10.0	10.2	10.32	10.42	10.5	10.55	10.58	10.6

(1) 作出浓度 y 与时间 t 的散点图；

(2) 根据散点图,确定描述浓度 y 与时间 t 之间关系的数学模型；

(3) 给出 y 与 t 之间的回归方程.

第五章　MATLAB 在线性代数中的应用

线性代数是一门应用性强，但理论上高度抽象的一门学科，它以矩阵为主要工具，研究线性方程组的求解方法. MATLAB，即“矩阵实验室”，它是以矩阵为基本运算单元. 本章将介绍 MATLAB 如何生成向量、矩阵及其他们之间的运算、求解线性方程组. 通过对本章的学习，可以编写一些简单且功能完善的 MATLAB 程序，从而解决各类基本问题.

第一节　向量及其运算

向量是组成矩阵的基本元素之一，MATLAB 提供了关于向量运算的强大功能. 本节将对向量的基本知识和在 MATLAB 中的应用进行比较详细的介绍.

一、向量的生成

1. *在命令窗口中直接输入向量*

MATLAB 中，生成向量最简单的方法就是在命令窗口中按一定格式直接输入，输入的格式要求是，向量元素用“[ ]”括起来，元素之间用空格、逗号或者分号相隔. 需要注意的是，用它们相隔生成的向量形式是不相同的，用空格或逗号相隔生成行向量，用分号相隔生成列向量.

例 1　利用 MATLAB 生成向量 $\boldsymbol{a}_1=(2,3,9,5,4)$，$\boldsymbol{a}_2=\begin{pmatrix}2\\3\\9\\5\\4\end{pmatrix}$.

解　在命令窗口中输入：

```
>> a1=[2 3 9 5 4]
```

或输入：

```
>> a1=[2,3,9,5,4]
```

按 ENTER 键，结果显示：

```
a1=
      2     3     9     5     4
```

在命令窗口继续输入：

```
>> a2=[2;3;9;5;4]
```

按 ENTER 键，结果显示：

```
a2=
```

```
    2
    3
    9
    5
    4
>> a2=[2 3 9 5 4]'          %MATLAB可以在行和列向量之间进行转置,使
                            用命令为"'"
```

按 ENTER 键,结果显示:

```
a2=
    2
    3
    9
    5
    4
```

2. 等差元素向量的生成

当向量的元素过多,同时向量各个元素有等差的规律,若采用直接输入法将过于繁琐,针对这种情形,MATLAB 提供了几种简单的输入方法,在前面的章节中已有出现,现分别介绍如下:

冒号生成法:基本格式为向量 *Vec*=Vec0:n: Vecn,其中 *Vec* 表示生成的向量,Vec0 表示第一个元素,n 表示步长,Vecn 表示最后一个元素.

使用 linspace 函数:这是一个线性等分向量函数,具体调用格式为:

Vec=linspace(Vec0, Vecn,n):其中 *Vec* 表示生成的向量,Vec0 表示第一个元素,Vecn 表示最后一个元素,n 表示生成向量元素的个数,当 n 为默认时,程序将默认为 100.

例 2 等差元素向量的生成.

解 在命令窗口中输入:

```
>> vec1=6:2:20;
>> vec2=20:-2:6;
>> vec3=linspace(6,20,10);
>> vec1
```

按 ENTER 键,结果显示:

```
vec1=
    6    8    10    12    14    16    18    20
>> vec2
```

按 ENTER 键,结果显示:

```
vec2=
    20    18    16    14    12    10    8    6
>> vec3
```

按 ENTER 键,结果显示:

```
vec3=
```

```
    Columns 1 through 8
      6.0000    7.5556    9.1111    10.6667    12.2222    13.7778    15.3333
16.8889
    Columns 9 through 10
      18.4444   20.0000
```

二、向量的基本运算

向量的基本运算包括向量与数的四则运算、向量与向量之间的加减运算、向量之间的点积、向量的叉积和向量之间的混合积等.

1. 向量与数的四则运算

向量与数的加减法:向量的每个元素与数的加减法运算.

例 3 向量与数的加减法.

解 在命令窗口中输入:

```
>> vec1=linspace(10,50,6)
```

按 ENTER 键,结果显示:

```
vec1=
    10    18    26    34    42    50
>> vec1+5
```

按 ENTER 键,结果显示:

```
ans=
    15    23    31    39    47    55
>> vec1-2
```

按 ENTER 键,结果显示:

```
ans=
    8    16    24    32    40    48
```

2. 向量与数的乘除法:向量中的每个元素与数的乘除法运算.

例 4 向量与数的乘除法.

解 在命令窗口中输入:

```
>> vec1=linspace(10,50,6);
>> vec1*2
```

按 ENTER 键,结果显示:

```
ans=
    20    36    52    68    84    100
>> vec1/2
```

按 ENTER 键,结果显示:

```
ans=
    5    9    13    17    21    25
```

说明:当进行除法运算时,向量只能作为被除数,数只能作为除数.

3. 向量与向量之间的加减运算

向量与向量的加减法运算:向量中的每个元素与另一个向量中相对应的元素的加减法运算.

例5 设 $\boldsymbol{a}_1=(0,-1,2)$,$\boldsymbol{a}_2=(-1,3,4)$,求 $\boldsymbol{a}_1+\boldsymbol{a}_2$,$2\boldsymbol{a}_1-\boldsymbol{a}_2$.

解 在命令窗口中输入:

```
>> a1=[0,-1,2];
>> a2=[-1,3,4];
>> a1+a2
```

按ENTER键,结果显示:

```
ans=
     -1    2    6
>> 2*a1-a2
```

按ENTER键,结果显示:

```
ans=
     1    -5    0
```

4. 向量的点积、叉积和混合积

向量的点积:两个向量的点积等于其中一个向量的模与另一个向量在这个方向上的投影的乘积. MATLAB中提供了专门计算向量点积的函数dot,点积的结果就是一个数,计算时要注意各向量维数的一致性,以保证点积的操作合法.

例6 设 $\boldsymbol{a}_1=(2,3-1)$,$\boldsymbol{a}_2=(1,-1,1)$,求 $\boldsymbol{a}_1\cdot\boldsymbol{a}_2$,$(\boldsymbol{a}_1)^2$,$3\boldsymbol{a}_1\cdot 2\boldsymbol{a}_2$.

解 在命令窗口中输入:

```
>> a1=[2,3,-1];
>> a2=[1,-1,1];
>> dot(a1,a2)
```

按ENTER键,结果显示:

```
ans=
     -2
>> dot(a1,a1)
```

按ENTER键,结果显示:

```
ans=
     14
>> dot(3*a1,2*a2)
```

按ENTER键,结果显示:

```
ans=
     -12
```

向量的叉积:叉积的几何意义是指经过两个相交向量的交点,并与此两向量所在平面垂直的向量. MATLAB中提供了专门计算向量叉积的函数cross,计算中同向量的点积也要注意向量维数的一致性(由几何意义可知,向量维数只能为3),以保证叉积的操作合法.

例7 设 $\boldsymbol{a}_1=(-1,2-1)$,$\boldsymbol{a}_2=(2,-1,1)$,求 $\boldsymbol{a}_1\times\boldsymbol{a}_2$.

解 在命令窗口中输入：

```
>> a1=[-1,2,-1];
>> a2=[2,-1,1];
>> cross(a1,a2)
```

按 ENTER 键，结果显示：

```
ans=
     1    -1    -3
```

说明：若向量维数超过 3 时，程序会提示出错.

向量的混合积：混合积的几何意义是它的绝对值表示以向量为棱的平行六面体的体积，它的符号按照右手法则定义. MATLAB 中，向量的混合积由以上所介绍的两个函数 dot、cross 来实现，注意的是在求向量的混合积时，函数的顺序不能颠倒，否则会出现错误.

例 8 设 $\boldsymbol{a}_1=(1,2,3)$，$\boldsymbol{a}_2=(2,4,3)$，$\boldsymbol{a}_3=(5,2,1)$，求 $\boldsymbol{a}_1\cdot(\boldsymbol{a}_2\times\boldsymbol{a}_3)$.

解 在命令窗口中输入：

```
>> a1=[1,2,3];
>> a2=[2,4,3];
>> a3=[5,2,1];
>> dot(a1,cross(a2,a3))
```

按 ENTER 键，结果显示：

```
ans=
    -24
>> cross(a1,dot(a2,a3))                %颠倒函数的顺序
??? Error using==>cross
A and B must be same size.
```

说明：在求向量的混合积时，函数的顺序不可颠倒，因为点积产生的是一个数，它不能用来和另外的向量进行叉积运算，上例的最后部分，MATLAB 给出错误提示.

第二节 矩阵与特殊矩阵

MATLAB 其全称是 Matrix Laboratory，即矩阵实验室，是早期专门用于矩阵计算的计算机语言，简洁快速的矩阵运算是 MATLAB 最鲜明的特色之一. MATLAB 最基本、最重要的功能就是进行矩阵的运算，其所有的数值计算功能都是以矩阵作为基本单元来实现的.

一、矩阵的生成

矩阵生成方式有多种，通常有以下几种方式：在命令窗口中直接输入矩阵、通过语句和函数产生矩阵、在 M 文件中建立矩阵以及从外部的数据文件中导入矩阵. 其中在命令窗口中直接输入矩阵是最简单、最常用的创建数值矩阵的方法，比较适合创建较小的简单矩阵，把矩阵的元素直接排列到方括号中，每行内的元素用空格或逗号相隔，行与行之间的内容用分号相隔.

例1　在MATLAB中输入矩阵$\begin{pmatrix}1 & 2 & 0 & 4\\3 & 4 & -1 & 2\\1 & 1 & 0 & 3\\2 & -1 & 3 & 4\end{pmatrix}$.

解　在命令窗口中输入：

```
>> matrix=[1 2 0 4;3 4-1 2;1 1 0 3;2-1 3 4]        %采用空格形式相隔
```

按ENTER键，结果显示：

```
matrix=
    1     2     0     4
    3     4    -1     2
    1     1     0     3
    2    -1     3     4
```

```
>> matrix=[1,2,0,4;3,4,-1,2;1,1,0,3;2,-1,3,4]    %采用逗号形式相隔
```

按ENTER键，结果显示：

```
matrix=
    1     2     0     4
    3     4    -1     2
    1     1     0     3
    2    -1     3     4
```

二、特殊矩阵的生成

为了让大家对各种不同的矩阵有所了解，本节再介绍一些特殊矩阵的生成，如表5-1所示：

表5-1　特殊矩阵的生成函数

函数名	功能描述
zeros	生成0矩阵
eye	生成单位阵
ones	生成全1阵
tril和triu	生成上、下三角阵
diag	生成对角矩阵
gallery	生成一些小的测试矩阵
hadamard	生成Hadamard矩阵
hankel	生成Hankel矩阵
hilb	生成Hilbert矩阵
invhilb	生成反Hilbert矩阵
magic	生成魔术矩阵

(续表)

函数名	功能描述
pascal	生成 n 阶 Pascal 矩阵
rand	生成服从 0—1 分布的随机矩阵
randn	生成服从正态分布的随机矩阵
rosser	典型的对称矩阵特征值的问题测试
toeplitz	生成 Toeplitz 矩阵
vander	生成范德蒙矩阵
wilkinson	生成 Wilkinson 矩阵
compan	生成多项式的伴随矩阵

下面介绍一些比较常用的函数进行介绍,以此来了解其他函数的用法.

1. 零矩阵和全 1 矩阵的生成

零矩阵指的是各个元素都为零的矩阵,在 MATLAB 中,使用 zeros 函数来生成一个零矩阵,具体使用格式如下:

A=zeros(n):生成 $n\times n$ 全零阵

A=zeros(m,n):生成 $m\times n$ 全零阵

A=zeros(size(B)):生成与矩阵 $\boldsymbol{B}$ 相同维数的全零阵

全 1 矩阵的生成与零矩阵的生成类似,只是使用的函数是 ones 来实现.

例 2 零矩阵和全 1 阵的生成.

解 在命令窗口中输入:

```
>> A=zeros(3)
```

按 ENTER 键,结果显示:

```
A=
     0     0     0
     0     0     0
     0     0     0
>> A=zeros(5,4)
```

按 ENTER 键,结果显示:

```
A=
     0     0     0     0
     0     0     0     0
     0     0     0     0
     0     0     0     0
     0     0     0     0
>>  B=[17 3 4 2;3 1 12 6;4 12 8 7;1 2 3 4]
```

按 ENTER 键,结果显示:

```
B=
```

```
    17    3    4    2
    3     1    12   6
    4     12   8    7
    1     2    3    4
>> A=zeros(size(B))
```

按 ENTER 键，结果显示：

```
A=
    0    0    0    0
    0    0    0    0
    0    0    0    0
    0    0    0    0
>> C=ones(3)
```

按 ENTER 键，结果显示：

```
C=
    1    1    1
    1    1    1
    1    1    1
>> C=ones(4,5)
```

按 ENTER 键，结果显示：

```
C=
    1    1    1    1    1
    1    1    1    1    1
    1    1    1    1    1
    1    1    1    1    1
>> C=ones(size(B))
```

按 ENTER 键，结果显示：

```
C=
    1    1    1    1
    1    1    1    1
    1    1    1    1
    1    1    1    1
```

2. 对角矩阵的生成

对角矩阵指的是对角线上的元素为任意数，其他元素为零的矩阵. 在 MATLAB 中，diag 函数用来生成一个对角矩阵，具体使用格式如下：

A=diag(V,K)：命令中 $\boldsymbol{V}$ 为某个向量，K 为向量 $\boldsymbol{V}$ 偏离主对角线的列数，$K=0$ 时表示 $\boldsymbol{V}$ 为主对角线，$K>0$ 时表示 $\boldsymbol{V}$ 在主对角线以上，$K<0$ 时表示 $\boldsymbol{V}$ 在主对角线以下；

A=diag(V)相当于 A=diag(V,0).

例 3　对角矩阵的生成.

解　在命令窗口中输入：

```
>> V=[1 3 5 7 9];
>> diag(V)
```

按 ENTER 键,结果显示:

```
ans=
    1    0    0    0    0
    0    3    0    0    0
    0    0    5    0    0
    0    0    0    7    0
    0    0    0    0    9
>> diag(V,1)
```

按 ENTER 键,结果显示:

```
ans=
    0    1    0    0    0    0
    0    0    3    0    0    0
    0    0    0    5    0    0
    0    0    0    0    7    0
    0    0    0    0    0    9
    0    0    0    0    0    0
>> diag(V,-1)
```

按 ENTER 键,结果显示:

```
ans=
    0    0    0    0    0    0
    1    0    0    0    0    0
    0    3    0    0    0    0
    0    0    5    0    0    0
    0    0    0    7    0    0
    0    0    0    0    9    0
```

3. 随机矩阵的生成

随机矩阵是指矩阵元素由随机数构成的矩阵,在 MATLAB 中,使用 rand 函数和 randn 函数可以生成多种随机矩阵,其具体使用格式如下:

rand(n):生成 $n\times n$ 随机矩阵,生成矩阵的元素值在区间(0,1)之间;

rand(m,n):生成 $m\times n$ 随机矩阵,生成矩阵的元素值在区间(0,1)之间;

randn(n):生成 $n\times n$ 随机矩阵,生成矩阵的元素值服从正态分布 N(0,1);

randn(m,n):生成 $m\times n$ 随机矩阵,生成矩阵的元素值服从正态分布 N(0,1).

例 4 随机矩阵的生成.

解 在命令窗口中输入:

```
>> rand(4)
```

按 ENTER 键,结果显示:

```
ans=
```

```
    0.9501    0.8913    0.8214    0.9218
    0.2311    0.7621    0.4447    0.7382
    0.6068    0.4565    0.6154    0.1763
    0.4860    0.0185    0.7919    0.4057
>> randn(4)
```

按 ENTER 键,结果显示:

```
ans=
    -0.4326    -1.1465    0.3273    -0.5883
    -1.6656    1.1909     0.1746    2.1832
    0.1253     1.1892     -0.1867   -0.1364
    0.2877     -0.0376    0.7258    0.1139
```

4. 范德蒙矩阵的生成

范德蒙矩阵是线性代数中一个很重要的矩阵,在 MATLAB 中,使用 vander 函数生成范德蒙矩阵,其具体使用格式如下:

A=vander(V),其中 $A(i,j)=v(i)^{n-j}$.

例 5 范德蒙矩阵的生成.

解 在命令窗口中输入:

```
>> v=[1 3 5 7 9];
>> A=vander(v)
```

按 ENTER 键,结果显示:

```
A=
    1       1      1      1      1
    81      27     9      3      1
    625     125    25     5      1
    2401    343    49     7      1
    6561    729    81     9      1
```

5. 魔术矩阵的生成

魔术矩阵是一个经常遇到的矩阵,它是一个方阵,并且方阵的每一行、每一列以及每条对角线的元素之和都相等(2 阶方阵除外),在 MATLAB 中,使用 magic 函数来生成魔术矩阵,其具体使用格式如下:

magic(n):生成 $n\times n$ 的魔术矩阵,使矩阵的每一行、每一列以及每条对角线的元素之和都相等,n>0 且 n=2 除外.

例 6 魔术矩阵的生成.

解 在命令窗口中输入:

```
>> magic(3)
```

按 ENTER 键,结果显示:

```
ans=
    8    1    6
    3    5    7
```

```
    4     9     2
>> magic(4)
```

按 ENTER 键,结果显示:

```
ans=
    16    2     3     13
    5     11    10    8
    9     7     6     12
    4     14    15    1
```

第三节 矩阵运算

一、矩阵的基本数值运算

矩阵的基本运算通常包括矩阵与常数的四则运算、矩阵之间的四则运算及矩阵的逆运算.

1. 矩阵与常数的四则运算

矩阵与常数的四则运算是指矩阵各元素与常数之间的四则运算,在矩阵与常数进行除法运算时,常数通常只能作为除数.

例 1 矩阵与常数的四则运算.

解 在命令窗口中输入:

```
>> matrix=[1 2 0 4;3 4-1 2;1 1 0 3;2-1 3 4]
```

按 ENTER 键,结果显示:

```
matrix=
    1     2     0     4
    3     4    -1     2
    1     1     0     3
    2    -1     3     4
>> m1=matrix+10
```

按 ENTER 键,结果显示:

```
m1=
    11    12    10    14
    13    14    9     12
    11    11    10    13
    12    9     13    14
>> m2=10-matrix
```

按 ENTER 键,结果显示:

```
m2=
    9     8     10    6
```

```
    7    6    11    8
    9    9    10    7
    8    11   7     6
>> m3=2*matrix
```

按 ENTER 键,结果显示:

```
m3=
    2    4    0     8
    6    8    -2    4
    2    2    0     6
    4    -2   6     8
>> m4=matrix/2
```

按 ENTER 键,结果显示:

```
m4=
    0.5000    1.0000     0          2.0000
    1.5000    2.0000    -0.5000     1.0000
    0.5000    0.5000     0          1.5000
    1.0000   -0.5000     1.5000     2.0000
```

2. 矩阵之间的四则运算

(1) 矩阵的加减法

矩阵与矩阵的加减法即是矩阵各元素之间的加减法运算,矩阵必须是同型矩阵时才可以进行加减运算.

例 2 设矩阵 $\boldsymbol{A}=\begin{pmatrix}3 & -1 & 2\\1 & 5 & 7\\5 & 4 & -3\end{pmatrix}$, $\boldsymbol{B}=\begin{pmatrix}7 & 5 & -4\\5 & 1 & 9\\3 & -2 & 1\end{pmatrix}$,求 $\boldsymbol{A}+2\boldsymbol{B}$, $2\boldsymbol{A}-3\boldsymbol{B}$.

解 在命令窗口中输入:

```
>> a=[3 -1 2;1 5 7;5 4 -3];
>> b=[7 5 -4;5 1 9;3 -2 1];
>> a+2*b
```

按 ENTER 键,结果显示:

```
ans=
    17    9    -6
    11    7    25
    11    0    -1
>> 2*a-3*b
```

按 ENTER 键,结果显示:

```
ans=
    -15   -17   16
    -13   7     -13
    1     14    -9
```

继续输入命令:

```
>> c=[1 2 0 4;3 4-1 2;1 1 0 3;2-1 3 4];
>> a+c
??? Error using==>plus
Matrix dimensions must agree.
```

说明:**A**,**B** 都是 3×3 的同型矩阵,可以进行加减运算,而 **C** 是 4×4 矩阵,所以 **A** 与 matrix 不能运算,程序将提示错误信息.

(2) 矩阵的乘法

MATLAB 中,矩阵的乘法使用运算符"*",由线性代数知识可知,如果 **A** 是一个 $m\times s$ 矩阵,**B** 是一个 $s\times n$ 矩阵,则矩阵 **A** 与 **B** 的乘积是一个 $m\times n$ 矩阵,只有当左矩阵 **A** 的列数和右矩阵 **B** 的行数相等时,才能定义乘法 AB.

例 3 设矩阵 $\boldsymbol{A}=\begin{pmatrix}1&0&3&-1\\2&1&0&2\end{pmatrix}$,$\boldsymbol{B}=\begin{bmatrix}4&1&0\\-1&1&3\\2&0&1\\1&3&4\end{bmatrix}$,求 **AB**,**BA**.

解 在命令窗口中输入:

```
>> a=[1 0 3-1;2 1 0 2];
b=[4 1 0;-1 1 3;2 0 1;1 3 4];
>> a*b              %AB
```

按 ENTER 键,结果显示:

```
ans=
     9    -2    -1
     9     9    11
>> b*a              %BA
??? Error using==>mtimes
Inner matrix dimensions must agree.
```

说明:**A** 是 2×4 矩阵,**B** 是 4×3 矩阵,故 **AB** 有定义,**BA** 无意义,因此程序提示出错误信息.

(3) 矩阵与矩阵的除法

在 MATLAB 中,矩阵的除法有左除和右除两种,分别以符号"/"和"\"表示.通常矩阵除法可以用来求解方程组的解,因此用 MATLAB 进行矩阵除法运算时,需要保证各矩阵的数学合理性,否则将无法进行计算.

一般情况下,**X**=**A****B** 是方程 **AX**=**B** 的解,而 **X**=**B**/**A** 是方程 **XA**=**B** 的解.由线性代数知识可知,对于方程组 **AX**=**B**,其解的存在性满足一定的条件,在后面的内容中再介绍.

例 4 设矩阵 $\boldsymbol{A}=\begin{bmatrix}2&1&-1\\2&1&0\\1&-1&1\end{bmatrix}$,$\boldsymbol{B}=\begin{pmatrix}1&-1&3\\4&3&2\end{pmatrix}$,求方程组 **XA**=**B** 的解.

解 在命令窗口中输入:

```
>> a=[2 1-1;2 1 0;1-1 1];
```

b=[1-1 3;4 3 2];

>> x=b/a

按 ENTER 键,结果显示:

```
x=
   -2.0000      2.0000      1.0000
   -2.6667      5.0000     -0.6667
```

二、矩阵的特征参数运算

在实际计算应用中,要对矩阵进行大量的函数运算,如矩阵的特征值运算、行列式运算、矩阵的范数运算和矩阵的条件数运算等.掌握这些常用的函数运算,是进行科学运算的基础,表 5-2 给出了矩阵的特征值函数名及其功能描述,熟练掌握这些函数后,可以更加轻松的进行矩阵方面的运算.

表 5-2

函数名	功能描述
∧	矩阵的乘方运算
sqrtm	矩阵的开方运算
expm	矩阵的指数运算
logm	矩阵的对数运算
cond	矩阵的条件数
condeig	矩阵和特征值有关的条件数
det	求矩阵的行列式
eig 或 eigs	求矩阵的特征值和特征向量
funm	矩阵的任意函数
gsvd	广义奇异值
inv	矩阵求逆
norm 或 normest	求矩阵和向量的范数
pinv	伪逆矩阵
poly	求矩阵的特征多项式
polyvalm	求矩阵多项式的值
rank	求矩阵的秩
trace	求矩阵的迹

下面,介绍一些比较常用的函数来进行详细说明,以此来了解其他函数的具体调用方式.

1. 矩阵的乘方运算和开方运算

在 MATLAB 中，使用 $\boldsymbol{A}^p$ 来计算 $\boldsymbol{A}$ 的 p 次方，使用 sqrtm 函数来对矩阵进行开方运算，若有 $\boldsymbol{X}^2=\boldsymbol{A}$，则有 sqrtm($\boldsymbol{A}$)=$\boldsymbol{X}$.

例 5 设 $\boldsymbol{A}=\begin{pmatrix}1 & 2 & 3 & 1\\ 2 & 3 & 4 & 5\\ 3 & 2 & 4 & 1\\ 6 & 3 & 1 & 4\end{pmatrix}$，求 $\boldsymbol{B}=\boldsymbol{A}^{10}$.

解 在命令窗口中输入：

```
>> A=[1 2 3 1;2 3 4 5;3 2 4 1;6 3 1 4];
```

按 ENTER 键，结果显示：

```
A=
     1     2     3     1
     2     3     4     5
     3     2     4     1
     6     3     1     4
>> B=A∧10
```

按 ENTER 键，结果显示：

```
B=
     1.0e+009 *
     4.6113    3.8440    4.7319    4.0623
     9.6840    8.0728    9.9374    8.5311
     5.9903    4.9936    6.1471    5.2771
     8.9185    7.4347    9.1519    7.8567
```

例 6 求 5 阶 magic 矩阵 $\boldsymbol{A}$ 的开方，并验证其正确性.

解 在命令窗口中输入：

```
>> A=magic(5)   %magic 函数返回一个矩阵，它的每行、每列的和都是相等的.
```

按 ENTER 键，结果显示：

```
A=
     17    24    1     8     15
     23    5     7     14    16
     4     6     13    20    22
     10    12    19    21    3
     11    18    25    2     9
>> B=sqrtm(A)
```

按 ENTER 键，结果显示：

```
B=
   Columns 1 through 4
   3.5456+1.3435i   2.7962-1.5926i   -0.3000+0.8860i   0.5706-0.1082i
   2.5518-1.5247i   2.1700+2.6661i   0.6534+0.2501i    1.2598-0.6915i
```

```
−0.0313+0.5290i0.6707+0.3211i   3.3478+1.7354i     1.9336−0.9417i
0.9124−0.1853i   0.9210−0.3527i   1.8626−0.9590i     4.2785+0.5576i
1.0838−0.1626i   1.5043−1.0419i   2.4984−1.9125i     0.0198+1.1838i
Column 5
1.4499−0.5287i
1.4272−0.7001i
2.1415−1.6437i
0.0878+0.9393i
2.9560+1.9331i
```

```
>> B∧2
```

按ENTER键,结果显示：

```
ans=
  Columns 1 through 4
  17.0000+0.0000i    24.0000+0.0000i    1.0000−0.0000i     8.0000−0.0000i
  23.0000+0.0000i    5.0000+0.0000i     7.0000+0.0000i     14.0000+0.0000i
  4.0000−0.0000i     6.0000+0.0000i     13.0000+0.0000i    20.0000−0.0000i
  10.0000−0.0000i    12.0000+0.0000i    19.0000+0.0000i    21.0000−0.0000i
  11.0000−0.0000i    18.0000+0.0000i    25.0000−0.0000i 2.0000−0.0000i
  Column 5
  15.0000−0.0000i
  16.0000+0.0000i
  22.0000−0.0000i
  3.0000−0.0000i
  9.0000−0.0000i
```

由上例所示,矩阵的开方运算和乘方运算互为逆运算.

2. 矩阵的行列式运算

相信大家都会计算矩阵行列式的值,但是如果一个矩阵阶数超过四阶以上,行列式值的计算就会非常麻烦,MATLAB提供了det函数来求矩阵行列式的值.

例7　计算行列式 $D=\begin{vmatrix} 2 & -1 & 1 & -1 \\ 0 & 0 & 4 & -1 \\ 0 & 2 & 4 & 1 \\ -2 & 0 & 3 & 2 \end{vmatrix}$ 的值.

解　在命令窗口中输入：

```
>>  A=[2−1 1−1;0 0 4−1;0 2 4 1;−2 0 3 2]
```

按ENTER键,结果显示：

```
A=
     2     −1     1     −1
     0     0      4     −1
     0     2      4     1
```

```
    -2  0      3   2
>> D=det(A)
```

按 ENTER 键,结果显示:

```
D=
   -48
```

例 8 设齐次线性方程组$\begin{cases}(5-k)x_1+2x_2+2x_3=0\\2x_1+(6-k)x_2=0\\2x_1+(4-k)x_3=0\end{cases}$,求参数 k 为何值时,方程组有非零解.

解 在命令窗口中输入:

```
>> syms k;                %定义变量 k
>> A=[5-k,2,2;2,6-k,0;2,0,4-k]
```

按 ENTER 键,结果显示:

```
A=
[5-k,  2,  2]
[ 2, 6-k,  0]
[ 2,  0, 4-k]
>> D=det(A)
```

按 ENTER 键,结果显示:

```
D=
80-66*k+15*k∧2-k∧3
>> factor(D)              %factor 函数用于因式分解
ans=
-(k-5)*(k-2)*(k-8)
>> k=solve(D)             %solve 函数用于求方程 D=0 的根
```

按 ENTER 键,结果显示:

```
k=
2
5
8
```

3. 矩阵的逆运算

矩阵的逆运算是矩阵计算中很重要的运算之一,在线性代数中有详细的求解过程,矩阵可逆的充分必要条件就是矩阵的行列式不为零,在 MATLAB 中,所有复杂的理论都被简化成了一个函数 inv.

例 9 求矩阵 $\boldsymbol{A}=\begin{pmatrix}1&-2&3\\2&2&1\\3&4&3\end{pmatrix}$的逆矩阵.

解 在命令窗口中输入:

```
>> A=[1-2 3;2 2 1;3 4 3]
```

按 ENTER 键,结果显示:

```
A=
     1    -2     3
     2     2     1
     3     4     3
>> inv(A)
```

按 ENTER 键,结果显示:

```
ans=
     0.1429     1.2857    -0.5714
    -0.2143    -0.4286     0.3571
     0.1429    -0.7143     0.4286
```

4. 矩阵的特征值计算

在 MATLAB 中,可以利用 eig 和 eigs 两个函数来对矩阵进行特征值运算,其具体调用格式如下:

E=eig(***X***):命令生成由矩阵 ***X*** 的特征值所组成的一个列向量;

[***V***,***D***]=eig(***X***):命令生成两个矩阵 ***V***、***D***,其中 ***V*** 是以矩阵 ***X*** 的特征向量作为列向量构成的矩阵,***D*** 是矩阵 ***X*** 的特征值作为主对角线元素构成的对角矩阵;

eigs:使用迭代法求解矩阵的特征值和特征向量;

D=eigs(***X***):生成由矩阵 ***X*** 的特征值所组成的一个列向量,***X*** 必须是方阵,最好是大型稀疏矩阵;

[***V***,***D***]=eigs(***X***):命令生成两个矩阵 ***V***、***D***,其中 ***V*** 是以矩阵 ***X*** 的特征向量作为列向量构成的矩阵,***D*** 是矩阵 ***X*** 的特征值作为主对角线元素构成的对角矩阵.

例 10 求矩阵 ***X***=magic(3),$\boldsymbol{A}=\begin{pmatrix}-1 & 1 & 0\\-4 & 3 & 0\\1 & 0 & 2\end{pmatrix}$的特征值和特征向量.

解 在命令窗口中输入:

```
>> X=magic(3)
```

按 ENTER 键,结果显示:

```
X=
     8     1     6
     3     5     7
     4     9     2
>> d=eig(X)
```

按 ENTER 键,结果显示:

```
d=
    15.0000
    4.8990
    -4.8990
>>[V,D]=eig(X)
```

按 ENTER 键,结果显示:

```
V=
    -0.5774    -0.8131    -0.3416
    -0.5774     0.4714    -0.4714
    -0.5774     0.3416     0.8131

D=
    15.0000    0          0
    0          4.8990     0
    0          0          -4.8990
>> A=[-1 1 0;-4 3 0;1 0 2]
```

按 ENTER 键,结果显示:

```
A=
    -1    1    0
    -4    3    0
    1     0    2
>> D=eigs(A)
```

按 ENTER 键,结果显示:

```
D=
    2
    1
    1
>>[V,D]=eigs(A)
```

按 ENTER 键,结果显示:

```
V=
         0    0.4082    0.4082
         0    0.8165    0.8165
    1.0000   -0.4082   -0.4082

D=
    2    0    0
    0    1    0
    0    0    1
```

5. 矩阵的秩、向量组的秩

矩阵的秩是线性代数中相当重要的概念之一,通常矩阵都可以通过初等行变换或列变换,将其转化为阶梯矩阵,而阶梯矩阵所包含非零行的行数就是矩阵的秩. 在 MATLAB 中可以调用函数 rank 来解得. 向量组的秩通常由该向量组构成的矩阵来计算,调用格式同矩阵生成格式.

例 11 求 5 阶 magic 矩阵 ***A*** 的秩.

解 在命令窗口中输入：

```
>> A=magic(5)
```

按 ENTER 键，结果显示：

```
A=
    17    24     1     8    15
    23     5     7    14    16
     4     6    13    20    22
    10    12    19    21     3
    11    18    25     2     9
>> r=rank(A)
```

按 ENTER 键，结果显示：

```
r=
     5
```

由结果可知，矩阵 ***A*** 是满秩矩阵.

例 12 其矩阵 $\boldsymbol{B}=\begin{pmatrix}2 & 3 & 1 & 4\\1 & -1 & 3 & -3\\3 & 2 & 4 & 1\\-1 & 0 & -2 & 1\end{pmatrix}$ 的秩.

解 在命令窗口中输入：

```
>> B=[2 3 1 4;1 -1 3 -3;3 2 4 1;-1 0 -2 1]
```

按 ENTER 键，结果显示：

```
B=
    2    3    1    4
    1   -1    3   -3
    3    2    4    1
   -1    0   -2    1
>> r=rank(B)
```

按 ENTER 键，结果显示：

```
r=
    2
```

6. 矩阵的迹

矩阵的迹是指矩阵主对角线上所有元素的和，也是矩阵各特征值的和. 在 MATLAB 中，可以调用函数 trace 来求矩阵的迹.

例 13 求 5 阶 magic 矩阵 A 的迹，并与矩阵特征值进行验证.

解 在命令窗口中输入：

```
>> A=magic(5)
```

按 ENTER 键，结果显示：

```
A=
```

```
    17    24    1     8     15
    23    5     7     14    16
    4     6     13    20    22
    10    12    19    21    3
    11    18    25    2     9
>> trace(A)
```

按 ENTER 键，结果显示：

```
ans=
    65
>> D=eig(A)
```

按 ENTER 键，结果显示：

```
D=
    65.0000
    -21.2768
    -13.1263
    21.2768
    13.1263
>> 65-21.2768-13.1263+21.2768+13.1263
ans=
    65
```

三、矩阵的分解运算

MATLAB 的数学处理能力之所以强大，很大一部分原因就是它的矩阵函数功能的扩展，矩阵函数中的矩阵分解运算在数值分析科学中占有重要的地位，常用方法有三角分解、正交分解及特征值分解等.

1. 三角分解(lu)

三角分解是矩阵分解的基本方法，它在线性方程的直接解法中有重要的应用. 由数值分析知识可知，非奇异矩阵 $\boldsymbol{A}(n\times n)$，若其顺序主子式均不为零，则存在唯一的单位下三角 $\boldsymbol{L}$ 和上三角 $\boldsymbol{U}$，从而使得 $\boldsymbol{A}=\boldsymbol{LU}$. 在 MATLAB 中，三角分解可以通过 lu 函数实现，具体应用格式如下：

[L,U]=lu(X)：产生一个下三角矩阵 $\boldsymbol{L}$ 和一个上三角矩阵 $\boldsymbol{U}$，使得矩阵 $\boldsymbol{L}$ 和矩阵 $\boldsymbol{U}$ 满足关系式 $\boldsymbol{X}=\boldsymbol{L}*\boldsymbol{U}$，$\boldsymbol{X}$ 可以不为方阵；

[L,U,P]=lu(X)：产生一个单位下三角矩阵 $\boldsymbol{L}$、一个上三角矩阵 $\boldsymbol{U}$ 和交换矩阵 $\boldsymbol{P}$，使得 3 个矩阵满足关系式 $\boldsymbol{P}*\boldsymbol{X}=\boldsymbol{L}*\boldsymbol{U}$；

$\boldsymbol{Y}$=lu($\boldsymbol{X}$)：若 $\boldsymbol{X}$ 是满矩阵，将产生一个 lapack's 的 dgetrf 或 zgetrf 的输出常式矩阵 $\boldsymbol{Y}$；若 $\boldsymbol{X}$ 是稀疏矩阵，产生的矩阵 $\boldsymbol{Y}$ 将包含严格的下三角矩阵 $\boldsymbol{L}$ 和上三角矩阵 $\boldsymbol{U}$，这两种情况下都不会有交换矩阵 $\boldsymbol{P}$.

例 14　求矩阵 $\boldsymbol{X}=\begin{pmatrix} 6 & 2 & 1 & -1 \\ 2 & 4 & 1 & 0 \\ 1 & 1 & 4 & -1 \\ -1 & 0 & -1 & 3 \end{pmatrix}$三角分解后的矩阵.

解　在命令窗口中输入:

```
>> X=[6 2 1-1;2 4 1 0;1 1 4-1;-1 0-1 3]
```

按ENTER键,结果显示:

```
X=
    6     2     1    -1
    2     4     1     0
    1     1     4    -1
   -1     0    -1     3
>>[L,U]=lu(X)
```

按ENTER键,结果显示:

```
L=
    1.0000     0          0          0
    0.3333     1.0000     0          0
    0.1667     0.2000     1.0000     0
   -0.1667     0.1000    -0.2432     1.0000

U=
    6.0000     2.0000     1.0000    -1.0000
    0          3.3333     0.6667     0.3333
    0          0          3.7000    -0.9000
    0          0          0          2.5811
>>[L,U,P]=lu(X)
```

按ENTER键,结果显示:

```
L=
    1.0000     0          0          0
    0.3333     1.0000     0          0
    0.1667     0.2000     1.0000     0
   -0.1667     0.1000    -0.2432     1.0000

U=
    6.0000     2.0000     1.0000    -1.0000
         0     3.3333     0.6667     0.3333
         0          0     3.7000    -0.9000
         0          0          0     2.5811
```

```
P=
    1         0         0         0
    0         1         0         0
    0         0         1         0
    0         0         0         1
>> Y=lu(X)
```

按 ENTER 键,结果显示:

```
Y=
    6.0000     2.0000     1.0000    -1.0000
    0.3333     3.3333     0.6667     0.3333
    0.1667     0.2000     3.7000    -0.9000
   -0.1667     0.1000    -0.2432     2.5811
```

2. 正交分解(qr)

在数值分析中,为了求解矩阵的特征值,引入了一种矩阵的分解方法,即 qr 法,即对于矩阵 **A**(n×n),如果 **A** 非奇异,则存在正交矩阵 **Q** 和上三角矩阵 **R**,使得 **A** 满足关系式 **A**=**QR**,且当 **R** 的对角元都为正时,qr 分解是唯一的. 在 MATLAB 中,矩阵的 qr 分解可以通过函数 qr 来实现,具体调用格式如下:

[Q,R]=qr(A):产生一个与 **A** 维数相同的上三角矩阵 **R** 和一个正交矩阵 **Q**,使得满足关系式 **A**=**Q** * **R**;

[Q,R,E]=qr(A):产生一个交换矩阵 **E**、一个上三角矩阵 **R** 和正交矩阵 **Q**,这 3 个矩阵满足关系式 **A** * **E**=**Q** * **R**;

[Q,R]=qr(A,0):对矩阵 **A** 进行有选择的 qr 分解,当矩阵 **A** 为 m×n 且 m>n,则只会产生具有前 n 列的正交矩阵 **Q**;

R=qr(A):只产生矩阵 **R**,且满足 $R=\mathrm{chol}(\boldsymbol{A}'*\boldsymbol{A})$

例 15 求矩阵 $A=\begin{pmatrix}17 & 3 & 4\\ 3 & 1 & 12\\ 4 & 12 & 8\end{pmatrix}$ 的正交分解.

解 在命令窗口中输入:

```
>> A=[17 3 4;3 1 12;4 12 8]
```

按 ENTER 键,结果显示:

```
A=
    17     3     4
    3      1     12
    4      12    8
>>[Q,R]=qr(A)
```

按 ENTER 键,结果显示:

```
Q=
    -0.9594     0.2294     0.1643
    -0.1693    -0.0023    -0.9856
```

```
    -0.2257    -0.9733    0.0411

  R=
    -17.7200   -5.7562    -7.6749
         0     -10.9939   -6.8967
         0          0     -10.8412
>>[Q,R,E]=qr(A)
```

按 ENTER 键,结果显示:

```
  Q=
    -0.9594    0.2617     -0.1054
    -0.1693    -0.8328    -0.5270
    -0.2257    -0.4878    0.8433

  R=
    -17.7200   -7.6749    -5.7562
         0     -12.8490   -5.9010
         0          0     9.2760
  E=
    1          0          0
    0          0          1
    0          1          0
>>[Q,R]=qr(A,0)
```

按 ENTER 键,结果显示:

```
  Q=
    -0.9594    0.2294     0.1643
    -0.1693    -0.0023    -0.9856
    -0.2257    -0.9733    0.0411

  R=
    -17.7200   -5.7562    -7.6749
         0     -10.9939   -6.8967
         0          0     -10.8412
>> R=qr(A)
```

按 ENTER 键,结果显示:

```
  R=
    -17.7200   -5.7562    -7.6749
    0.0864     -10.9939   -6.8967
    0.1152     0.9781     -10.8412
```

3. 特征值分解(eig)

矩阵的特征值分解在MATLAB中也是利用eig函数,但是为了分解,需要在形式上做一定的变化,其具体调用格式如下:

[V,D]=eig(X):命令生成两个矩阵 **V** 和 **D**,其中 **V** 是以矩阵 **X** 的特征向量作为列向量的矩阵,**D** 是由矩阵 **X** 的特征值作为主对角线元素构成的对角矩阵,使得满足关系式 **X** * **V**=**V** * **D**;

[V,D]=eig(A,B):命令对矩阵 **A**、**B** 做广义特征值分解,使得满足关系式 **A** * **V**=**B** * **V** * **D**.

例16 求4阶magic矩阵 **A** 的特征值分解,及矩阵 **A** 与矩阵 $B=\begin{pmatrix}17 & 3 & 4 & 2\\ 3 & 1 & 12 & 6\\ 4 & 12 & 8 & 7\\ 1 & 2 & 3 & 4\end{pmatrix}$ 的广义特征值分解.

解 在命令窗口中输入:

```
>> A=magic(4)
```

按ENTER键,结果显示:

```
A=
     16     2     3     13
     5      11    10    8
     9      7     6     12
     4      14    15    1
>>[V,D]=eig(A)
```

按ENTER键,结果显示:

```
V=
     -0.5000     -0.8236     0.3764      -0.2236
     -0.5000     0.4236      0.0236      -0.6708
     -0.5000     0.0236      0.4236      0.6708
     -0.5000     0.3764      -0.8236     0.2236

D=
     34.0000     0           0           0
     0           8.9443      0           0
     0           0           -8.9443     0
     0           0           0           0.0000
>> Z=A*V-V*D
```

按ENTER键,结果显示:

```
Z=
     1.0e-013*
     -0.1066     0.0711      -0.0222     -0.0154
```

```
    -0.1776    0.0577    -0.0105    -0.0264
    -0.1066    0.0247    -0.0178    -0.0380
    0.0711     0.0799    0          -0.0154
>> B=[17 3 4 2;3 1 12 6;4 12 8 7;1 2 3 4]
```

按 ENTER 键，结果显示：

```
B=
    17    3     4     2
    3     1     12    6
    4     12    8     7
    1     2     3     4
>>[V,D]=eig(A,B)
```

按 ENTER 键，结果显示：

```
V=
    -0.0517    0.8287    1.0000     -0.3333
    -0.3590    0.2175    0.2859     -1.0000
    -0.4474    0.0914    -0.5660    1.0000
    1.0000     1.0000    -0.7016    0.3333

D=
    -5.7955    0         0          0
    0          1.5765    0          0
    0          0         0.4054     0
    0          0         0          -0.0000
>> Z=A*V-B*V*D
```

按 ENTER 键，结果显示：

```
Z=
    1.0e-013 *
    -0.1776    0.1066    -0.0799    0.0372
    0.1177     0.0355    0.1243     -0.0228
    -0.0089    0.0711    0.1232     -0.1031
    0.0888     0.1243    0.0600     0.0047
```

第四节　向量组的线性相关性与线性方程组

线性代数是为了研究线性方程组而建立起来的一门数学理论，因而线性方程组是线性代数的核心内容. 研究 n 维向量组的线性相关性是为了利用向量来研究性线性方程组.

一、向量组的线性相关性

由线性代数知识可知，对矩阵进行初等行变换可以将矩阵化成最简阶梯形矩阵，从而找到列向量组的一个极大无关组. MATLAB 中将矩阵用初等行变换化成最简阶梯形矩阵的命令是 rref 或 rrefmovie(仅在数值计算中，它能使你目睹化简最简阶梯形矩阵的每一步形成的过程)，其具体使用格式如下：

R＝rref(A)：用高斯-约当消元法把 $\boldsymbol{A}$ 化为最简阶梯形矩阵 $\boldsymbol{R}$；

[R,s]＝rref(A)：其中 $\boldsymbol{s}$ 是一个向量，其含义为 r＝length($\boldsymbol{s}$)为 $\boldsymbol{A}$ 的秩；(A:,s)为 $\boldsymbol{A}$ 的列向量极大无关组，$\boldsymbol{s}$ 中元素表示极大无关组所在的列.

例 1 设向量组 $\boldsymbol{a}_1=(2,1,3,-1)^{\mathrm{T}}$，$\boldsymbol{a}_2=(3,-1,2,0)^{\mathrm{T}}$，$\boldsymbol{a}_3=(1,3,4,-2)^{\mathrm{T}}$，$\boldsymbol{a}_4=(4,-3,1,1)^{\mathrm{T}}$，判断其线性相关性，若向量组线性相关，求出向量组 $\boldsymbol{a}_1,\boldsymbol{a}_2,\boldsymbol{a}_3,\boldsymbol{a}_4$ 的一个极大无关组，并将其余向量表示为极大无关组的线性组合.

解 在 MATLAB 命令窗口中输入：

```
>> a1=[2 1 3 -1]';
>> a2=[3 -1 2 0]';
>> a3=[1 3 4 -2]';
>> a4=[4 -3 1 1]';
>> A=[a1 a2 a3 a4]
```

按 ENTER 键，结果显示：

```
A=
    2      3      1      4
    1     -1      3     -3
    3      2      4      1
   -1      0     -2      1
>>[R,s]=rref(A)
```

按 ENTER 键，结果显示：

```
R=
    1      0      2     -1
    0      1     -1      2
    0      0      0      0
    0      0      0      0
s=
    1      2
```

由结果可知，向量组的秩为 2，所以向量组线性相关，且 $\boldsymbol{a}_1,\boldsymbol{a}_2$ 为向量组的一个极大无关组

```
>> A(:,3)-(2*A(:,1)-A(:,2))            %检验 a3=2a1-a2
```

按 ENTER 键，结果显示：

```
ans=
    0
```

```
0
0
0
```

%类似可验证 $\boldsymbol{a}_4=-\boldsymbol{a}_1+2\boldsymbol{a}_2$.

例 2　判定向量组 $\boldsymbol{a}_1=(3,1,2,-1)$,$\boldsymbol{a}_2=(1,0,5,0)$,$\boldsymbol{a}_3=(-1,2,0,3)$的线性相关性.

解　在 MATLAB 命令窗口中输入:

```
>> clear
>> A=[3 1 2-1;1 0 5 0;-1 2 0 3];
>>[R,s]=rref(A)
```

按 ENTER 键,结果显示:

```
R=
    1.0000         0         0    -0.8065
         0    1.0000         0     1.0968
         0         0    1.0000     0.1613

s=
    1    2    3
```

由结果可知,向量组的秩为 3,所以该向量组线性无关.

二、线性方程组求解

设 n 个未知量,m 个方程组成的线性方程组为:

$$\begin{cases} a_{11}x_1+a_{12}x_2+\cdots+a_{1n}x_n=b_1, \\ a_{21}x_1+a_{22}x_2+\cdots+a_{2n}x_n=b_2, \\ \qquad \cdots\ \cdots \\ a_{m1}x_1+a_{m2}x_2+\cdots+a_{mn}x_n=b_m. \end{cases}$$

记 $A=\begin{pmatrix} a_{11} & a_{12} & \cdots & a_{1n} \\ a_{21} & a_{22} & \cdots & a_{2n} \\ \cdots & \cdots & \cdots & \cdots \\ a_{m1} & a_{m2} & \cdots & a_{mn} \end{pmatrix}$,$\overline{A}=\begin{pmatrix} a_{11} & a_{12} & \cdots & a_{1n} & b_1 \\ a_{21} & a_{22} & \cdots & a_{2n} & b_2 \\ \cdots & \cdots & \cdots & \cdots & \cdots \\ a_{m1} & a_{m2} & \cdots & a_{mn} & b_m \end{pmatrix}$,$X=\begin{pmatrix} x_1 \\ x_2 \\ \cdots \\ x_n \end{pmatrix}$,$B=\begin{pmatrix} b_1 \\ b_2 \\ \cdots \\ b_m \end{pmatrix}$

一般来说,将线性方程组的求解分为两类,一类是求方程组唯一解或求特解;另一类是求方程组其通解. 由线性代数知识可知,通过对增广矩阵和系数矩阵的秩可以判断方程组解的状况,当 $r(\boldsymbol{A})=\mathrm{r}(\overline{\boldsymbol{A}})=r$ 时:

1) 若系数矩阵 $r=n$(n 为方程组中未知量的个数),则有唯一解;

2) 若系数矩阵 $r<n$,则有无穷多解.

1. 求线性方程组的特解

有两种方法,一是利用矩阵的除法求线性方程组的特解;二是利用函数 rref 求线性方程组的特解,下面举例说明.

例 3 求解方程组 $\begin{cases}2x_1-x_2=2,\\-x_1+2x_2-x_3=0,\\-x_2+2x_3-x_4=-3,\\-x_3+2x_4=3.\end{cases}$

解 在命令窗口中输入：

```
>> A=[2 -1 0 0;-1 2 -1 0;0 -1 2 -1;0 0 -1 2]          %生成系数矩阵
```

按 ENTER 键，结果显示：

```
A=
   2    -1    0    0
   -1   2     -1   0
   0    -1    2    -1
   0    0     -1   2
>> B=[2 0 -3 3]';
>> AB=[A,B]                                          %生成增广矩阵
```

按 ENTER 键，结果显示：

```
AB=
   2    -1    0    0    2
   -1   2     -1   0    0
   0    -1    2    -1   -3
   0    0     -1   2    3
>> r_A=rank(A)              %求系数矩阵A的秩
```

按 ENTER 键，结果显示：

```
r_A=
   4
>> r_AB=rank(AB)            %求增广矩阵的秩
r_AB=
   4
```

%$r(A)=r(\overline{A})=4$，所以由唯一解.

```
>> X=A\B                    %方法1:利用矩阵的除法求方程组的解
```

按 ENTER 键，结果显示：

```
X=
   1.0000
   -0.0000
   -1.0000
   1.0000
>> C=rref(AB)               %方法2:将AB化成最简阶梯矩阵C
```

按 ENTER 键，结果显示：

```
C=
   1    0    0    0    1
```

```
        0    1    0    0    0
        0    0    1    0   -1
        0    0    0    1    1
```

则 C 的最后一列元素就是所求方程组的解.

例 4　求方程组$\begin{cases} x_1-2x_2+3x_3=-2 \\ 2x_1+2x_2+x_3=1 \\ 3x_1+4x_2+3x_3=3 \end{cases}$的解.

解　在命令窗口中输入:

```
>> A=[1 -2 3;2 2 1;3 4 3];
>> B=[-2 1 3]';
>> AB=[A,B]
>> r_A=rank(A)
```

按 ENTER 键,结果显示:

```
r_A=
    3
>> r_AB=rank(AB)
```

按 ENTER 键,结果显示:

```
r_A B=
    3
>> X=A\B
```

按 ENTER 键,结果显示:

```
X=
    -0.7143
    1.0714
    0.2857
>> format rat                        %用有理格式输出
>> X
```

按 ENTER 键,结果显示:

```
X=
    -5/7
    15/14
    2/7
```

说明:以上所举的例题,用的一些运算都是 MATLAB 的数值计算功能,从例 4 可以看到在求解 $\boldsymbol{X}$ 时,出现了机器误差,尽管我们能用 format rat 的有理格式输出,但有时还是显得不够方便或精确. 其实,MATLAB 提供了足够强大的符号计算功能,在前面已有所介绍,求得的都是解析解(精确解),就如同我们拿笔在纸上演算一样. 以下所举例的运算都是在符号计算下进行,且介绍的指令也都能在数值计算中运用. 在 MATLAB 中输入符号矩阵(或向量)的方法和输入数值类型的矩阵(或向量)在形式上很像,只不过要用到符号矩阵定义函数 sym,或者是用符号定义函数 syms 先定义一些必要的符号变量,再像定义普通矩阵一样输入符号矩阵,大家可以自行观察符号矩阵和数值矩阵在显示方面的差别.

例 5 求方程组$\begin{cases} x_1+5x_2-x_3-x_4=-1 \\ x_1-2x_2+x_3+3x_4=3 \\ 3x_1+8x_2-x_3+x_4=1 \\ x_1-9x_2+3x_3+7x_4=7 \end{cases}$的一个特解.

解 在命令窗口中输入:

```
>> A=sym([1 5-1 -1;1 -2 1 3;3 8 -1 1;1-9 3 7])     %定义的符号矩阵
```

按 ENTER 键,结果显示:

```
A=
[ 1,  5,-1,-1]
[ 1,-2,  1,  3]
[ 3,  8,-1,  1]
[ 1,-9,  3,  7]
>> B=sym([-1 3 1 7]')
```

按 ENTER 键,结果显示:

```
B=
    -1
    3
    1
    7
>> AB=[A,B]
```

按 ENTER 键,结果显示:

```
AB=
[ 1,  5,-1,-1,-1]
[ 1,-2,  1,  3,  3]
[ 3,  8,-1,  1,  1]
[ 1,-9,  3,  7,  7]
>> r_A=rank(A)
```

按 ENTER 键,结果显示:

```
r_A=
    2
>> r_AB=rank(AB)
```

按 ENTER 键,结果显示:

```
r_AB=
    2
```

%r(A)=r(AB)=2<n,所以方程组有无穷多解.

```
>> X=A\B              %求一个特解,最少非零元素的最小二乘解
```

按 ENTER 键,结果显示:

Warning：System is rank deficient. Solution is not unique. %警告：系数矩阵不满秩，解不唯一

```
>In sym.mldivide at 41
X=
1
0
2
0
>> C=rref(AB)
```

按 ENTER 键，结果显示：

```
C=
[ 1, 0, 3/7, 13/7, 13/7]
[ 0, 1,-2/7,-4/7,-4/7]
[ 0, 0, 0, 0, 0]
[ 0, 0, 0, 0, 0]
```

由此得解向量 $X=\left(\frac{13}{7},-\frac{4}{7},0,0\right)^{T}$，即是方程组的一个特解

2. *求齐次线性方程组的通解*

在 MATLAB 中，函数 null 用来求解零空间，即满足 $\boldsymbol{AX}=0$ 的解空间，实际即是求出齐次线性方程组 $\boldsymbol{AX}=0$ 的一个基础解系，其使用格式为：null(A).

例 6　求齐次线性方程组 $\begin{cases}x_1+2x_2+3x_3+x_4=0\\2x_1+4x_2-x_4=0\\-x_1-2x_2+3x_3+2x_4=0\\x_1+2x_2-9x_3-5x_4=0\end{cases}$ 的一个基础解系及通解.

解　在命令窗口中输入：

```
>> A=sym([1 2 3 1;2 4 0 -1;-1 -2 3 2;1 2 -9 -5])
```

按 ENTER 键，结果显示：

```
A=
[ 1, 2, 3, 1]
[ 2, 4, 0,-1]
[-1,-2, 3, 2]
[ 1, 2,-9,-5]
>> C=null(A)                    %C 的列向量是方程 A * X=0 的基础解系
```

按 ENTER 键，结果显示：

```
C=
[-2,-1]
[ 1, 0]
[ 0, 1]
[ 0,-2]
```

```
>> syms k1 k2  %定义符号变量
>> X=k1*C(:,1)+k2*C(:,2)            %写出方程组的通解
```

按 ENTER 键,结果显示:

```
X=
   -2*k1-k2
       k1
       k2
   -2*k2
```

3. 求非齐次线性方程组的通解

非齐次线性方程组的通解=其对应齐次方程组的通解+非齐次线性方程组(自身)的一个特解,其中特解的解法即为1所介绍,导出组的通解的解法为2所介绍.

非齐次线性方程组需要先判断方程组 $\boldsymbol{AX}=\boldsymbol{B}$ 是否有解,若有解,则求 $\boldsymbol{AX}=\boldsymbol{B}$ 的一个特解,再去求其对应齐次方程组 $\boldsymbol{AX}=0$ 的通解,最后写出 $\boldsymbol{AX}=\boldsymbol{B}$ 的通解.

例7 求方程组 $\begin{cases} x_1-2x_2+x_3-x_4=1 \\ x_1-2x_2+x_3+x_4=-1 \\ x_1-2x_2+x_3+5x_4=-5 \end{cases}$ 的通解.

解 在命令窗口中输入:

```
>> A=sym([1 -2 1 -1;1-2 1 1;1 -2 1 5])
```

按 ENTER 键,结果显示:

```
A=
[  1,-2,  1,-1]
[  1,-2,  1,  1]
[  1,-2,  1,  5]
>> B=sym([1 -1 -5]')
```

按 ENTER 键,结果显示:

```
B=
    1
   -1
   -5
>> AB=[A,B]
```

按 ENTER 键,结果显示:

```
AB=
[  1,-2,  1,-1,  1]
[  1,-2,  1,  1,-1]
[  1,-2,  1,  5,-5]
>> r_A=rank(A)
```

按 ENTER 键,结果显示:

```
r_A=
   2
```

```
>> r_AB=rank(AB)
```
按ENTER键,结果显示:
```
r_AB=
  2
```
%r_$\boldsymbol{A}$=r_$\boldsymbol{AB}$=2<4,所以有无穷多解
```
>> X0=A\B                         %求A*X=B的一个特解
Warning: System is rank deficient. Solution is not unique.
>In sym.mldivide at 41
X0=
    0
    0
    0
   -1
>> C=null(A)                      %求A*X=0的基础解系
```
按ENTER键,结果显示:
```
C=
[-1, 2]
[ 0, 1]
[ 1, 0]
[ 0, 0]
>> syms k1 k2
>> X1=k1*C(:,1)+k2*C(:,2)          %导出组A*X=0的通解
```
按ENTER键,结果显示:
```
X1=
  -k1+2*k2
         k2
         k1
          0
>> X=X0+X1                        %方程组A*X=B的通解
```
按ENTER键,结果显示:
```
X=
-k1+2*k2
       k2
       k1
       -1
```
本例也可用rref来求解,读者可以试一试.

例8　求解方程组的通解 $\begin{cases}x_1+x_2-3x_3-x_4=1\\3x_1-x_2-3x_3+4x_4=4.\\x_1+5x_2-9x_3-8x_4=0\end{cases}$

解 在命令窗口中输入：

```
>> A=sym([1 1 -3 -1;3 -1 -3 4;1 5 -9 -8]);
>> B=sym([1 4 0]');
>> AB=[A,B];
>> r_A=rank(A)
```

按 ENTER 键，结果显示：

```
r_A=
   2
>> r_AB=rank(AB)
```

按 ENTER 键，结果显示：

```
r_AB=
   2
%r_AB=rank(AB)=2<4=n,所以方程有无穷多个解
>> X0=A\B                       %求A*X=B的一个特解
```

按 ENTER 键，结果显示：

```
Warning: System is rank deficient. Solution is not unique.
>In sym.mldivide at 41
X0=
     5/4
    -1/4
      0
      0
>> C=rref(AB)                    %求增广矩阵化为最简阶梯形矩阵，可得
```

最简通解方程组

按 ENTER 键，结果显示：

```
C=
    [ 1,  0,  -3/2,  3/4,  5/4]
    [ 0,  1,  -3/2,  -7/4,  -1/4]
    [ 0,  0,  0,  0,  0]
```

对应齐次方程组的基础解系为：$\boldsymbol{\xi}_1=\begin{pmatrix}3/2\\3/2\\1\\0\end{pmatrix}$，$\boldsymbol{\xi}_2=\begin{pmatrix}-3/4\\7/4\\0\\1\end{pmatrix}$ 非齐次方程组的特解为：

$\boldsymbol{X}_0=\begin{pmatrix}5/4\\-1/4\\0\\0\end{pmatrix}$ 所以，原方程组的通解为：$\boldsymbol{X}=k_1\boldsymbol{\xi}_1+k_2\boldsymbol{\xi}_2+\boldsymbol{X}_0$.

也可以在 MATLAB 中建立 M 文件来进行求解.

例 9 求解方程组$\begin{cases} x_1-2x_2+3x_3-x_4=1 \\ 3x_1-x_2+5x_3-3x_4=2. \\ 2x_1+x_2+2x_3-2x_4=3 \end{cases}$

解 在 Matlab 中建立 M 文件如下：

```
A=sym([1 -2 3 -1;3 -1 5 -3;2 1 2 -2])
B=sym([1 2 3]')
AB=[A,B]
n=4
r_A=rank(A)
r_AB=rank(AB)
format rat
if r_A==r_AB&r_A==n              %判断有唯一解
    X=A\B
elseif r_A==r_AB&r_A<n           %判断有无穷解
    X=A\B                        %求特解
    C=null(A)                    %求 AX=0 的基础解系
else   X='equition no solve'     %判断无解
end
```

运行后结果显示：

```
A=
[ 1,-2, 3,-1]
[ 3,-1, 5,-3]
[ 2, 1, 2,-2]
B=
 1
 2
 3
AB=
[ 1,-2, 3,-1, 1]
[ 3,-1, 5,-3, 2]
[ 2, 1, 2,-2, 3]
n=

     4

r_A=
2
r_AB=
3
X=
equition no solve
```

说明该方程组无解.

习　题

1. 设向量 $\boldsymbol{a}=(3,2,-1)$, $\boldsymbol{b}=(1,-1,2)$, $\boldsymbol{c}=(9,-1,4)$,

求(1) $\boldsymbol{a}\cdot\boldsymbol{b}$;(2) $5\boldsymbol{a}\cdot 3\boldsymbol{b}$;(3) $\boldsymbol{b}\times\boldsymbol{c}$;(4) $3\boldsymbol{b}\times 4\boldsymbol{c}$;(5) $\boldsymbol{a}\cdot(\boldsymbol{b}\times 2\boldsymbol{c})$.

2. 计算以下矩阵

(1) 求矩阵 $\boldsymbol{A}=\begin{pmatrix}1&2&3\\2&1&2\\3&3&1\end{pmatrix}$ 与矩阵 $\boldsymbol{B}=\begin{pmatrix}3&2&4\\2&5&3\\2&3&1\end{pmatrix}$ 的和与差及 $5A-3B$;

(2) 求矩阵 $\boldsymbol{A}=\begin{pmatrix}1&2&3\\2&1&2\\3&3&1\end{pmatrix}$ 与 $\boldsymbol{B}=\begin{pmatrix}3&2&4\\2&5&3\\2&3&1\end{pmatrix}$ 的乘积;

(3) 求矩阵 $\boldsymbol{A}=\begin{pmatrix}1&2&3\\4&2&1\\2&1&3\end{pmatrix}$ 和 $\boldsymbol{B}=\begin{pmatrix}2&1&2\\1&2&1\\3&2&1\end{pmatrix}$ 相除.

3. 求解下列行列式

(1) $D=\begin{vmatrix}1&0&2&1\\-1&2&2&3\\2&3&3&1\\0&1&2&1\end{vmatrix}$;

(2) $D=\begin{vmatrix}a&1&0&0\\-1&b&1&0\\0&-1&c&1\\0&0&-1&d\end{vmatrix}$.

4. 求下列矩阵的特征值和特征向量.

(1) $\boldsymbol{A}=\begin{pmatrix}4&2&3\\2&1&2\\-1&-2&0\end{pmatrix}$;

(2) $\boldsymbol{A}=\begin{pmatrix}5&4&-2\\4&5&2\\-2&2&8\end{pmatrix}$;

(3) $\boldsymbol{A}=\begin{pmatrix}3&-1&0&0\\1&1&0&0\\-2&4&5&-3\\7&5&3&-1\end{pmatrix}$.

5. 设$\boldsymbol{A}=\begin{pmatrix}1 & -6 & 3 & 2\\3 & -5 & 4 & 0\\-1 & -11 & 2 & 4\end{pmatrix}$,求矩阵$\boldsymbol{A}$的秩及其迹.

6. 设$\boldsymbol{A}=\begin{pmatrix}3 & 4 & 4\\2 & 2 & 1\\1 & 2 & 2\end{pmatrix}$的逆矩阵$\boldsymbol{A}^{-1}$.

7. 求下列各向量组的秩,并判断其线性相关性,找出向量组的一个极大线性无关组,并将其余向量表示为该极大无关组的线性组合.

(1) $\boldsymbol{a}_1=(1,-2,2,3)^{\mathrm{T}}$,$\boldsymbol{a}_2=(-2,4,-1,3)^{\mathrm{T}}$,$\boldsymbol{a}_3=(-1,2,0,3)^{\mathrm{T}}$,$\boldsymbol{a}_4=(0,6,2,3)^{\mathrm{T}}$;

(2) $\boldsymbol{a}_1=(3,2,-2,4)^{\mathrm{T}}$,$\boldsymbol{a}_2=(11,4,-10,18)^{\mathrm{T}}$,$\boldsymbol{a}_3=(-5,0,6,-10)^{\mathrm{T}}$,
$\boldsymbol{a}_4=(-1,1,2,-3)^{\mathrm{T}}$;

(3) $\boldsymbol{a}_1=(1,2,-2,1)^{\mathrm{T}}$,$\boldsymbol{a}_2=(2,-3,2,1)^{\mathrm{T}}$,$\boldsymbol{a}_3=(2,4,-2,4)^{\mathrm{T}}$,$\boldsymbol{a}_4=(-1,2,0,3)^{\mathrm{T}}$.

8. 利用表5-1特殊矩阵的生成函数,生成MATLAB提供的各种特殊函数.

9. 判断下列方程组解的情况,若有解,求出唯一解或通解.

(1) $\begin{cases}x_1-x_2+4x_3-2x_4=0\\x_1-x_2-x_3+2x_4=0\\3x_1+x_2+7x_3-2x_4=0\\x_1-3x_2-12x_3+6x_4=0\end{cases}$

(2) $\begin{cases}x_1+x_2-3x_3-x_4=1\\3x_1-x_2-3x_3+4x_4=4\\x_1+5x_2-9x_3-8x_4=0\end{cases}$

(3) $\begin{cases}2x_1+3x_2+x_3=4\\x_1-2x_2+4x_3=-5\\3x_1+8x_2-2x_3=13\\4x_1-x_2+9x_3=-6\end{cases}$

(4) $\begin{cases}x_1+x_2+2x_3+3x_4=1\\x_2+x_3-4x_4=1\\x_1+2x_2+3x_3-x_4=4\\2x_1+3x_2-x_3-x_4=-6\end{cases}$

(5) $\begin{cases}x_1-x_2-x_4=0\\x_1+2x_2+x_3+3x_4+x_5=0\\2x_1+x_2+x_3+2x_4+x_5=0\\3x_1+3x_2+2x_3+5x_4+2x_5=0\end{cases}$

(6) $\begin{cases}x_1-2x_2+10x_3+6x_4=-4\\x_1+3x_2-6x_3+2x_4=3\\5x_1-3x_2+4x_3-2x_4=12\\2x_1-x_2+2x_3=4\end{cases}$

第六章　数学模型简介

随着社会进步,科学技术的快速发展,数学模型越来越多地应用到工作、生产和社会活动当中.气象工作者根据气象站、气象卫星汇集的气压、雨量、风速等资料建立数学模型可以得到准确的天气预报.生理医学工作者通过建立药物浓度在人体内随时间和空间变化的数学模型,就可以分析药物的疗效,有效的指导临床实践.城市规划通过建立一个包括人口、经济、交通、环境等大系统的数学模型,能够为政府领导层对城市发展规划的决策提供科学依据.即使在我们日常活动中诸如探亲访友、采购当中,人们也会谈论优化一下出行的路线,这本身就是一个简单的数学模型.总之,数学模型就是对实际问题的一种数学表述.

第一节　数学模型概述

我们生活在丰富多彩、变化万千的现实世界里,无时无刻不在运用智慧和力量去认识、利用和改造这个世界,从而不断地推动物质文明和精神文明发展.如工业博览会上,豪华、舒适的新型汽车让人赞叹不已;科技展览厅中大型水电站模型雄伟壮观,人造卫星模型夺人眼球,清晰的数字和图表映射出了电力工业的迅速发展;在现代化炼钢厂中,展示了计算机管理和控制的框图、公式和程序,实现了生产自动控制化管理.像汽车这样原封不动地从现实世界搬到展厅里的物品能够给人以亲切真实的感受,可是从开阔眼界、丰富知识的角度看,电站、卫星、钢厂……这些在现实世界被人们认识、建造、控制的对象,以他们的各种形式的模型——实物模型、照片、图表、公式、程序……汇集在人们面前,这些模型在短短几个小时里所起的作用,恐怕是置身现实世界多少天也无法做到的.

原型(Prototype)和模型(Model)是一对对偶体.原型指人们在现实世界里关心、研究或从事生产、管理的实际对象.在科技领域通常使用系统、过程等词汇,如电力系统、生态系统、社会经济系统等,又如钢铁冶炼过程、化学反应过程、生产销售过程、决策过程等.本书所述的现实对象、研究对象、实际问题均指原型.模型则指为了某个特定目的将原型的某一部分信息简缩、提炼而构造的原型替代物.这里特别强调构造模型的目的性,模型不是原型原封不动的复制品,原型有各个方面和各种层次的特征,而模型只要求反映与某种目的有关的那些方面和层次.一个原型,为了不同的目的可以有许多不同的模型.

模型有各种形式.按照模型替代原型的方式来分类,模型可以分为物质模型(形象模型)和理想模型(抽象模型).前者包括直观模型、物理模型等,后者包括思维模型、符号模型、数学模型等.

直观模型指那些供展览使用的实物模型,以及玩具、照片等,通常是把原型的尺寸按比例缩小或放大,主要追求外观上的逼真.这类模型的效果是一目了然的.

物理模型主要指科技工作者为了一定目的根据相似原理构造的模型，不仅可以显示原型的外形或某些特征，还可以用来进行模拟实验，间接地研究原型的某些规律. 如风洞中的飞机模型用来试验飞机在气流中的空气动力特征. 有些现象直接用原型进行研究非常困难，可以借助这类模型进行模拟. 应注意验证原型与模型间的相似关系，确定模拟试验结果的可靠性. 物理模型常可得到实用上很有价值的结果，但也存在成本高、时间长、不灵活等缺点.

思维模型指通过人们对原型的反复认识，将获取的知识以经验形式直接存贮于人脑中，从而可以根据思维或直觉做出相应的决策. 如汽车司机对方向盘的操纵、一些技艺性较强的工作如钳工的操作，大体上是靠这类模型进行的. 通常说的某些领导凭经验作决策也是如此. 思维模型便于接受，可以在一定条件下获得满意的结果，但是往往会带有模糊性、片面性、主观性、偶然性等缺点，难以对它的假设进行检验，并且不便于人们的相互沟通.

符号模型是在一些约定或假设下借助于专门的符号、线条等，按一定形式组合起来描述原型. 如地图、电路图、化学结构式等，具有简明、方便、目的性强及非量化等特点.

本书所要讨论的数学模型(Mathematical Model)是用数学符号、数学式子、程序、图形等对实际问题本质属性的抽象而又简洁的刻画. 它能解释某些客观现象，能预测未来的发展规律，能为控制某一现象的发展提供某种意义上的最优策略或较好策略. 简言之，数学模型是用数学的语言对部分现实世界的描述.

在学习初等代数的时候，大家已经接触过数学模型了. 只不过其中许多问题是老师为了教会学生知识而人为进行设置的. 如下述的“航行问题”.

AB 两地相距 600 公里，船从 A 到 B 顺水航行需要 20 小时，从 B 到 A 逆水航行需要 30 小时，问船速、水速分别是多少?

用 x, y 分别表示船速和水速，可以列出方程组

$$\begin{cases}(x+y)\cdot 20=600,\\(x-y)\cdot 30=600.\end{cases}$$

实际上，这个方程组就是上述航行问题的数学模型，通过列方程的方式，将原来的问题转化为纯粹的数学问题. 方程的解 $x=25$ km/h, $y=5$ km/h，最终给出了航行问题的答案.

当然，实际问题的数学模型通常要复杂得多，但是建立数学模型的基本内容已经包含在这个代数应用题的求解过程中了. 那就是：根据建立的数学模型的目的和问题的背景作出必要的简化假设(航行中设船速和水速为常数)；用字母表示待求的未知量(x, y 分别代表船速和水速)；利用相应的物理或其他规律(匀速运动的距离等于速度乘以时间)，列出数学式子(两个二元一次方程)；求出数学上的解答($x=25$, $y=5$)；用这个答案解释原问题(船速和水速分别是 25 km/h 和 5 km/h)；最后还要用实际现象来验证上述结果.

数学模型可以描述为对于现实世界的一个特定对象，为了一个特定目的，根据特有的内在规律，做出一些必要的简化假设，运用适当的数学工具，得到的一个数学结构.

第二节　数学建模

一、数学建模

数学建模(Mathematical Modeling)是建立数学模型,建立数学模型的过程就是数学建模的过程. 数学建模是一种数学的思考方法,也是一种科学研究方法,它是运用数学的语言和方法,对现实世界的某一特定对象,为了某个特定目的,做一些重要的简化和假设,采用适当的数学工具得到一个数学结构,通过抽象、简化建立能近似刻画并解决实际问题的一种强有力的数学手段,用它来解释特定现象的现实形态,预测对象的未来状况,提供处理对象的优化决策和控制,设计满足某种需要的产品等. 作为用数学方法解决实际问题的第一步,数学建模有着悠久的历史,两千多年前创立的欧几里得几何,17 世纪牛顿发现的万有引力定律等,都是科学发展史上数学建模成功的范例.

二、数学建模的意义

进入 20 世纪以来,随着数学以空前的广度和深度向一些领域的渗透,以及电子计算机的出现与飞速发展,数学建模越来越受到人们的重视.

(一) 工程技术领域

在以声、光、热、力、电这些物理学科为基础的诸如机械、土木、水利等工程技术领域中,数学建模的普遍性和重要性不言而喻. 虽然这里的基本模型是已有的,但是由于新技术、新工艺的不断涌现,提出了许多需要用数学方法解决的新问题;高速、大型计算机的飞速发展,使得过去即便有了数学模型也无法求解的课题(如大型水坝的应力计算,中长期天气预报等)迎刃而解;建立在数学模型和计算机模拟基础上的 CAD 技术,以其快速、经济、方便等优势,很大程度上替代了传统工程设计中的现场实验、物理模拟等手段.

(二) 高新技术领域

无论是发展通信、航天、微电子、自动化等高新技术本身,还是将高新技术用于传统工业去创造新工艺、开发新产品,计算机技术支持下的建模和模拟都是经常使用的有效手段. 数学建模、数值计算和计算机图形学等相结合形成的计算机软件,已经被固化于产品中,在许多高新技术领域起着核心作用,被认为是高新技术的特征之一. 在这个意义上,数学不再仅仅作为一门学科,是许多技术的基础,而且直接走向了技术的前台. 国际上一位学者就提出了“高技术本质上是一种数学技术”的观点.

(三) 一些新领域

随着数学向诸如经济、人口、生态、地质等非物理领域的渗透,一些交叉学科如计量经济学、人口控制论、数学生态学、数学地质学等应运而生. 这里一般地说不存在作为支配关系的物理定律,当用数学方法研究这些领域中的定量关系时,数学建模就成为首要的、关键的步骤和这些学科发展与应用的基础. 在这些领域里建立不同类型、不同方法、不同深浅程度的模型的余地相当大,为数学建模提供了广阔的新天地. 马克思说过:“一门科学只有成功地运用数学时,才算达到了完善的地步”.

数学建模与计算机技术的关系密不可分.一方面,像新型汽车设计、石油勘探数据处理中数学模型的求解离不开计算机,微型电脑的普及更使数学建模逐步进入人们的日常活动.如当一位公司经理根据客户提出的产品数量、质量、交货期等要求,用笔记本电脑与客户进行价格谈判时,您不会怀疑他的电脑中贮存了由公司的各种资源、产品工艺流程及客户需求等数据研制的数学模型——快速报价系统和生产计划系统.另一方面,以数字化为特征的信息正以爆炸之势涌入计算机,去伪存真、归纳整理、分析现象、现实结果……,计算机需要人们给它以思维的能力,这些当然要求助于数学模型.

三、数学建模的一般步骤

数学建模面临的实际问题是多种多样的,建模的目的不同,分析的方法不同,采用的数学工具不同,所得模型的类型也不同,我们归纳出若干条准则,适用于一切实际问题的数学建模方法.建模要经过哪些步骤并没有一定的模式,下面介绍的步骤是建模的一般过程,具有一定的普遍意义,如图 6-1 所示.

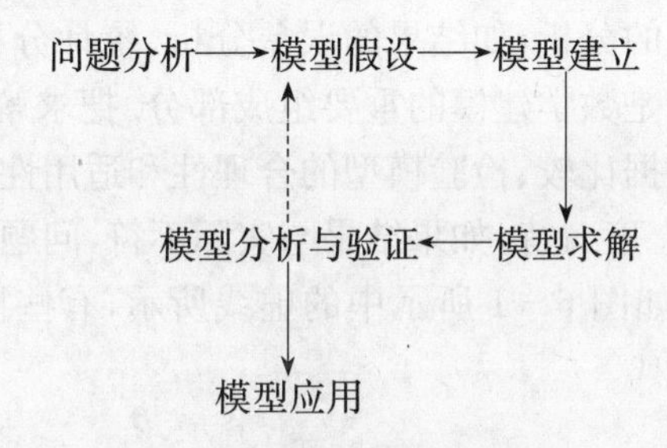

图 6-1　数学建模步骤示意图

(一) 问题分析

了解问题的实际背景,明确建模目的,搜集必要的信息如现象、数据等,尽量弄清对象的主要特征,通过深入调查研究,向实际工作者请教,或利用现有的网络资源等,尽可能掌握第一手资料.将现实问题"翻译"成抽象的数学问题,形成一个比较清晰的"问题","翻译"的过程是数学建模非常关键的一步,对于复杂的数学模型往往不能一步到位,需要对问题进行深入研究,在研究过程中不停地加深理解,明确目标,其实质是对实际问题的数学提炼.

(二) 模型假设

根据前面对实际问题的研究,抓住问题的本质,忽略次要因素,做出必要的、合理的简化假设,确定模型所涉及的主要因素并抽象为变量,对于模型的成败这是非常重要和困难的一步.假设不合理或太简单,会导致模型过于粗糙,得出的结果是错误的或无用的;假设过于详细,试图把复杂对象的众多因素都考虑进去,会使模型建立者很难或无法继续下一步的工作.常常需要在合理与简化之间作出恰当的折中,这种恰当的折中需要模型建立者具有丰富的想象力、洞察力、判断力和足够的经验.有能力的模型建立者往往会在问题的研究过程中,不停地修正模型的假设,找到假设的平衡点,使其符合问题研究的本质.

(三) 模型建立

依据模型的假设,用数学的语言、符号描述对象的内在规律,建立包含常量、变量等的数学模型,如优化模型、评价模型、微分方程模型、概率模型等.这里除了需要一些相关学科的专门知识外,还需要较为广阔的应用数学方面的知识.要理解数学运算的本质,任何一种数学计算方法，例如导数、积分，都需要应用者对其运算本质的理解，绝不是仅仅学会了计算，这对于数学建模者来说尤为重要.纯粹的计算也许在做一些纯粹的数学练习题时有一定的用处，但是在建模过程中，没有实际意义的计算是没有办法使用的，只有指导数学运算的本质，才能合理地使用这些数学运算方法.数学建模是变通的、灵活的，数学思想的应用才是其真正的灵魂.同时建模时还应遵循的一个原则是，尽量采用简单的数学工具，因为模型总是希望更多的人了解和使用，而不是只供少数专家欣赏.

（四）模型求解

模型可以采用解方程、画图形、优化方法、数值计算、统计分析等各种数学方法，特别是数学软件进行求解.近年来计算机技术高速发展，数学软件和网络的功能日益强大，MATLAB、Lindo、Lingo 等数学软件进入了高效的数学课堂，学生的计算机应用能力越来越强，对数学软件的接受能力也非常好.让学生从繁琐、精细的数学计算中走出来，着重于数学的应用，也是数学学习的一个方向.

（五）模型分析与检验

对求解结果进行数学上的分析，如结果的误差分析、统计分析、模型对数据的灵敏性分析、对假设的强健性分析等，是数学建模的重要组成部分.把求解和分析结果再“翻译”回到实际问题，与实际的现象、数据比较、检验模型的合理性和适用性.这对于模型是否真的有用非常关键，要以严肃认真的态度对待，如果结果与实际不符，问题常常出在模型假设上，应该修改、补充假设，重新建模，如图 6－1 所示中的虚线所示，有些模型经过几次反复，不断完善，直到检验结果满意.

（六）模型应用

数学模型是将现象加以归纳、抽象的产物，它源于现实，又高于现实，只有当数学建模的结果经受住现实对象的检验时，才可以用来指导实践.

应当指出，并不是所有问题的建模都要经过这些步骤，有时各步骤之间的界限也不是那么分明，建模时不要拘泥于形式上的按部就班.本书的重点不在于介绍现实问题的数学模型是什么（其数学理论性相对较强），主要是讨论建立数学模型的全过程，侧重于一些简单模型的介绍和应用.

第三节　数学建模能力

用数学建模解决实际问题，首先是将现实问题抽象出来，用数学语言来描述问题即构造模型，然后再用数学工具求解模型.我们所学习的数学课程诸如微积分、线性代数、概率统计等都是讲授数学知识和培养数学运算能力和逻辑推理能力，这些数学技巧主要用来求解数学模型.数学建模有别于纯粹数学课程教学研究的地方在于，除了知识的学习，还能培养学习者自身的各种能力.

一、数学思维的分析能力

面对现实中问题，要有应用数学思维的意识，从数学的角度来观察，具有分析问题的能力.传统的数学课程教学的内容往往注重理论性、系统性，强调数学的逻辑性、严谨性，掌握严谨的数学概念,教学偏向于数学题目的求解技巧,对于学习者的应用数学思维的意识比较淡薄,在学习和社会实践中缺乏应用数学思维的能力,当然更不要说用数学来解决问题了.数学建模的学习,主要是培养学习者应用数学思维的能力,帮助学习者学会使用数学知识和思维来分析问题,使复杂的问题简化,抽象的内容具体化,动态的内容可视化.

二、数学语言的"翻译"能力

数学语言是伴随着数学自身的发生和发展而逐渐成长起来的,具有抽象性、准确性、简约性和形式化等特点.数学语言具有数学学科特指的确定的语义,以数学概念、术语的形式出现.不能用数学语言"翻译"问题,自然就没有办法利用数学工具去解决问题.同时,数学的计算结果,还需要"翻译"成大家能够理解的语言,其应用才能为大家所接受.作为数学建模的学习者应当具有数学语言的"翻译"能力.

三、数学软件的应用能力

随着数学学科与其他学科的联系越来越紧密,数学模型的构建也与之紧密相连,而数学模型的求解往往需要借助数学软件来完成.数学软件可以将学习者从繁冗复杂的运算中解放出来,使得学习者避免计算的枯燥与繁杂,有更多的时间和精力投入到思考当中,使得数学学习不再枯燥乏味,变得生动精彩.

四、网络资源使用能力

现今网络资源非常丰富,很多数学知识都可以从网上下载观看学习,可以到专门的精品课程网站,也可以通过相关的学习论坛进行学习;还可以通过 Google、百度等搜索引擎对需要的知识进行检索,也可以通过中国知网、万方数据库、维普网等网上数据库对学习者感兴趣的内容进行文献检索.合理而有效地利用网络资源,对学习数学建模者来说是重要的一个环节.数学建模牵涉到其他学科,所涉及的知识面也比较宽泛,对于学习者来说掌握所有相关的知识几乎是不可能的,但是通过检索出来的知识却可以帮助学习者在短时间进行消化吸收,并进行应用.

五、综合素质能力

数学建模实践往往不是依靠一个人的力量就能够完成,大多数情况下需要需要一个团队共同来完成,这就需要参与的每个团队成员具有良好的组织、协调、管理能力,使得团队根据工作任务,合理对资源进行分配,同时激励和协调全体活动,使之相互配合完成目标,需要具有团队合作精神,是培养学习者综合素质能力提高的有效途径.

六、创新能力、想象力和洞察力

用数学语言表述实际问题,包括模型的假设、模型的构造等,除了要具有必需的数学知识和相应学科实际知识以外,还需要有一定的创新能力、丰富的想象力和洞察力.数学建模不同于数学理论,对实际问题的研究很多情况下并不存在所谓的标准答案,随着对问题的深入分析理解,解决问题将是一个不断创新的过程.通过让学习者探讨一个现实中的问题,可以让学习者对此产生浓厚的兴趣,其自主创新能力将得到很好的培养.想象力是指人们在原有知识的基础上，将新感知的形象与记忆中的形象相互比较、重新组合、加工处理，创造出新的形象，是一种形象思维活动. 洞察力指人们在充分占有资料的基础上，经过初步分析能迅速抓住主要矛盾，舍弃次要因素，简化问题的层次，对可以用哪些方法解决面临的问题，以及不同方法的优劣作出判断的能力. 建模的过程实际就是创造性思维的过程，除了想象、洞察这些属于形象思维、逻辑思维范畴的能力以外，直觉和灵感也往往起着不可忽视的作用.

这里说明下全国大学生数学建模竞赛的意义和作用. 全国大学生数学建模竞赛自 1992 年开始举办，规模从几十所院校几百个参赛队伍，发展到 2014 年有来自全国 33 个省/市/自治区(包括香港和澳门特区)及新加坡、美国的 1338 所院校、25347 个队(其中本科组 22233 队、专科组 3114 队)、7 万多名大学生报名参加这项竞赛. 竞赛之所以如此收到广大同学的欢迎，主要是它的考核内容、形式和评判标准适合培养有创新精神和综合素质人才的需要，并且具有明显区别于普通 意义上的数学等自然科学学科竞赛的特点. 竞赛是一个团队的合作过程，三人一个团队的竞赛小组，三个人相互分工协作，在 3 天的时间内，可以使用任何资料、软件、网络资源等，唯一的限制是不能与队外的同学、老师讨论竞赛试题. 往往一个优秀的团队通过密切的配合可以凭借优势互补，依靠团队的力量解决问题，参赛的每个同学都将获益匪浅.

第七章　初等模型

初等模型是指运用初等数学知识诸如函数、方程、不等式、向量、几何、概率统计等建立起来的模型，能用初等数学的方法进行求解和讨论. 本章将介绍一些实际问题，让学习者看到使用简单的数学方法已经可以解决一些实际问题，并以此来给出数学建模的基本过程. 需要强调的是，衡量一个模型的优劣在于它的应用效果，而不在于采用了多么高深的数学方法，如果能用初等方法建立的模型能够很好地解决问题，自然会受到大家的认可和采用.

第一节　椅子问题

在日常生活中，把椅子放在不平的地面上，通常只有三条腿着地，如果第四个椅脚不着地，则椅子放不稳. 然而只需要稍微挪动几次，就可以使四条椅脚同时着地，椅子就放稳了. 这个看来似乎是与数学无关的现象，你如何用数学语言以描述并运用数学工具来证实这种实际现象.

一、问题假设

为便于分析问题，我们首先进行模型假设.

(1) 椅子四条腿一样长，椅脚与地面接触处可视为一个点，四个椅脚的连线呈正方形.

(2) 地面高度是连续变化的，沿任何方向都不会断裂(没有像台阶那样的情况)，即地面可视为数学上的连续曲面.

(3) 对于椅脚的间距和椅腿的高度而言，地面是相对平坦的，使椅子在任何位置至少有三个椅脚着地.

为把现实问题转化为数学问题，可以将椅子放到平面直角坐标平面上，A、B、C、D 为四个椅脚与地面的接触点(或投影点)，连线后构成正方形 $ABCD$，如图 7-1 所示.

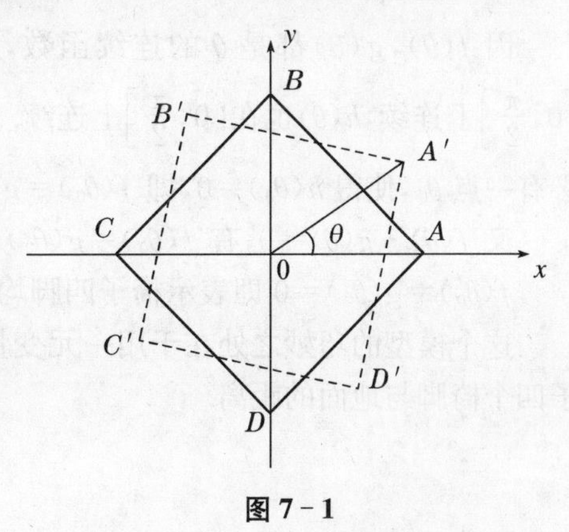

图 7-1

二、问题分析

(4) 稍微挪动，用数学语言描述为：椅子中心投影 0 不变，稍作旋转，正方形 $ABCD$ 绕中心旋转的角度 θ 可以用来描述椅子的位置. 图 7-1 中正方形 $ABCD$ 旋转 θ 角是正方形

$A'B'C'D'$,旋转以后椅子的位置.

(5) 如何把椅脚着地用数学符号表示出来.如果用椅脚与地面的垂直距离这个变量进行表示,那么当距离为 0 时表示椅脚着地,距离非零时表示椅脚不着地.

(6) 如何度量椅脚是否放稳?这是整个模型的关键问题,需要找出椅子放稳与否的数学描述和表征.椅子在不同位置时椅脚与地面的距离不同,所以这个距离是椅子位置变量 θ 的函数.虽然椅子有四只脚,也就有了四个距离,但由于正方形 $ABCD$ 的中心对称性,只要设出两个距离函数就行了.即记 A、C 两脚与地面的距离之和为 $f(\theta)$,B、D 两脚与地面的距离之和为 $g(\theta)$,显然 $f(\theta)\geqslant 0$,$g(\theta)\geqslant 0$.由假设(2)可知,$f(\theta)$,$g(\theta)$都是 θ 的连续函数;由假设(3)可知,椅子在任何位置至少有三个椅脚着地,因此对于任意的 θ,$f(\theta)$和 $g(\theta)$中至少有一个为零,即 $f(\theta)\cdot g(\theta)=0$.因此我们不妨设 A、C 两脚着地,B、D 两脚有一个未着地,即 $f(0)=0$,$g(0)>0$.由此可以发现,改变椅子的位置使四个椅脚同时着地,可以归结为证明如下的数学命题:

已知 $f(\theta)$、$g(\theta)$是 θ 的连续函数,对于任意的 θ,$f(\theta)\cdot g(\theta)=0$,且 $f(0)=0$,$g(0)>0$,则必存在 θ_0 使得 $f(\theta_0)=g(\theta_0)=0$ 成立.

可以看到,通过引入变量 θ 和函数 $f(\theta)$,$g(\theta)$后,就把模型的假设条件和椅脚同时着地的结论用简单、精确的数学言语描述出来了,从而构成了这个实际问题的数学模型.

三、模型求解

模型的求解就是证明上述命题,证明方法有多种,这里只介绍其中一种.

证明:将椅子旋转 $90^\circ\left(\frac{\pi}{2}\right)$,即正方形 AC 边旋转至 BD 边,BD 边旋转至 AC 边.

AC 的初始情形,有 $f(0)=0$,$g(0)>0$

AC 边旋转至 BD 边后,有 $f\left(\frac{\pi}{2}\right)>0$,$g\left(\frac{\pi}{2}\right)=0$.

令 $h(\theta)=f(\theta)-g(\theta)$,则有 $h(0)<0$,$h\left(\frac{\pi}{2}\right)>0$

因 $f(\theta)$,$g(\theta)$都是 θ 的连续函数,所以 $h(\theta)$也为 θ 的连续函数.即 $f(\theta)$,$g(\theta)$在 $\left[0,\frac{\pi}{2}\right]$上连续,$h(\theta)$也在$\left[0,\frac{\pi}{2}\right]$上连续.由闭区间上连续函数的零点定理可知,在$\left(0,\frac{\pi}{2}\right)$内必有一点 θ_0,使得 $h(\theta_0)=0$,即 $f(\theta_0)=g(\theta_0)$.

又 $f(\theta)\cdot g(\theta)=0$,有 $f(\theta_0)=g(\theta_0)=0$.

$f(\theta_0)=g(\theta_0)=0$ 即表示椅子四脚均着地,椅子放稳了.

这个模型的巧妙之处在于用一元变量 θ 表示了椅子的位置,用 θ 的两个函数表示了椅子四个椅脚与地面的距离.

第二节　贷款问题

一、提出问题

随着人们的生活水平日益提高,同样房价也在不断地上涨,人们开始向银行申请个人住房贷款.一对年轻夫妇为买房向银行贷款 60000 元,月利率 0.01,贷款期为 12 年,这对夫妇希望知道每月要还多少钱,12 年就可以还清.假设这对夫妇每月可节省 1000 元,是否可以去买房?

二、问题分析

在本题中,全部的变量包括:贷款的月利率 r,按照常规以复利计算;每月还款金额 x 元;第 k 个月时尚欠的钱款数 A_k 元;贷款期 n 月.

如果 A_0 表示贷款本金 a,则这对夫妇一个月后(加上利息)欠款为 $A_0(1+r)$,还款 x 元后,一个月后(加上利息并还款)欠款为 $A_1=A_0(1+r)-x$,

同理两个月后(加上利息并还款)欠款为 $A_2=A_1(1+r)-x$,

三个月后(加上利息并还款)欠款为 $A_3=A_2(1+r)-x$,

以此类推,k 个月后(加上利息并还款)欠款为 $A_k=A_{k-1}(1+r)-x$,显然($A_k\geqslant 0,k=1,2,3,\cdots$)

综上,有

$$\begin{cases}A_k=A_{k-1}(1+r)-x,(k=1,2,3,\cdots)\\A_0=a\end{cases}$$

则第 1 个问题转化为:求 x,使得 $A_{144}=0$.第 2 个问题转化为:判断 $x\leqslant 1000$ 是否成立,若成立,则可以买房;若不成立,则不能买房.

表 7-1 对第一步所得的结果进行归纳,便于后面参考.

表 7-1　贷款问题第一步结果

变量	假设	目标
贷款的月利率 r;每月还款金额 x;第 k 个月时尚欠的钱款数 A_k;贷款期 n.	$\begin{cases}A_k=A_{k-1}(1+r)-x,(k=1,2,3,\cdots)\\A_0=a\end{cases}$ 这对夫妇每月节余 1000 元可全部作为还款	1. 求 x,使得 $A_{144}=0$; 2. 判断 $x\leqslant 1000$ 是否成立.

三、模型求解

通过观察可以发现,利用数列和解方程的方法进行求解.

各月的欠款金额$\{A_k\}$,数列的后一项减前一项,依次可得:

$A_1-A_0=(A_1-A_0)(1+r)^0$

$A_2-A_1=(A_1-A_0)(1+r)^1$

$A_3-A_2=(A_1-A_0)(1+r)^2$

$\vdots$

$A_{k-1}-A_{k-2}=(A_1-A_0)(1+r)^{k-2}$

$A_k-A_{k-1}=(A_1-A_0)(1+r)^{k-1}(*)$

(*)式表明数列$\{A_k-A_{k-1}\}$是以A_1-A_0为首项，$1+r$为公比的等比数列.

将此k个式子相加可得

$$A_k-A_0=(A_1-A_0)\frac{1-(1+r)^k}{1-(1+r)}=(A_1-A_0)\frac{(1+r)^k-1}{r}$$

故有

$$A_k=A_0(1+r)^k-x\frac{(1+r)^k-1}{r}$$

若k为还贷期数，k个月后已全部还清，欠款金额为0元，令$A_k=0$代入上式，可得

$$x=A_0r\frac{(1+r)^k}{(1+r)^k-1}$$

即每月还款公式为：

$$\text{每月还款额}=\text{贷款本金}\times\text{月利率}\times\frac{(1+\text{月利率})^{\text{还款期数}}}{(1+\text{月利率})^{\text{还款期数}}-1}$$

本题中，$A_0=a=60000$元，$r=0.01$，$k=144$月，代入上式可得，$x\approx788.05$元.

由$x\approx788.05<1000$可知，这对夫妇可以买房.

即如果这对夫妇每月节余1000元可全部作为还款的话，可以买房，每月大约还款788元.

第三节　公平的席位分配问题

席位分配在社会活动中经常出现，如：人大代表、职工代表、会议代表、学生代表的名额分配，其他物质资料的分配等.

一、提出问题

某学校有3个系共200名学生，其中甲系100名，乙系60名，丙系40名.若学生代表会议设20个席位，问：应如何分配各系的学生代表席位数?

二、解决问题

通常分配结果的公平与否以每个代表席位所代表的人数相等或接近来衡量.目前沿用的惯例分配方法为按学生人数的比例分配，即

某单位席位分配数＝总席位×某单位人数占总人数比例

因此最初学生人数及学生代表席位分配见表7－2.

表 7-2　原始席位分配

系别	甲	乙	丙	总数
学生人数	100	60	40	200
学生人数比例	100/200	60/200	40/200	
席位分配	10	6	4	20

三、问题拓展

如果上述公式参与分配的一些单位席位分配数出现小数，假设先按席位分配数的整数分配席位，余下席位按所有参与席位分配单位中小数的大小依次分配.这种分配方法公平吗？下面来看一个学院在分配学生代表席位中遇到的问题.

由于一些原因，出现学生转系情况，各系学生人数及学生代表席位变动情况如下表 7-3.

表 7-3

系别	甲	乙	丙	总数
学生人数	100	60	40	200
学生人数比例	103/200	63/200	34/200	
按比例分配席位	10.3	6.3	3.4	20
按惯例分配席位	10	6	4	20

由于总代表席位为偶数，使得在解决问题的表决中有时出现表决平局的现象而达不成一致意见.为改变这一情况，学院决定再增加一个代表席位，总代表席位变为 21 个.重新按惯例分配席位，见表 7-4.

表 7-4

系别	甲	乙	丙	总数
学生人数	100	60	40	200
学生人数比例	103/200	63/200	34/200	
按比例分配席位	10.815	6.615	3.57	21
按惯例分配席位	11	7	3	21

这个分配结果出现增加一个席位以后，丙系比增加席位前少一个席位的情况，这使人觉得席位分配明显不公平.这个结果也说明按惯例分配席位的方法有缺陷.因此需要尝试建立更合理的分配席位方法，解决上面代表席位分配中出现的不公平问题.

先讨论由两个单位公平分配席位的情况，假设两个单位的情况如表 7-5 所示.

表 7-5

单位	人数	席位数	每席代数人数
A	p_1	n_1	p_1/n_1
B	p_2	n_2	p_2/n_2

要公平，应该有$\frac{p_1}{n_1}=\frac{p_2}{n_2}$，但这一般不成立. 注意到等式不成立时有：

(1) 若$\frac{p_1}{n_1}>\frac{p_2}{n_2}$，则说单位 A 吃亏，即对单位 A 不公平；

(2) 若$\frac{p_1}{n_1}<\frac{p_2}{n_2}$，则说单位 B 吃亏，即对单位 B 不公平.

因此可以考虑用算式 $p=\left|\frac{p_1}{n_1}-\frac{p_2}{n_2}\right|$ 来作为衡量分配不公平程度，不过此公式有不足之处(绝对数的特点)，如：

某两个单位的人数和席位为 $n_1=n_2=10, p_1=120, p_2=100$，算得 $p=2$.

另两个单位的人数和席位为 $n_1=n_2=100, p_1=1200, p_2=1000$，算得 $p=2$.

虽然在两种情况下都有 $p=2$，但显然第二种情况比第一种情况公平.

下面采用相对标准，对公式进行改进. 定义席位分配的相对不公平标准公式：

若$\frac{p_1}{n_1}>\frac{p_2}{n_2}$，记 $r_A(n_1, n_2)$为对 A 的相对不公平值，则

$$r_A(n_1,n_2)=\frac{\frac{p_1}{n_1}-\frac{p_2}{n_2}}{\frac{p_2}{n_2}}=\frac{p_1n_2}{p_2n_1}-1$$

若$\frac{p_1}{n_1}<\frac{p_2}{n_2}$，记 $r_B(n_1, n_2)$为对 B 的相对不公平值，则

$$r_B(n_1,n_2)=\frac{\frac{p_2}{n_2}-\frac{p_1}{n_1}}{\frac{p_1}{n_1}}=\frac{p_2n_1}{p_1n_2}-1$$

对某方的相对不公平值越小，某方在席位分配中就越有利，因此可以用使相对不公平值尽量小的分配方案来减少分配中的不公平.

确定分配方案：使用不公平值的大小来确定分配方案，不妨设$\frac{p_1}{n_1}>\frac{p_2}{n_2}$，即对单位 A 不公平，再分配一个席位时，A 与 B 的关系可能有：

(1) $\frac{p_1}{n_1+1}>\frac{p_2}{n_2}$，说明给一个席位 A 后，对 A 还是不公平；

(2) $\frac{p_1}{n_1+1}<\frac{p_2}{n_2}$，说明给一个席位 A 后，对 B 不公平；

(3) $\frac{p_1}{n_1}>\frac{p_2}{n_2+1}$，说明给一个席位 B 后，对 A 不公平；

(4) $\frac{p_1}{n_1}<\frac{p_2}{n_2+1}$，不可能.

上面的分配方法在(1)和(3)两种情况下可以确定新席位应分配给 A,但在(2)种情况下不好确定新席位的分配.用相对不公平值的公式来决定席位的分配,对于新的席位分配,若有

$$r_B(n_1+1,n_2)<r_A(n_1,n_2+1)$$

则表示对 A 的相对不公平,增加的一席应给 A,反之给 B.对上式进行简单处理,可以得出对应不等式

$$\frac{p_2^2}{n_2(n_2+1)}<\frac{p_1^2}{n_1(n_1+1)}$$

引入公式

$$Q_k=\frac{p_k^2}{n_k(n_k+1)}$$

于是知道增加的席位分配可以由 Q_k 的最大值决定,且它可以推广到多个组的一般情况.这里把这种用 Q_k 的最大值决定席位分配的方法成为 Q 值法.

对多个组(m 个组)的席位分配 Q 值法可以描述为:

(1) 先计算每个组的 Q 值:$Q_k(k=1,2,\cdots,m)$.

(2) 求出其中最大的 Q 值 Q_i(若有多个最大值任选其中一个即可).

(3) 将席位分配给最大 Q 值 Q_i 对应的第 i 组.

表 7-4 问题中先按应分配的整数部分分配,余下的部分按 Q 值分配.整数名额共分配了 19 席,具体为

甲　　10.815　　$n_1=10$

乙　　6.615　　$n_2=6$

丙　　3.570　　$n_3=3$

对第 20 席的分配,计算 Q 值

$$Q_1=\frac{103^2}{10\times11}=96.45;Q_2=\frac{63^2}{6\times7}=94.5;$$

$$Q_3=\frac{34^2}{3\times4}=96.33$$

因为 Q_1 最大,因此第 20 席应该给甲系.

对第 21 席的分配,计算 Q 值

$$Q_1=\frac{103^2}{11\times12}=80.37;Q_2=\frac{63^2}{6\times7}=94.5;$$

$$Q_3=\frac{34^2}{3\times4}=96.33$$

因为 Q_3 最大,因此第 21 席应该给丙系.

最后的席位分配为:甲系 11 席,乙系 6 席,丙系 4 席.

Q 值法解决了利用分配单位中小数的大小依次分配而产生的明显不公平问题.另外,此题若一开始就用 Q 值分配,以 $n_1=n_2=n_3=1$ 逐次增加一个席位,也可以得到同样的结果.

第四节　水库洪水预报与调度问题

我国地域辽阔，河流众多，夏季防汛任务普遍较重. 为给防汛抗旱、抢险救灾、水资源和水利工程管理提供直接、准确的水文情报，对水库的水量进行实时洪水预报是非常必要的，它与人民的生命财产和国民经济密切相关，是水库防洪调度工作中一项不可缺少的非工程措施，对水库防洪具有很重要的意义. 合理利用水库的调节功能，对可能发生的险情做好预测，可以有效降低灾害造成的损失程度，根据实际情况不断修改调整方案使其更加可行，更能发挥效益.

一、提出问题

问题 1：某地防汛部门为做好当年的防汛工作，根据本地往年汛期特点和当年气象信息分析，利用当地一水库的水量调节功能，制订当年的防汛计划：从 6 月 10 日零时起，开启水库 1 号入水闸蓄水，每天经过 1 号水闸流入水库的水量为 6 万米^3；从 6 月 15 日零时起，打开水库的泄水闸泄水，每天从水库流出的水量为 4 万米^3；从 6 月 20 日零时起，再开启 2 号入水闸，每天经过 2 号入水闸流入水库的水量为 3 万米^3；到 6 月 30 日零时起，入水闸和泄水闸全部关闭. 根据测量，6 月 10 日零时，该水库的蓄水量为 96 万米^3.

(1) 求开启 2 号入水闸后水库蓄水量(万米^3)与时间(天)之间的函数关系式；

(2) 如果该水库的最大蓄水量为 200 万米^3，问该地防汛部门的当年汛期(到 6 月 30 日零时)的防汛计划能否保证水库的安全(水库的蓄水量不超过水库的最大蓄水量)？请说明理由.

问题 2：问题 1 是防汛计划，实施过程中严格执行了该计划. 但 6 月 30 日零时工作人员去关闭水闸时，发现水库的水位已经超过安全线，说明除了 2 个水闸进水外，还有诸如直接落入水库的雨水、水库周围高地流入水库的雨水等. 为了排除险情，需要打开备用泄水闸，水库建有 10 个备用泄水闸，经过测算，若打开 1 个泄水闸，30 个小时水位降至安全线；若打开 2 个泄水闸，10 个小时水位降至安全线，每个闸门泄洪的速度相同. 现在抗洪指挥部要求在 3 个小时使水位降至安全线以下，问至少要同时打开几个泄水闸？

二、构建模型

根据题意，可按如下步骤建立数学模型：

1. 根据需要设定未知数：

x：开启 2 号入水闸后的时间(单位：天)

y：开启 2 号入水闸后的第 x 天的零时水库的蓄水量(单位：万米^3)

w：水库中已有的超安全线水量(位：米^3)

m：扣除原泄水闸泄水后每小时流入水库的水量(单位：米^3)

z：每个泄水闸每小时的泄水量(单位：米^3)

n：水位在 3 小时以内降至安全线以下时需要打开的泄水闸个数

2. 利用进出水库水量的关系列出方程或函数关系，根据计划要求得出不等量关系.

问题 1 的模型构建：

(1)从 6 月 10 日至 20 日 10 天间 1 号进水闸共进水 6×10 万米^3，之后每天进水 $6+3=9$ 万米^3(每天经过 1 号进水闸和 2 号进水闸流进的总水量)，从 15 日零时每日流出水量 4 万米^3，开启 2 号入水闸后的第 x 天时流出 $4(x+4)$万米^3. 因此，只要用该水库 6 月 10 日零时的蓄水量 96 万米^3 加上 6 月 10 日至 20 日 10 天间 1 号进水闸共进水 6×10 万米^3，再加上每天经过 1 号进水闸和 2 号进水闸流进的总水量$(6+3)(x-1)$万米^3，之后减去开启 2 号进水闸后的第 x 天时流出的水量，可以得到开启 2 号进水闸后水库蓄水量 y(万米^3)与时间 x(天)之间的函数关系式：

$$y=96+6\times10+(6+3)(x-1)-4(x+4)$$

(2) 只要令 $y=96+6\times10+(6+3)(x-1)-4(x+4)\leqslant200$ 即可得到 x 的范围，从而最终得出该地防汛部门的当年防汛计划能保证水库是否安全的结论.

问题 2 的模型构建：

设水库已有超安全线水位的水量 w 米^3，扣除原泄水闸泄水后流入水库的水量为每小时 m 米^3，每个泄水闸每小时泄水 z 米^3.

由题意有：

$$\begin{cases}w+30m=30.z\\w+10m=2.10z\end{cases}$$

假设打开 n 个泄水闸，要使水位在 3 小时以内降至安全线一下，须满足以下条件：

$$w+3m\leqslant3nz.$$

只要求出满足以上条件的整数解即可.

三、模型求解

问题 1 的求解：

(1) 从 6 月 10 日至 20 日 10 天间 1 号进水闸共进水 6×10 万米^3，之后每天进水 $6+3=9$ 万米^3，从 15 日零时每日流出水量 4 万米^3，开启 2 号进水闸后的第 x 天时流出 $4(x+4)$ 万米^3. 因此：

$$y=96+6\times10+(6+3)(x-1)-4(x+4)$$

即 $y=131+5x,1\leqslant x\leqslant10$

(2) 由 $y=131+5x\leqslant200$，

解得 $x\leqslant13.8$，即到 6 月 30 日零时止，水库中的蓄水量不会超过 200 万米^3，故该地防汛部门的当年防汛计划能保证水库的安全.

问题 2 的求解：

该水库已有超安全线水位的水量 w 米^3，扣除原泄水闸泄水后流入水库的水量为每小时 m 米^3，每个泄水闸每小时泄水 z 米^3.

由题意应有关系式：

$$\begin{cases}w+30m=30.z\\w+10m=2.10z\end{cases}\text{即}\begin{cases}w=15z\\m=0.5z\end{cases}$$

假设打开 n 个泄水闸，可在 3 小时以内使水位降至安全线以下，则有

$$w+3m\leqslant3nz.$$

将$\begin{cases} w=15z \\ m=0.5z \end{cases}$代入，求解可得 $n\geqslant 5.5$，

因 n 为自然数，所以 $n\geqslant 6$，即至少要同时打开 6 个泄水闸.

第五节　商人安全渡河问题

一、提出问题

三名商人各带一个随从乘船从河的此岸渡向彼岸，一只小船最多能载两人，由他们自行划行. 随从秘密约定，在河的任一岸，一旦随从的人数比商人多，就杀人越货，但是如何乘船渡河的大权掌握在商人们手里. 问商人怎样安排才能安全渡河？

二、问题求解

对于此类古老的趣味数学问题，经过一番逻辑思索可以找出解决办法，且有多种解决方法. 这里介绍一种将问题转为状态转移问题的计算机求解方法. 由于这个虚拟的问题已经非常理想化，所以不必再作过多的假设. 安全渡河问题可视为一个多步决策过程. 每一步，即船由此岸驶向彼岸或从彼岸驶向此岸，都要对船上的人员（商人、随从各几人）作出决策，在有限步内使人员全部过河. 用状态（变量）表示某一岸的人员情况，决策（变量）表示船上的人员情况，可以找出状态随决策变化的规律. 因此，问题转化为在状态允许变化的范围内（即安全渡河条件），确定每一步的决策，以达到渡河的目的.

在一行 6 人由河的此岸向彼岸渡河时，用向量 (x,y) 表示有 x 个商人，y 个随从在此岸，这里 $x\in\{0,1,2\}$，$y\in\{0,1,2\}$，称这样的向量 (x,y) 为状态向量. 由问题的实际含义知，有些状态是允许的，而有些状态是不允许的. 例如状态 $(2,1)$ 是允许的，而状态 $(2,3)$ 是不允许的. 经分析，易知允许状态集合为：

$S=\{(x,y)\mid(0,0),(0,1),(0,2),(0,3),(1,1),(2,1),(2,2),(3,0),(3,1),(3,2),(3,3)\}$.

当渡河时，用向量 (u,v) 表示有 u 个商人，v 个随从在小船上，由小船的容量可知此时允许决策集合为：

$$D=\{(u,v)\mid(0,1),(0,2),(1,1),(2,0),(1,0)\}.$$

现在考察相邻两次渡河之间状态 $s=(x,y)$ 随决策 $d=(u,v)$ 变化的规律. 为此，记状态 $s_k=(x_k,y_k)$，其中 x_k,y_k 分别表示第 k 次渡河前此岸的商人数、随从数；决策 $d_k=(u_k,v_k)$，其中 u_k,v_k 分别表示第 k 次渡河时小船上的商人数、随从数.

若规定二维向量按普通向量加法运算进行，则有 $s_{k+1}=s_k+(-1)^k d_k$. 当 k 为奇数时，小船从河的此岸驶向彼岸；当 k 为偶数时，小船从河的彼岸驶向此岸. 在上述规定下，问题就归结为：

从初状态 $s_1=(3,3)$ 出发，求一系列决策 $d_k\in D$，使得 $S_k\in S$，最后经过 n 步转化为状态 $s_{n+1}=(0,0)$. 注意到本问题中商人数和随从数不多，情况比较简单，决策的步数肯定也不多，可以用图解法进行求解. 为此，在 xoy 平面坐标系上画出方格如图 7－2 所示，方格点表示状态 $s=(x,y)$，允许状态集 S 是用圆点标出的 10 个格子点. 允许决策 d_k 是沿方格线移

动 1 格或者 2 格，当 k 为奇数时，向左、下移动用实线表示；当 k 为偶数时，向右、上移动用虚线表示. 要确定一系列的 d_k 使由 $s_1=(3,3)$ 经过那些圆点最终移到原点 $s_{n+1}=(0,0)$. 图 7-2 给出了一种安全渡河的移动方案，经过一系列决策 $d_1,d_2,d_3,\cdots,d_{11}$，最终有 $s_{12}=(0,0)$. 即

$$s_1=(3,3)\xrightarrow[\text{去 2 随从}]{d_1}s_2=(3,1)\xrightarrow[\text{回 1 随从}]{d_2}s_3=(3,2)\xrightarrow[\text{去 2 随从}]{d_3}$$

$$s_4=(3,0)\xrightarrow[\text{回 1 随从}]{d_4}s_5=(3,1)\xrightarrow[\text{去 2 商人}]{d_5}s_6=(1,1)\xrightarrow[\text{回 1 商人 1 随从}]{d_6}$$

$$s_7=(2,2)\xrightarrow[\text{去 2 商人}]{d_7}s_8=(0,2)\xrightarrow[\text{回 1 随从}]{d_8}s_9=(0,3)\xrightarrow[\text{去 2 随从}]{d_9}$$

$$s_{10}=(0,1)\xrightarrow[\text{回 1 随从}]{d_{10}}s_{11}=(0,2)\xrightarrow[\text{去 2 随从}]{d_{11}}s_{12}=(0,0).$$

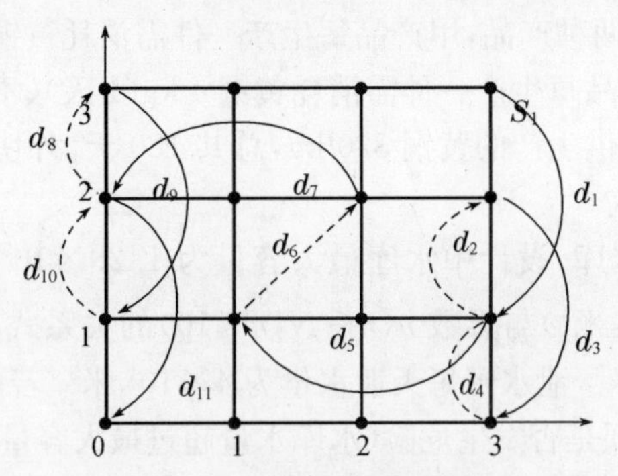

图 7-2　安全渡河问题的图解法

习　题

1. 某通讯公司将推出"全球通"移动电话资费"套餐"，这个"套餐"的最大特点是针对不同用户采取了不同的收费方法，具体方案如表 7-6 所示.

表 7-6　"全球通"移动电话资费"套餐"标准

方案代号	基本月租(元)	免费时间(分钟)	超过免费时间的话费(元/分钟)
1	30	48	0.60
2	98	170	0.60
3	168	330	0.50
4	268	600	0.45
5	388	1000	0.40
6	568	1700	0.35
7	788	2588	0.30

原计费方案的基本月租费为 50 元，每通话一分钟付 0.4 元，请问：

(1) 如取第4种收费方式,通话量多少时比原收费方式的月通话费省钱(月通话费是指一个月内每次通话用时之和,每次通话用时以分钟为单位取整计算,如某次通话时间为3分钟20秒,按4分钟计通话用时)?

(2) 根据该公司上年度公布的业绩,平局每户通话量为每月320分钟,若一个用户的通话量恰好是这个平均值,那么选择哪种收费方式更合算?

2. 一对年轻夫妇为买房要向银行贷款20万元,月利率0.42%,贷款30年,问这对夫妇每月要还多少钱,30年就可以还清银行贷款?

3. 某公司有50套公寓出租,当租金定位每月180元时能全部租出;当租金每月增加10元时,就有一套公寓租不出去,而出租的公寓每月需话费20元整修维护费.

(1) 建立总收入与租金之间的数学模型;

(2) 当租金多少时可获得最大利润.

4. 某工厂生产甲、乙两种产品,甲产品每生产一件需消耗黄铜2 kg(3天)、两个外协件,每件可获利润60元.乙产品每生产一件需消耗黄铜4 kg(1天)、不需要外协件,每件可获利润30元.该工厂每月可提供生产的黄铜320 kg,总共180天,外协件100个,问怎样安排生产才能使工厂的利润最高?

5. 某地要建立一个水库,设计中水库最大容量为1.28×10^5米^3.在山洪暴发时,预计注入水库的水量S_n(单位:米^3)与天数$n(n\in N, n\leqslant 10)$的关系式为$S_n=5000\sqrt{n(n+24)}$.设水库原有水量8×10^4米^3,泄水闸每天泄水量为4×10^4米^3.若山洪暴发时的第一天就打开泄水闸,问10天中,堤坝是否发生危险(水库水量超过最大容量时,堤坝会发生危险).

6. 某河流G段地区,汛前水位高120厘米,水位警戒线为300厘米.若水位超过警戒线,河堤就会发生危险.预测汛期来临时,水位线提高量l_n与汛期天数的函数关系式为$l_n=20\sqrt{5n^2+12n}$.为防止河堤发生危险,堤坝上有泄水通道,每天的排水量可使水位线下降40厘米.如果从洪汛期来临的第一天起即排水泄洪,问从第几天起开始出现险情?

第八章　微积分模型

微积分是高职学生学习数学的主要内容之一，包括极限、导数、微分、不定积分、定积分和微分方程，它是研究函数变化规律的有力工具，有着广泛的实际应用. 针对研究的对象，构建函数关系是分析问题的核心，建立方程是关键. 本章提出一些相对具有开拓性的微积分建模问题，一方面介绍微积分在数学建模中的应用，另一方面引导学习者对微积分模型进行深入的了解. 在具体求解时，可以借助上篇所讲的 MATLAB 软件来进行计算求解.

第一节　n 级混联电路问题

物理学中有串联总电阻的求解公式，由此很容易计算出纯粹的 n 级串联电路(见图 8-1)的总电阻 $R_{总}=nr$.

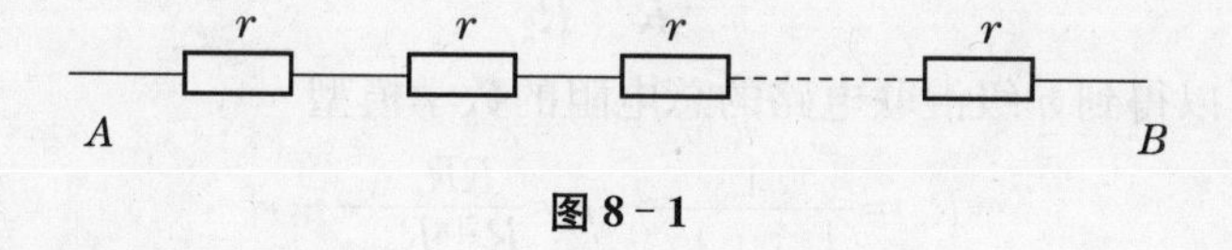

图 8-1

同样根据并联电路的求解公式，也很容易计算出纯粹的 n 级并联电路(见图 8-2)的总电阻 $R_{总}=\dfrac{1}{\dfrac{1}{R}+\dfrac{1}{R}+\cdots+\dfrac{1}{R}}=\dfrac{R}{n}$.

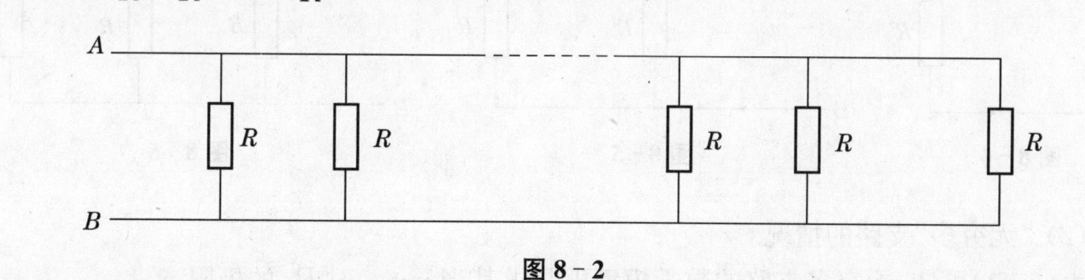

图 8-2

一、提出问题

对于一类 n 级混联电路(见图 8-3)或“无穷多”个支路的这类电路，如何求其总电阻？

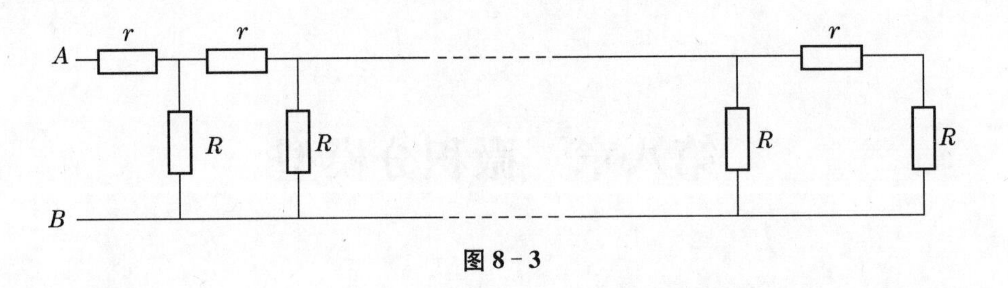

图 8-3

二、构建模型

(1) n 级混联电路

从 $n=1$(见图 8-4)开始研究,不妨假设此时的总电阻为 R_1,显然

$$R_1=r+R$$

当 $n=2$(见图 8-5),假设此时的总电阻为

$$R_2=\frac{1}{\frac{1}{R}+\frac{1}{R+r}}+r=\frac{1}{\frac{1}{R}+\frac{1}{R_1}}+r$$

当 $n=3$(见图 8-6),假设此时的总电阻为

$$R_3=\frac{1}{\frac{1}{R}+\frac{1}{R_2}}+r$$

以此类推,可以得到 n 级混联电路的总电阻的数学模型

$$R_n=\frac{1}{\frac{1}{R}+\frac{1}{R_{n-1}}}+r=\frac{RR_{n-1}}{R+R_{n-1}}+r \tag{8-1}$$

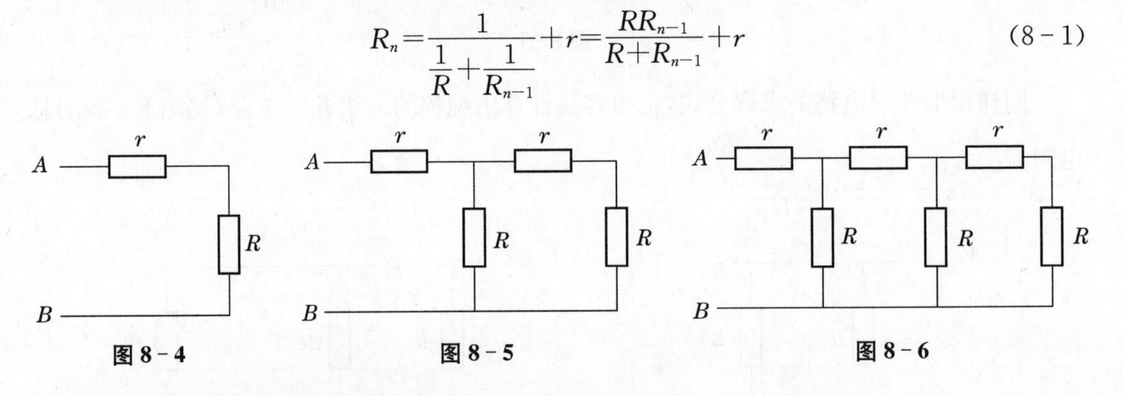

图 8-4　　图 8-5　　图 8-6

(2)"无穷多"支路的情况

由(8-1)可知,无穷多支路的数学模型即是求其当 $n\to\infty$ 时 R_n 的极限,

$$\lim_{n\to\infty}R_n=\lim_{n\to\infty}\left(\frac{RR_{n-1}}{R+R_{n-1}}+r\right)$$

三、模型求解

(1) $R_n=\frac{1}{\frac{1}{R}+\frac{1}{R_{n-1}}}+r=\frac{RR_{n-1}}{R+R_{n-1}}+r$

可以假设 $n=100$,$r=1$,$R=1$,计算上式,可以利用 MATLAB 软件编程如下:

建立 M 文件 fff.m

```
n=100;
r=1;
R=1;
R(1)=r+R;
i=2;
while i<=n
R(i)=r+(r*R(i-1))/(r+R(i-1));
i=i+1;
R;
end
```

在 MATLAB 命令窗口中键入命令：

```
>> fff
>> R
```

结果

```
R =
Columns 1 through 15
2.0000    1.6667    1.6250    1.6190    1.6182    1.6181    1.6180    1.6180
1.6180    1.6180    1.6180    1.6180    1.6180    1.6180    1.6180
Columns 16 through 30
1.6180    1.6180    1.6180    1.6180    1.6180    1.6180    1.6180    1.6180
1.6180    1.6180    1.6180    1.6180    1.6180    1.6180    1.6180
...
Columns 91 through 100
1.6180    1.6180    1.6180    1.6180    1.6180    1.6180    1.6180
1.6180    1.6180    1.6180
```

输出结果为：2.0000，1.6667，1.6250，1.6190，1.6182，1.6181，1.6180，…

(2) $\lim\limits_{n\to\infty}R_n=\lim\limits_{n\to\infty}\left(\dfrac{RR_{n-1}}{R+R_{n-1}}+r\right)=r+\dfrac{R\cdot\lim\limits_{n\to\infty}R_{n-1}}{R+\lim\limits_{n\to\infty}R_{n-1}}$，

易知$\lim\limits_{n\to\infty}R_n=\lim\limits_{n\to\infty}R_{n-1}$，可令$\lim\limits_{n\to\infty}R_n=\lim\limits_{n\to\infty}R_{n-1}=a$

极限问题化为解方程问题，即求解 $a=r+\dfrac{R\cdot a}{R+a}$

在 MATLAB 命令窗口中输入：

```
>> syms a r R
>> y=r+R*a/(R+a)-a;
>> a=solve(y,a)

a =
1/2*r+1/2*(r^2+4*r*R)^(1/2)
```

1/2 * r－1/2 * (r∧2＋4 * r * R)∧(1/2)

即：$a=\dfrac{r+\sqrt{r^2+4Rr}}{2}$

$a=\dfrac{r-\sqrt{r^2+4Rr}}{2}$（$a<0$ 舍去）

即有$\lim\limits_{n\to\infty}R_n=\dfrac{r+\sqrt{r^2+4Rr}}{2}$

特别地，当 $r=R=1$ 时，$\lim\limits_{n\to\infty}R_n=\dfrac{1+\sqrt{5}}{2}$.

计算的结果可以解释当支路是“多穷多”时，n 级混联电路既不会像 n 级串联电路那样，总电阻无限增大；也不会像 n 级并联电路那样，总电阻无限缩小，其最终将趋于一个固定的值.

第二节　城市垃圾处理问题

一、提出问题

据某城市 2014 年年末所做的统计资料显示，到 2014 年年末，该城市堆积的垃圾已达 50 万吨，侵占了大量的土地，并且成为造成环境污染的主要因素之一. 据预测，从 2014 年起该城市还将以每年 3 万吨的速度产生新的垃圾，垃圾的资源化和回收已经成为城市建设中的重要问题. 如果从 2015 年起，该市每年处理上一年堆积垃圾的 20%，问：

(1) 10 年后，该城市垃圾是否能全部处理完成？

(2) 长此以往，该城市能否全部处理完成？

二、构建模型

(1) 假设 2014 年后的 10 年，即 2015 年，2016 年，…，2024 年的垃圾数量分别是 a_1，a_2，…，a_{10}，由题意可知：

$$a_1=50\times(1-20\%)+3=50\times\left(\frac{4}{5}\right)+3$$

$$a_2=a_1\times80\%+3=50\times\left(\frac{4}{5}\right)^2+3\times\left(\frac{4}{5}\right)+3$$

$$\vdots$$

$$a_{10}=50\times\left(\frac{4}{5}\right)^{10}+\sum_{i=0}^{9}3\left(\frac{4}{5}\right)^i$$

(2) n 年后的垃圾数量 a_n，即求 $n\to\infty$ 时的极限，$\lim\limits_{n\to\infty}a_n$.

三、模型求解

(1) $a_{10}=50\times\left(\frac{4}{5}\right)^{10}+\sum\limits_{i=0}^{9}3\left(\frac{4}{5}\right)^i$

在 MATLAB 命令窗口中输入：

```
>> i=0:1:9;
>> a=50*(4/5)∧10+sum(3*(4/5).∧i)
```

结果显示：

```
a =
   18.7581
```

即 10 年后，该城市的垃圾还有 18.7581 万吨未能处理.

(2) 由(1)可类推出：

$$a_n = 50\times\left(\frac{4}{5}\right)^n + \sum_{i=0}^{n-1} 3\left(\frac{4}{5}\right)^i$$

可以发现后半部分是等比数列求和，利用求和公式可得：

$$a_n=50\times\left(\frac{4}{5}\right)^n+3\times\frac{1-\left(\frac{4}{5}\right)^n}{1-\frac{4}{5}}=50\times\left(\frac{4}{5}\right)^n+15\times\left[1-\left(\frac{4}{5}\right)^n\right]$$

求极限$\lim\limits_{n\to\infty}a_n=\lim\limits_{n\to\infty}\left[50\times\left(\frac{4}{5}\right)^n+15\times\left[1-\left(\frac{4}{5}\right)^n\right]\right]$

在 MATLAB 命令窗口中输入：

```
>> syms  n a
>> a=50*(4/5)∧n+15*(1-(4/5)∧n);
>> limit(a,n,inf)
```

结果显示：

```
ans =
15
```

即$\lim\limits_{n\to\infty}a_n=15$

显然随着时间的推移，按题目所提供的垃圾处理方法并不能把所有垃圾处理完，剩余的垃圾将维持在一个固有的水平，即 15 万吨.

第三节　冰块融化问题

一、提出问题

2010 年 3 月，黔中大地遭受历史上罕见的旱情：全省 1743 万人受灾，580 万人饮水困难，91.6 万公顷农作物受灾……全国各族人民纷纷向灾区伸出援助之手，但寻找新的水源帮助灾区的人民尽快恢复正常的生活和生产秩序存在困难，建议之一是把西藏冰山运到贵州，以期融化冰块来供水. 讨论融化冰块需要多长时间.

二、问题假设

(1) 为讨论方便，不妨把冰块想象成一个巨大的棱长为 a 的立方体(或长方体、棱锥体等具有规则形状的固体)；

(2) 假设冰块的融化是均匀的，并且在融化过程中保持的形状不变；

(3) 冰块在运输的过程中没有融化；

(4) 冰块的质地(各种矿物质等的含量百分比一定)是相同的；

(5) 冰块的融化同一般的固体融化一样，发生在表面融化. 因此，描述冰块的融化速度，可以用冰块表面积的大小变化来描述.

(6) 最前面的一个小时里冰块被融化掉 $n\%$ 的特定值.

三、构建模型

对于棱长为 a 的立方体，显然有体积与棱长的关系 $V=a^3$，表面积与边长的关系 $S=6a^2$. 根据导数的意义可知，冰块的衰减率是冰块融化时间的函数，而且成正比例关系. 由于在融化过程中，冰块正方体的属性没有发生变化，因此正方体的棱长 a 是时间 t 的可微函数.

根据前面的分析和假设，可知冰块的衰减率 $\frac{dV}{dt}$ 与表面积具有以下正比例关系：

$$\frac{dV}{dt}=-k\cdot 6a^2,(k>0)$$

其中比例因子 k 是常数，负号表示体积是不断缩小的，它依赖于很多因素，诸如周围空气的湿度和温度以及是否有阳光等.

设融化前冰块的体积为 V_0，则有

$$V=a^3,\frac{dV}{dt}=-k6a^2,(k>0)$$

$$V(0)=V_0,V(1)=V_0(1-n\%)$$

即讨论冰块融化成水的时间，也就是在求使 $V(t)=0$ 的 t.

四、模型求解

利用复合函数求导法则，对 $V=a^3$ 两边关于时间 t 求导得

$$\frac{dV}{dt}=3a^2\frac{da}{dt}$$

令 $3a^2\frac{da}{dt}=-k\cdot 6a^2$ 得

$$\frac{da}{dt}=-2k$$

上式表明立方体的边长 a 以每小时 $2k$ 的常速率减少，因此若立方体的边长 a 的初始长度为 a_0，n 小时后长度为 a_n，则有：

一小时后为 $a_1=a_0-2k$

两小时后为 $a_2=a_1-2k=a_0-4k$

…

显然 $a_0-a_1=2k$

$a_1-a_2=2k$

……

即冰块全部融化的时间 t 为使得 $2kt=a_0$ 的 t 值，从而有

$$t=\frac{a_0}{2k}=\frac{a_0}{a_0-a_1}=\frac{1}{1-\frac{a_1}{a_0}}$$

以第一小时融化掉 $V\cdot n\%$ 的冰块为例，可得

$$\frac{V_1}{V_0}=1-n\%$$

故有

$$\frac{a_1}{a_0}=\frac{(V_1)^{\frac{1}{3}}}{(V_0)^{\frac{1}{3}}}=\frac{[(1-n\%)V_0]^{\frac{1}{3}}}{(V_0)^{\frac{1}{3}}}=(1-n\%)^{\frac{1}{3}}$$

由此可知，若第一小时冰块融化 1/4，显然$\frac{V_1}{V_0}=\frac{3}{4}$，

则有 $t_{融化}=\frac{1}{1-\left(\frac{3}{4}\right)^{\frac{1}{3}}}\approx 11.1$，说明在 1 个小时里有 1/4 体积的冰块融化掉，则融化剩余的冰块所需时间约为 11 小时.

第四节　减肥问题

随着社会的进步和经济发展，人们的生活水平不断提高，由于饮食营养摄入量的不断提高，体重或多或少地增加也在所难免. 体重指数 $BMI=\frac{w(\mathrm{kg})}{l^2(\mathrm{m}^2)}$，$18.5<BMI<25$ 为正常，$BMI>25$ 为超重，$BMI>30$ 为肥胖. 近年来，肥胖严重影响着人们正常的日常生活、学习、工作和社会交往，甚至威胁人们的身体健康，肥胖已然成为全社会关注的一个重要问题. 无论从健康的角度还是从审美的角度，人们越来越重视自己形体的健美，尤其是女性朋友. 因此，目前社会上出现了各种各样的减肥产品和名目繁多的健身健美中心. 而多数减肥产品达不到减肥目标，或不能长期坚持，必须通过控制饮食和适当的运动，达到减轻体重并维持下去的目标.

如何对待减肥问题，我们也可以通过构建模型，从数学的角度对有关规律作进一步的探讨和分析.

一、提出问题

体重增加正比于吸收的热量，即每 7700 卡增加体重 1 千克；新陈代谢引起的体重减少正比于体重，即每天每公斤体重消耗 25 卡～34 卡（因人而异），运动引起的体重减少正比于体重，且与运动形式有关. 为了安全与健康，每周体重减少不宜超过 1.5 千克. 某甲体重 100 千克，每天饮食摄入热量 3300 卡，现欲每周减肥 1 千克，如何通过跑步运动合理减肥？

二、问题分析与建模

一般慢跑运动热量消耗与时间 t 的函数关系为 $r(t)=25t^{0.5}\mathrm{e}^{-t}$，$t$ 为时间，单位为小时；

$r(t)$单位为百卡/时. 可用MATLAB程序作图,程序如下:

```
>> syms r t
>> t=0:0.01:5;
>> r=25*t.∧(0.5).*exp(-t);
>> plot(t,r)
```

图形显示如下

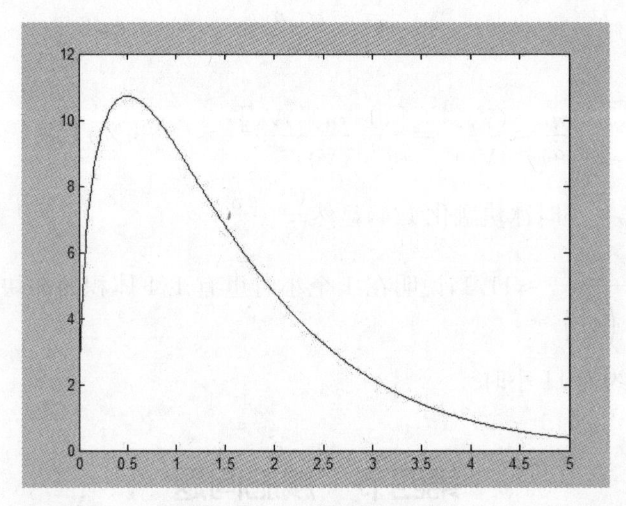

图 8-7 慢跑热量消耗图

减肥要消耗的能量就是减少的体重所转化的能量. 每天慢跑消耗热量=饮食吸入热量-正常代谢消耗热量+减肥体重产生的热量. 由于减肥过程中,人的体重在一天内持续减少,这样考虑问题将变得复杂,因此假设此人一天内体重不变,即在第二天开始时刻,体重减少1/7千克,以天为单位,进行减肥计算.

按题意,甲每天应减肥热量为:

$$Q_1=\frac{7700}{7}=1100\text{ 卡}$$

设甲体重在第i天为$w(i)$,显然$w(1)=100$千克,

且$w(i+1)=w(i)-1/7$

设每天每千克体重消耗30卡,第i天正常新陈代谢热量为:

$$Q_2(i)=30w(i)$$

第i天慢跑需要消耗的热量为:

$$Q(i)=3300-Q_2(i)+Q_1$$

设第i天慢跑时间为L小时,则

$$Q(i)=100\int_0^L 25t^{0.5}\mathrm{e}^{-t}\mathrm{d}t$$

构建数学模型:

$$Q(i)=100\int_0^L 25t^{0.5}\mathrm{e}^{-t}\mathrm{d}t=3300-Q_2(i)+Q_1,i=1,2,\cdots,7$$

三、模型求解

以第一天为例，$Q_2(1)=30w(1)=3000$ 卡，$Q(1)=3300-Q_2(1)+Q_1=1400$ 卡，利用 MATLAB 程序求解如下：

```
>> syms t L
>> f=int(25 * t∧(1/2) * exp(-t),t,0,l) * 100-1400;
>> double(solve(f,L))
```

结果显示：

```
ans =
    1.5783
```

即 L 约为 1.6 小时.

从图 8-7 慢跑热量消耗图可以看出，慢跑运动最佳效果在 1～2 小时，而模型解在 1.6 小时左右，说明要减肥，运动必须达到一定量. 随着体重的减少，$Q_2(i)$也相应减少，所以要保持减肥效果必须加大运动量、运动时间或减少食量，符合人体规律. 饮食控制和运动是达到减肥目标的两大决定因素.

第五节　刑侦中死亡时间鉴定问题

艾萨克. 牛顿(Isaac Newton)是英国伟大的数学家、物理学家、天文学家及自然哲学家，其研究领域包括了数学、物理学、天文学、自然哲学等. 在牛顿的全部科学贡献中，数学成就占据了突出的地位. 微积分的创立是牛顿最卓越的数学成就. 1701 年，牛顿提出了冷却定理：温度高于周围环境的物体向周围媒质传递热量逐渐冷却时所遵循的规律. 当物体表面与周围存在温度差时，单位时间从单位面积散失的热量与温度成正比，比例系数成为热传递系数. 冷却定理在自然科学领域得到了极大的应用.

一、提出问题

在某居民小区一住户内发生谋杀案后，尸体的温度从原来的 37 ℃开始下降，如果两个小时后尸体温度变为 35 ℃，并且假定周围空气的温度保持 20 ℃不变，试求出尸体温度 H 随时间 t 的变化规律. 若尸体发现时的温度是 30 ℃，时间是下午 3 点整，则谋杀是何时发生的?

二、分析问题

对于尸体温度下降除尸体因血液循环停止而自然下降因素以外，还受空气的流动、空气的温度变化等外界因素变化的影响. 本案例假设周围空气的温度保持在 20 ℃不变，即尸体的外部介质性质及温度相同为问题的解决提供了便利条件. 能否建立尸体温度下降与室内温差，成为解决本案例的关键所在.

本案例假设周围空气的温度保持在 20 ℃不变，与牛顿冷却定理在自然对流时只在温度差不太大时成立的条件一致，可以应用该定理解决尸体温度下降推断案杀发生时间问题.

三、构建模型

设尸体的温度为 $H(t)$（t 从谋杀后计），根据题意，尸体的冷却速度$\frac{dH}{dt}$与尸体温度 H 和空气温度 20 ℃之差成正比. 即：

$$\begin{cases}\frac{dH}{dt}=-k(H-20),k>0\\H(0)=37\end{cases}$$

上式为尸体温度在室内温度不变条件下的温度下降模型.

四、模型求解

使用 MATLAB 软件（这是典型的可分离变量微分方程，学习者也可自行求解），输入命令如下：

```
>> h=dsolve('DH+k*(H-20)=0','H(0)=37','t')
```

结果显示：

```
H =
20+17*exp(-k*t)
```

即可得该初值问题的解为：

$$H=20+17e^{-kt}$$

依据题意，两小时后尸体温度为 35 ℃，有

$$35=20+17e^{-2k}$$

使用 MATLAB 软件中输入：

```
>> k=double(solve('17*exp(-2*k)-15','k'))
```

结果显示：

```
k =
    0.0626
```

则有温度下降函数：

$$H=20+17e^{-0.0626t}$$

将 $H=30$ 代入上式，可得 $t\approx0.8476$

即可以判定谋杀发生在下午 3 点尸体被发现前的 8.5 小时，所以谋杀是在上午 6 点半发生的.

第六节　独家销售的广告问题

广告已然成为当今社会商品销售强有力的手段之一，一个成功的广告与销售量存在正向的相关关系. 但是当商品趋于饱和时，商品的销售速度会下降. 如何制定科学合理的广告营销策略对于企业的生存与发展具有重要的现实意义. 关于这样的模型很多，此处仅介绍独家销售的广告模型.

一、提出问题

某公司生产一款新型产品将投放市场,为了促销,就要产生广告费用.广告初期年投入广告费1.2万元,第一个月销售产品3000件,每件税后利润2元.在现有的广告策略进行到一年时,为加强产品的销售力度,公司计划增加广告投入,但为控制风险,公司年广告最大投入为6万元.经过调研分析,当市场月销售达到1000件时,市场将达到饱和.假设广告响应系数为1.5件/(元·月),在广告作用随时间的增加每月的自然衰退速度为0.2时,该公司如何制订广告营销策略.

二、分析问题

在本题中,所有的变量有:S_0(件/月)为初始销售速度;$S(t)$(件/月)为第t个月的销售速度;市场的饱和水平M(件),它是市场对这种商品的最大容纳能力,表示销售速度的上限;衰退因子λ,表明在不考虑广告作用时,销售速度具有自然衰减的性质,即产品销售速度随着时间的改变而减少,$\lambda>0$是常数;$A(t)$(件/台)为第t月的广告水平;q(元)表示每件产品的税后利润;σ(元)为最大允许广告费用;R为税后利润;S为最大销售速度.

根据问题的实际背景,需要解决:

(1) 当广告进行一年,平均每年的广告投放1.2万元时的销售速度,并求出销售速度最大的月份;

(2) 市场保持稳定销售,即每月销售量是常数时的广告费.

依据市场规律,可假设该产品的销售会因广告而增加,但增加是有限的,当市场上趋于饱和时,销售的速度将会下降,这时无论采用何种形式的广告都不能阻止销售速度的下降.

三、构建模型

当公司拥有一定的客户后,没有广告或当$S=M$时,$S(t)$的下降速度与$S(t)$成正比,有

$$\frac{\mathrm{d}S(t)}{\mathrm{d}t}=-\lambda S(t),t\geqslant 0\quad (*)$$

有广告宣传时,依据假设有

$$\frac{\mathrm{d}S}{\mathrm{d}t}=p[S(t)]A(t)\quad (**)$$

为方便起见,不妨设$p[S(t)]=a+bS(t)$.

由假设知,$\begin{cases}a+bM=0,\\ a+b\cdot 0=p\end{cases}$

解得$a=p,b=-\dfrac{p}{M}$.

有
$$p[S(t)]=p-\frac{p}{M}S(t)$$

由此有微分方程数学模型:

$$\frac{\mathrm{d}S}{\mathrm{d}t}=pA(t)\left[1-\frac{S(t)}{M}\right]-\lambda S(t)$$

其中p为响应系数,即$A(t)$为对$S(t)$的影响力,p为常数.没有广告宣传或市场达到饱和S

$=M$ 时，$p=0$，上式简化为（ * ）式.

四、模型求解

依据问题背景，选择如下广告策略

$$A(t)=\begin{cases}A,0<t<\tau\\0,t\geqslant\tau\end{cases}$$

若在$(0,\tau)$时间内，用于广告花费为 a，则 $A=\dfrac{a}{\tau}$，将其代入（ * * ）式有

$$\frac{\mathrm{d}S}{\mathrm{d}t}+\left(\lambda+\frac{p\cdot a}{M\cdot\tau}\right)S=p\,\frac{a}{\tau}$$

令 $\lambda+\dfrac{p.a}{M.\tau}=k$，$p\,\dfrac{a}{\tau}=h$，可改写为$\dfrac{\mathrm{d}S}{\mathrm{d}t}+kS=h$.

利用 MATLAB 程序求解，输入：

```
>> S=dsolve('DS=h-k*S','t')          %求微分方程通解
```

结果显示：

```
S =
h/k+exp(-k*t)*C1
```

即其通解为

$$S(t)=C\mathrm{e}^{-kt}+\frac{h}{k}$$

若令 $S(0)=S_0$，则

$$S(t)=\frac{h}{k}(1-\mathrm{e}^{-kt})+S_0\mathrm{e}^{-kt}$$

当 $t\geqslant\tau$ 时，其解为

$$S(t)=S(\tau)\mathrm{e}^{\lambda(\tau-t)}+\frac{h}{k}$$

故有

$$S(t)=\begin{cases}\dfrac{h}{k}(1-\mathrm{e}^{-kt})+S_0\mathrm{e}^{-kt},0<t<\tau\\[2ex]S(\tau)\mathrm{e}^{\lambda(\tau-t)}+\dfrac{h}{k},t\geqslant\tau\end{cases}$$

五、问题解答

(1) 当广告进行 1 年，平均每年的广告投放 1.2 万元时的销售速度，销售速度最大的月份是多少？

按题意，广告只进行一年，平均月投入广告费 1000 元，即

$$A(t)=\begin{cases}1000,0\leqslant t\leqslant 12\\0,t>12\end{cases}$$

有

$$\frac{\mathrm{d}S}{\mathrm{d}t}=\begin{cases}1500-0.35S(t),0\leqslant t\leqslant 12\\-0.25S(t),t>12\end{cases}$$

其中初始条件 $S(t)=S_0$，解得

$$S(t)=\begin{cases}\dfrac{3\times10^4}{7}+\left(S_0-\dfrac{3\times10^4}{7}\right)e^{-0.35t},0\leqslant t\leqslant12\\ e^{2.4}\left[\dfrac{3\times10^4}{7}+\left(S_0-\dfrac{3\times10^4}{7}\right)e^{-4.2}\right]e^{0.2t},t>12\end{cases}$$

对函数 $S(t)$ 的性质讨论，得到当 $S_0>\dfrac{3\times10^4}{7}$ 时，$S(t)$ 在 $(0,+\infty)$ 上为单调递减函数. 当 $S_0\leqslant\dfrac{3\times10^4}{7}$ 时，$S(t)$ 在 $(0,12)$ 上为单调递增函数，在 $(12,+\infty)$ 上为单调递减函数.
所以，若 $S_0>\dfrac{3\times10^4}{7}$，则 $\max(S(t))=S(0)=S_0$，即销售量最大的为销售的第一个月.

若 $S_0\leqslant\dfrac{3\times10^4}{7}$，则 $\max(S(t))=S(12)$，即销售量最大的为广告策略进行的第一年的第十二个月.

(2) 求市场保持稳定销售，即每月销售量是常数时的广告费.

若销售量为常数，即 $S(t)\equiv S_0$，即 $\dfrac{dS}{dt}=0$.

$$-\lambda S_0+p\left(1-\frac{S}{M}\right)A(t)=0$$

有 $A(t)=\dfrac{\lambda S_0}{p\left(1-\dfrac{S}{M}\right)}$

将 $M=10000,\lambda=0.2,P=1.5$ 代入有

$$A(t)=\frac{0.2S_0}{1.5\left(1-\dfrac{S_0}{10000}\right)}$$

总利润最大时的最佳广告费用为

$$\max(R[A(t)])=\int_0^t\{q[S(t)]-A(t)\}dt$$

$$\text{s. t.}\begin{cases}\dfrac{dS(t)}{dt}=-\lambda S_0+p\left(1-\dfrac{S}{M}\right)A(t)\\ 0\leqslant A(t)\leqslant\delta\end{cases}$$

将 $M=10000,\lambda=0.2,P=1.5,q=2,S_0=3000,\delta=5000$ 代入有

$$S(t)=\int_0^t A(t)dt\cdot\left\{p\int_0^t A(t)e^{\lambda t}e^{\frac{p}{M}}\left[\int_0^t A(t)d(v)dv\right]dt+S_0\right\}$$

由于 $A(t)$ 没有给出，下面给出 $A(t)$ 的不同假设：

(1) 设 $A(t)=a,0\leqslant t\leqslant T$，可解得

$$R(a)=q\int_0^t S(t)dt-aT$$

求 $\dfrac{dR(a)}{da}$，令 $\dfrac{dR(a)}{da}=0$，解得

$$A(t)=3830\text{ 元},S(t)=7418\text{ 件/月}$$

(2) 设 $A(t)=\begin{cases}a_1,0\leqslant t\leqslant T\\0,t>T\end{cases}$，同上解 $A(t)=3830$ 元，$S(t)=7418$ 件/月.

(3) 设 $A(t)=\begin{cases}a_1, 0\leqslant t\leqslant T\\ a_2, t>T\end{cases}$，仍得到 $A(t)=3830$ 元，$S(t)=7418$ 件/月.

第七节　通信卫星的覆盖面积问题

一、提出问题

地球同步轨道通信卫星的轨道位于地球的赤道平面内，可以近似认为是圆轨道，通信卫星运行的角速度与地球自转的角速度相同，若地球半径取为 $R=6400$ km，求卫星距地面的高度是多少，并计算通信卫星覆盖地球的面积.

二、问题分析与建模

问题(1)：设卫星距地面高度为 h，地球和通信卫星的质量分别为 M,m，万有引力系数为 G，卫星运行的角速度为 w. 那么，卫星所受万有引力可表示为 $G\frac{Mm}{(R+h)^2}$，卫星所受离心力可表示为 $mw^2(R+h)$，由牛顿第二定理可得：

$$G\frac{Mm}{(R+h)^2}=mw^2(R+h)$$

从上式中可求解出，

$$(R+h)^3=\frac{GM}{w^2}.$$

另外，由 $(R+h)^3=\frac{GM}{w^2}$，可得高度模型：

$$(R+h)^3=\frac{gR^2}{w^2}.$$

代入相应数值，解方程可求出 h 的值.

问题(2)：如图 8-8 所示，计算通信卫星覆盖地球面积实际上就是求曲面面积，可以利用二重积分来求解. 上半个球面的方程为 $z=\sqrt{R^2-x^2-y^2}$，所求覆盖面积模型为：

$$S=\iint\limits_D\sqrt{1+z_x^2+z_y^2}\,\mathrm{d}x\mathrm{d}y,$$

积分区域 D 为平面区域：$x^2+y^2\leqslant R^2\sin^2\beta$，

而且 $\cos\beta=\sin\alpha=\frac{R}{R+h}$.

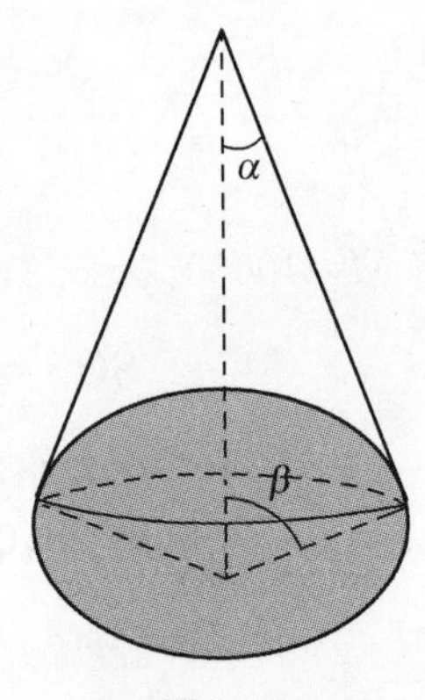

图 8-8

三、模型求解

问题(1)求解：在 MATLAB 命令窗口中键入以下命令：

```
>> syms h f
>> g=9.8;R=6400000;
>> w=2*pi/(24*3600);
```

```
>> f=(R+h)∧3-g*R∧2/w∧2
>> h=double(solve(f,h))          %solve 求方程的根,double 求结果的精确值
```

按 ENTER,结果显示:

```
h=
  1.0e+007 *
   3.5940
  -2.7570 + 3.6668i
  -2.7570 - 3.6668i
```

显然,结果为 $h=3.594\times10^7$ m.

问题(2)求解:在 MATLAB 命令窗口中键入以下命令:

```
>> clear
>> syms x y z r t R h
>> ds=sqrt(1+diff(z,x)∧2+diff(z,y)∧2);
>> x=r*cos(t);                    %转换成极坐标进行计算
>> y=r*sin(t);
>> f=subs(ds)
>> r1=0;
>> r2=R*sqrt(1-(R/(R+h))∧2);
>> f1=int(f*r,r,r1,r2);           %在极坐标系下计算积分
>> f2=int(f1,t,0,2*pi);
>> R=6400000;h=35940000;
>> S=subs(f2)
```

结果显示:

```
S =
  2.1846e+014
>> rate=s/(4*pi*R∧2)             %计算卫星覆盖面积占地球表面积的比率
```

结果显示:

```
rate =
   0.4244
```

由计算结果可看出,通讯卫星覆盖地球的面积 $S=2.1846\times10^{14}\ \mathrm{m}^2$,覆盖了地球三分之一以上的面积,若使用 3 颗相隔$\frac{2\pi}{3}$的通信卫星可以覆盖整个地球表面.

习　题

1. 某酒厂有一批新酿的酒，若现在出售，可得总收入 $R_0=50$ 万元，若窖藏起来待来日(第 n 年)按陈酒价格出售，第 n 年末可得总收入为 $R=R_0e^{\frac{\sqrt{n}}{6}}$ (单位：万元)，而银行年利率为 $r=0.05$. 试分析这批酒窖藏多少年后出售，可使得总收入最大？

2. 一个体积为 V，表面积为 S 的雪堆，其融化的速率为 $v=-kS$(其中 $k>0$ 为常数)，设融雪期间雪堆的外形保持其抛物面形状，即在任何时刻其外形曲面方程总为 $Z=\frac{x^2}{4}+\frac{y^2}{9}$，试建立模型：

(1) 证明雪堆融化期间，其高度的变化率为常数；

(2) 已知经过 24 小时融化了其初始体积 V 的一半，试问余下一半体积的雪堆需要再经多长时间才能全部融化完？

3. 日常生活中，我们会发现很多易拉罐的形状和尺寸集合都一样. 看来，这并非偶然，而应该是某种意义下的最优设计. 当然，单个易拉罐的生产，对资源充分利用、节约生产成本并不明显，但如果生产的数量非常多，则节约的钱就很可观了. 试从数学角度给予合理的解释：(1) 易拉罐的圆柱底面直径与圆柱的高之比是多少才是最优设计？

(2) 与现实中的实际情况有什么差异？为什么？

4. 如图 8－9 所示，某油田计划在铁路线一侧建造两家炼油厂，同时在铁路线上增建一个车站，用来运送成品油. 根据两家炼油厂到铁路线的距离、炼油厂的地理环境等建立管线建设费用最省的一般数学模型与方法.

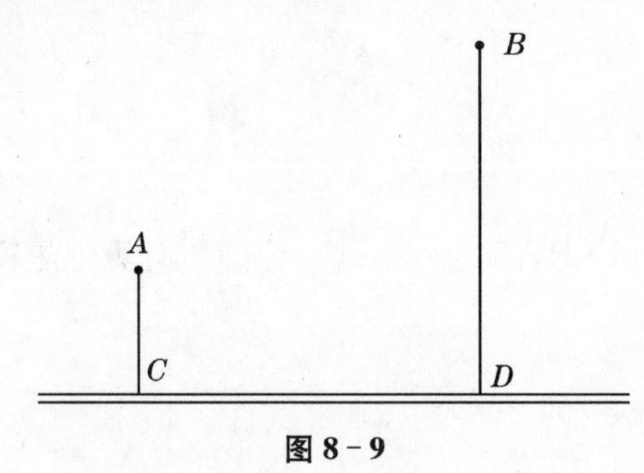

图 8－9

第九章　LINDO在线性规划中的应用

LINDO是一种专门用于求解数学规划问题的软件,由于LINDO执行速度快,易于输入、求解和分析数学规划问题,因此在教育、科研和工农业生产中得到了广泛的应用.LINDO主要用于求解线性规划、非线性规划、二次规划和整数规划等问题,LINDO适用于培养学生面对较复杂的实际问题,构造线性规划和整数规划模型求解这些问题的能力,本章只介绍有关线性规划、整数规划及0—1规划的基本内容.

第一节　LINDO简介

一、LINDO简介

LINDO是Linear INteractive and Discrete Optimizer的缩写,是一种专门用于求解数学规划问题的软件包,其版权由美国LINDO系统公司(Lindo System Inc)所拥有.LINDO软件包的特点是采用交互式操作,程序执行速度快,命令简单明了,容易掌握,主要用于求解线性规划(LP—Linear Programming)、整数规划(IP—Integer Programming)、二次规划(QP—Quadratic Programming)等问题.有关该软件的发行版本、价格和其他最新信息可以登录该公司的网站http://www.lindo.com获取,该网站还提供LINDO和其他一些软件的演示版本或测试版本.学生版、演示版及发行版的主要区别在于对优化问题的规模(变量和约束个数)有不同的限制.LINDO 6.1的演示版就可处理规模不超过300个变量150个约束的线性规划问题,也可以处理最多不超过50个变量的整数规划问题.

二、LINDO界面

1. LINDO界面中的六个主菜单

进入LINDO后,如图9-1所示,程序在屏幕的下方打开一个编辑窗口,其默认标题是"untitled",就是无标题的意思.屏幕的最上方有【File】、【Edit】、【Solve】、【Reports】、【Window】、【Help】六个主菜单,除【Solve】和【Reports】菜单外,其他功能与一般Windows菜单大致相同.而【Solve】和【Reports】菜单的功能很丰富,这里只对其最简单常用的一些命令作以简单的解释.

(1)【Solve】菜单

【Solve】子菜单,用于求解在当前编辑窗口中的模型,该命令也可以不通过菜单而改用快捷键Ctrl+S或用快捷按钮来执行.

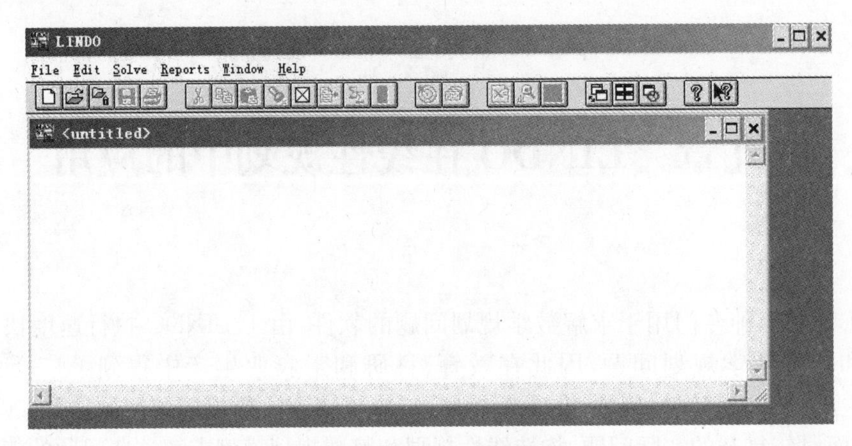

图 9-1 LINDO 初始界面

【Compile Model】子菜单,用于编译在当前编辑窗口中的模型,该命令也可以改用快捷键 Ctrl+E 或用快捷按钮来执行. LINDO 求解一个模型时,总是要将其编译成 LINDO 所能处理的程序而进行,这一般由 LINDO 自动进行,但有时用户需要先将模型编译一下查对是否有错,则用到此命令.

【Debug】子菜单,如果当前模型有无界解或无可行解时,该命令可用来调试当前编辑窗口中的模型. 该命令也可以改用快捷键 Ctrl+D 来执行.

【Pivot】子菜单,对当前编辑窗口中的模型执行单纯形法的一次迭代,该命令也可以改用快捷键 Ctrl+N 来执行. 利用该命令,可以对模型一步步求解,以便观察中间的过程.

【Preemptive Goal】子菜单,用来处理具有不同优先权的多个目标函数的线性规划或整数规划问题,该命令也可以改用快捷键 Ctrl+G 来执行. 利用该命令,可以求解目标规划.

(2)【Reports】菜单

【Solution】子菜单,在报告窗口中建立一个关于当前编辑窗口中的模型的解的报告,该命令也可以改用快捷键 Ctrl+0 或快捷按钮来执行. LINDO 在求解一个模型时默认状态下是产生其解的报告的,但如果用户事先在【Edit】菜单下【Option】子菜单中将输出改为简洁方式(Terse mode),则系统就会将解的报告省略. 此时,要输出解的报告就用到【Solution】子菜单.

【Tableau】子菜单,在输出窗口中显示模型的当前单纯形表,该命令也可以改用快捷键 Alt+7 来执行. 该命令与【Pivot】命令结合使用,可得到单纯形法求解线性规划的详细过程.

其他子菜单的用途较为复杂,不再介绍.

2. LINDO 工具栏及其对应的菜单命令和快捷键

在菜单的下方,是一排快捷按钮,分别对应一些常用的操作,如图 9-2 所示:

图 9-2

第二节　线性规划问题

一、举例说明 LINDO 的基本用法

下面通过一个简单的例子，说明如何编写、运行一个 LINDO 程序的完整过程.

例 1　求解如下的简单的线性规划(LP)问题：

$$\max z=2x_1+3x_2 \tag{1}$$

$$\text{s. t. } 4x_1+3x_2\leqslant 10, \tag{2}$$

$$3x_1+5x_2\leqslant 12, \tag{3}$$

$$x_1, x_2\geqslant 0. \tag{4}$$

1. 模型输入

打开 LINDO 系统，则它的一个空白的编辑窗口已经打开，其标题为“Untitled”，我们要在这个窗口中输入模型. 若没有找到该窗口，或者需要新开一个编辑窗口，则可以通过【File】菜单下的子菜单【New】或快捷键 F2 或快捷按钮 来创建一个空白的编辑窗口. 在空白的模型编辑窗口按以下方式输入这个 LP 模型，如图 9-3 所示：

这里，第一行是目标函数，根据具体问题的要求可以是 MAX 或 MIN，表示目标最大化或最小化问题，后面直接写出目标函数表达式；第二行的“ST”表示以下是约束条件，“ST”也可写成“SUBJECT TO”或“S. T. ”等；接下来的三行是约束条件，最后一行的“END”通知

图 9 - 3

LINDO 模型结束,“END”也可以省略.

模型输入有以下特点:

(1) 目标函数必须放在模型的开始,以“max”开头,只需输入目标函数(变量及其系数),而不要“z=...”,以“end”结尾;

(2) LINDO 输入格式与数学模型(1)～(4)的表达式几乎完全一样,变量的系数放在变量之前,与变量之间可以有空格,但不能有算符,如“ * ”、“/”等;

(3) 约束可以命名,也可以省略,省略时 LINDO 将会按照输入行的顺序自动生成用数字表示的行名,如例 1 中省略行名时,系统对约束默认的行名分为“2)”和“3)”,并对目标函数所在行自动生成行名“1)”;

(4) 系统默认变量为非负的,因此非负的变量无需再加标识;

(5) 约束条件中的“⩽”和“⩾”分别用“＜”和“＞”代替;

此外,LINDO 允许在输入的模型中插入注释. 在用户需要插入注释的位置,先插入一个“!”,LINDO 将把该行“!”右侧的所有字符当作注释,不参与模型的建立,主要目的是增强程序的可读性. 在 LINDO 中我们还可以为约束条件命名,约束名要放在相应约束的左侧,名字结束后以右括号“)”标识,如图 9 - 4 所示:

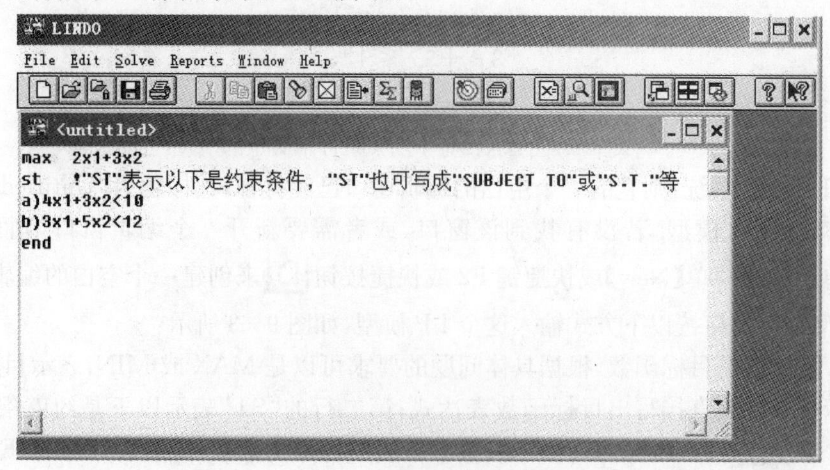

图 9 - 4

2. 模型求解

在输入完成之后，就可以利用【Solve】菜单下的【Solve】子菜单或快捷键 Ctrl＋S 或快捷按钮，则 LINDO 开始编译这个模型，编译没有错误马上开始求解，求解时会显示如图 9－5所示的 LINDO 求解器运行状态窗口(LINDO Solver Status)，其中显示的相应信息的含义见表 9－1 LINDO 求解线性规划的过程默认采用单纯形法，一般是首先寻求一个可行解，在有可行解情况下再寻求最优解. 用 LINDO 求解一个线性规划模型会得到以下几种结果：不可行或可行；可行时又可分为：有最优解和解无界两种情况. 因此图 9－5 中当前状态(Status)除 Optimal(最优解)外，其他可能的显示还有三个：Feasible(可行解)，Infeasible(不可行)，Unbounded(最优值无界).

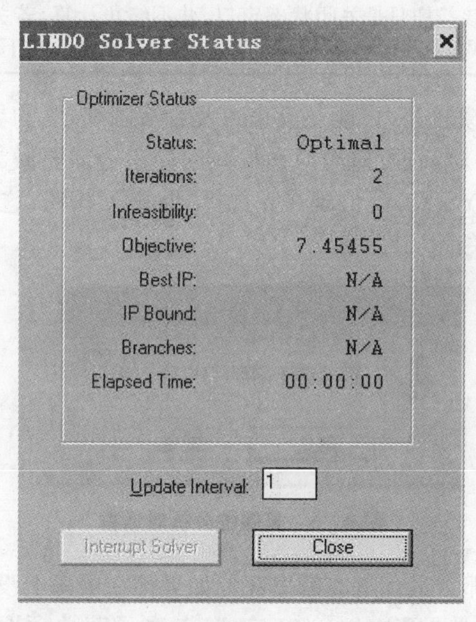

图 9－5

表 9－1 LINDO 求解器运行状态窗口显示的相应信息及含义

名 称	含 义
Status(当前状态)	显示当前求解状态：Optimal(最优解)，其他可能的显示还有三个：Feasible(可行解)，Infeasible(不可行)，Unbounded(最优值无界).
Iterations(迭代次数)	显示迭代次数："2"表示经过了 2 次迭代
Infeasibility(不可行性)	约束不满足的量(即各个约束条件不满足的"数量"的和；特别注意不是"不满足的约束个数")："0"表示这个解是可行的
Objective(当前的目标值)	显示目标函数当前的值：7.45455
Best IP(整数规划当前的最佳目标值)	显示整数规划当前的最佳目标值："N/A"(No Answer 或 Not Applicable)表示无答案或无意义，因为这个模型中没有整数变量，不是整数规划
IP Bound(整数规划的界)	显示整数规划的界(对最大化问题显示上界；对最小化问题显示下界)："N/A"含义同上

（续表）

名 称	含 义
Branches（分支数）	显示分支定界算法已经计算的分支数："N/A"含义同上
Elapsed Time（所用时间）	显示计算所用时间（单位：s）："0.00"说明计算太快，用时不到0.005s
Update Interval（刷新本界面的时间间隔）	显示和控制刷新本界面的时间间隔："1"表示1s，可以直接在界面上修改这个时间间隔
Interrupt Solver（中断求解程序）	当模型规模比较大时（尤其对整数规划），可能求解时间会很长，如果不想再等待下去，可以在程序运行过程中用鼠标单击该按钮终止计算，求解结束后这个按钮变成灰色，再单击就不起作用了
Close（关闭）	该按钮只是关闭状态窗口，并不终止计算，若关闭了状态窗口，可以选择Window|Open Status Window菜单命令再次打开这个窗口

由于这个LP模型规模较小，可能还没来得及看清图9-5的界面，LINDO就解出了最优解，并弹出如图9-6的对话框. 这个对话框询问你是否需要做灵敏性分析（DO RANGE (SENSITIVITY) ANALYSIS?）我们现在先选择"否(N)"按钮，这个窗口就会关闭. 然后再把图9-5的状态窗口也关闭.

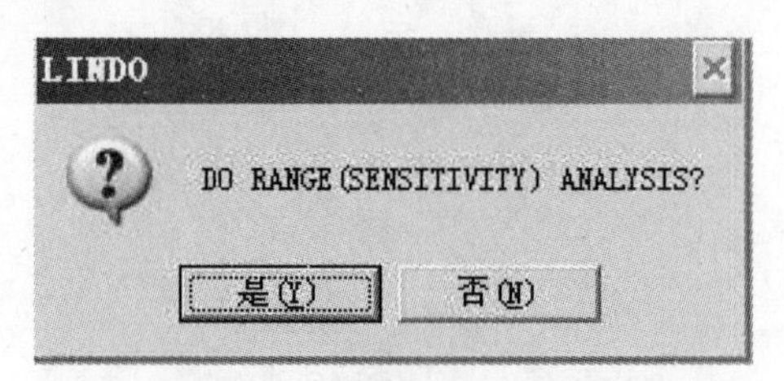

图9-6 灵敏性分析对话框

这个模型就解完了，那么最优解在哪里呢? 如果你在屏幕上没有看到求解的结果，可以用鼠标选择LINDO主菜单"Windows（窗口）"，点选子菜单项"Reports window（报告窗口）". 这就是最终结果的报告窗口，如图9-7所示：

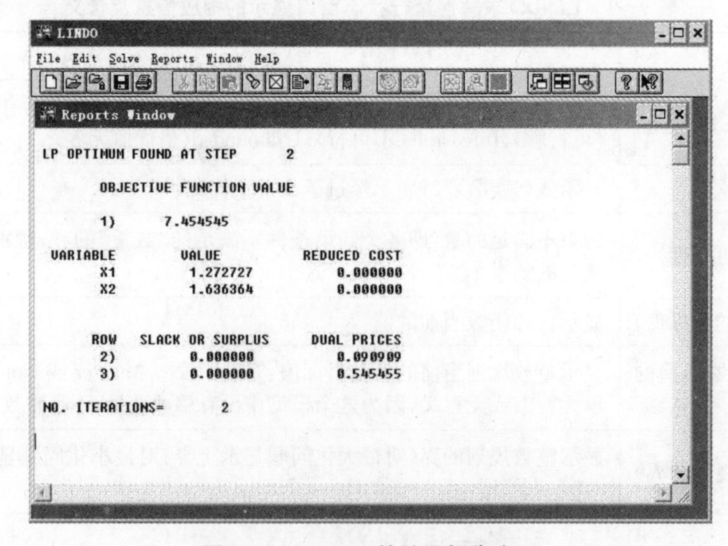

图9-7 LINDO的结果报告窗口

“LP OPTIMUM FOUND AT STEP 2”:表示单纯形法在两次迭代后得到最优解;

“OBJECTIVE FUNCTION VALUE

1) 7.454545”:表示最优目标值为7.454545(在LINDO中目标函数所在的行总是被认为是第一行,这就是这里“1)”的含义);

“VARIABLE”:表示变量,本例中两个变量x1,x2;

“VALUE”:表示最优解中各变量的值,x1=1.272727,x2=1.636364;

“REDUCED COST”:最优的单纯形表中目标函数行(第1行)中变量对应的系数(即各个变量的检验数,也称判别数),其中基变量的REDUCED COST值一定为0;对非基变量(非基变量本身取值一定为0),相应的REDUCED COST值表示当该非基变量增加一个单位(其他非基变量保持不变)时目标函数减少的量(对max型问题),本例最优解中两个变量都是基变量,所以对应的REDUCED COST的值均为0;

“SLACK OR SURPLUS(松弛或剩余)”:给出约束对应的松弛变量的值,第2、3行松弛变量均为0,说明对最优解来说,两个约束(第2、3行)均取等号,即都是紧约束;

“DUAL PRICES”:给出对偶价格的值,第2、3行对偶价格分别为0.090909,0.545455;

“NO. ITERATIONS=2”:表示用单纯形法进行了两次迭代.

3. 模型的保存和退出

我们可以用鼠标单击工具栏中的图标或选择File|Sabe(F5)命令把这个结果保存在一个文件中(默认的后缀名为.ltx,即LINDO文本文件),以便以后调出查看.类似地,我们可以回到前面的模型窗口9-3,把我们输入的模型也保存在一个文件中(如保存在文件“model2012.ltx”中,此时模型窗口中的标题“untitle”将变成文件名model2012.ltx),保存的文件可以通过File|Open(F3)和File|View(F4)重新打开,用前者打开的程序可以进行修改,而后者只能浏览.

若不想继续使用LINDO,可以选择File|Exit(Shift+F6)命令退出LINDO.

4. 输入、求解LP问题的步骤

现归纳一下上面介绍的输入、求解线性规划模型的一般步骤如下:

(1) 在模型窗口输入一个线性规划模型,模型以“max”或“min”开始,按线性规划问题的自然形式输入(如例1所示),若要结束一个模型的输入,只需输入“end”(也可省略);

(2) 求解模型,如果LINDO报告有编译错误,则回到上一步修改模型;

(3) 查看结果,存储结果和模型.

二、注意事项

在例1中,LINDO软件对模型的输入格式的要求与线性规划问题的自然形式(数学形式)非常类似,几乎没有什么差别,因此不需要专门学习就可以掌握.但是LINDO软件对模型的输入格式还有一些特殊规定,下面简单解释下使用LINDO软件建立线性规划模型的一些特殊的注意事项:

(1) LINDO中的变量名由字母和数字组成,必须以字母开头,且变量名的长度不能超过8个字符(只能是英文字符,不能含有中文字符);

(2) LINDO中不区分字母的大小写,包括LINDO中本身的关键字(如MAX,MIN,ST等)也不区分;

(3) LINDO中对优化模型的目标和约束用行名进行标识，这些标识会在求解结果报告中用到，没有指定行名时，系统将自动产生行名，将目标函数所在行作为第1行，从第2行起作为约束条件，也可以认为定义行名，行名总是以“)”结束，放在相应的约束之前；行名可以和变量名一样命名，也可以用数字命名，行名中甚至可以含有中文字符，但长度同样不能超过8个字符，为了方便阅读求解结果报告，建议大家对每个约束进行命名；

(4) 在LLINDO模型的任何地方都可以用“title”语句对输入的模型命名，用法是在title后面写出其名字(最多72个字符，可以有汉字)，在程序中独占一行；

如下例：

title Example Model for Chapter9　！将模型命名为“Example Model for Chapter 9”

title 第9章的一个例子　！将模型命名为“第9章的一个例子”

实际上这类似于对模型的注释和说明，对模型命名还有另一个作用，是为了方便阅读求解结果报告，因为可能同时处理多个模型，很容易使模型与其对应的求解结果对不上号，这时如果对不同模型分别进行命名，就可以随时使用菜单命令“File|Title”将当前模型的名字显示在求解结果报告窗口中，这样就比较容易判别每个求解结果与每个模型的对应关系.

(5) LINDO模型中以“!”开头的是注释行，可以帮助他人或自己理解这个模型，实际上，每行中“!”符号后面的都是注释或说明；

例如：

！This is a comment.

3x1＋5x2＜12　！这是一个约束条件

第一行完全是一个注释语句，第二行则是后半部分为注释语句. 可以看出，注释语句也可以有汉字，但是领头的感叹号“!”必须是英文字符，否则会出现错误.

综上，行名、“title”语句和注释语句，是LLINDO中唯一可以使用汉字字符的地方.

(6) LINDO中变量不能出现在一个约束条件的右侧，即约束条件的右侧只能是常数；变量与其系数间可以有空格甚至空行，但不能有任何运算符号(如“*”、“/”等)；

(7) LINDO中也不能使用“()”来进行优先级运算，不能使用符号如“,”等任何符号(除非是在注释语句中)；

如2(x1＋x2)需写成2x1＋2x2，2,000需写成2000.

(8) LINDO中表达式应当已经经过化简；

如在LINDO中不能出现2x1＋3x2－4x1的形式，而应写为－2x1＋3x2.

(9) LINDO中已假定所有变量非负，可在模型的“end”语句后用命令“free”(设定自由变量)取消变量的非负假定，其用法是“free”后面跟变量名；

如：在“end”语句后输入下面命令，可将变量x1的非负假定取消：

free x1

(10) 可以在模型的“end”语句后面用命令“sub”(即设置上界(set upper bound)的英文缩写)设定变量的上界；用命令“slb”(即设置下界(set lower bound)的英文缩写)设定变量的下界，其用法是：“sub vname value”将变量vname的上限设定为value，“slb”的用法类似；例如：

sub x1 10　！作用等价于“x1＜＝10”

slb x2 20　！作用等价于“x2>＝20”

由于“sub”和“slb”表示的上下界约束不计入模型的约束，因此 LINDO 也不能给出其松紧判断和敏感性分析.

(11) 数值均衡化及其他考虑：若约束系数矩阵中给非零元的绝对值的数量级别相差很大，则称其为数值不均衡，为了避免不均衡引起的计算问题，应尽可能对矩阵的行列进行均衡化，此时还有一个原则，即系数中非零元的绝对值不能大于 100000 或小于 0.0001. LINDO 不能对 LP 中的系数自动进行数值均衡化，但若 LINDO 觉得矩阵元素之间很不平衡，将会给出警告信息提示；

(12) 简单错误的检查和避免

当你将一个线性规划问题的数学表达式输入到 LINDO 中时，有可能式子中会有某些错误，这类错误虽可能只是输入错误造成的，但当问题规模较大时，要搜索它们也是比较困难的，在 LINDO 中有一些可帮助寻找错误的功能，其中之一就是菜单命令“Report|Picture (Alt+5)”，它的功能是可以将目标函数和约束表达式中的非零系数通过列表(或图形)显示出来.

例 2　对图 9-8 中的输入，用 Rrport|Picture 命令，将弹出一个对话框(图 9-9)，在弹出的对话框中采用默认选项(即不采用下三角矩阵形式，而以图形方式显示)，直接按“OK”按钮可得到图 9-10 的输出，可以从图 9-10 很直观地发现，在图 9-8 中，5)行的表达式中 cO 与 c0 弄混了(英文字母 O 与数字 0 弄混了). 在图 9-10 中，还可以通过鼠标控制显示图形的缩放，这对于规模较大的模型是有用的.

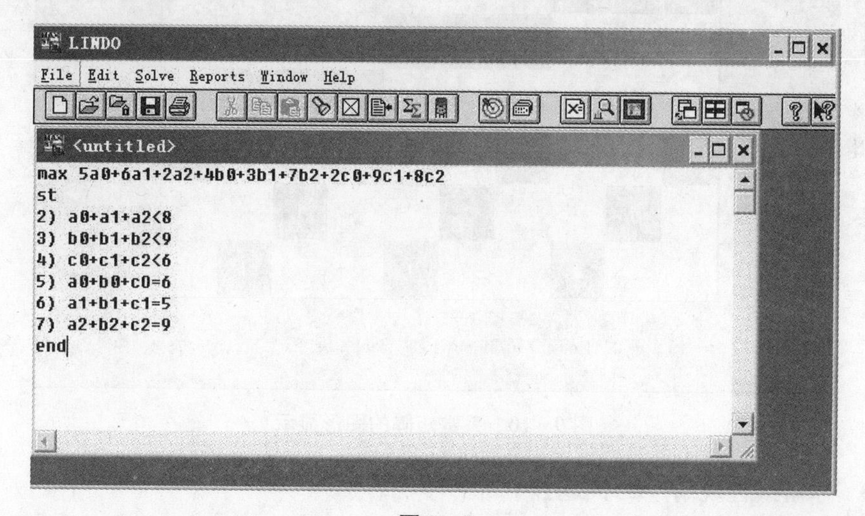

图 9-8

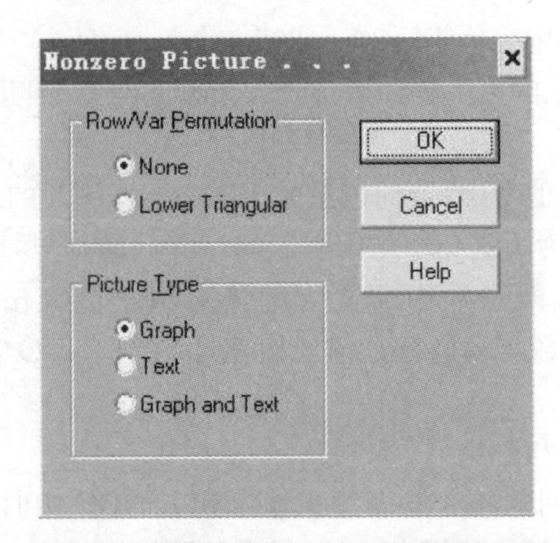

图 9-9 系数矩阵显示方式的控制对话框

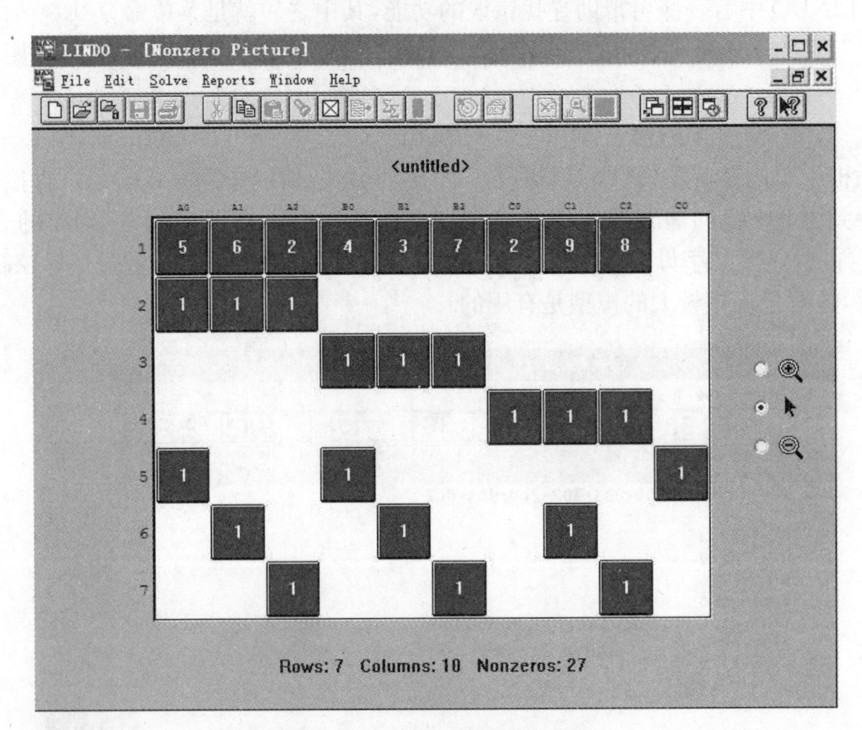

图 9-10 系数矩阵的图形显示

例 3 求解线性规划(LP)问题:

$$\max\ 2x_1-3x_2+4x_3; \tag{5}$$

$$\text{s.t.}\ 4x_1+3x_2+2x_3\leqslant 10, \tag{6}$$

$$-3x_1+5x_2-x_3\leqslant 12, \tag{7}$$

$$x_1+x_2+5x_3\geqslant 8, \tag{8}$$

$$-5x_1-x_2-x_3\geqslant 2, \tag{9}$$

$$0\leqslant x_2\leqslant 20, x_3\geqslant 30. \tag{10}$$

解 这个模型中对变量 x_1 没有非负限制,对 x_2 有上界限制,对 x_3 有下界限制,用 free、sub、slb 三个命令可以实现这些功能,具体输入如图 9-11 所示:

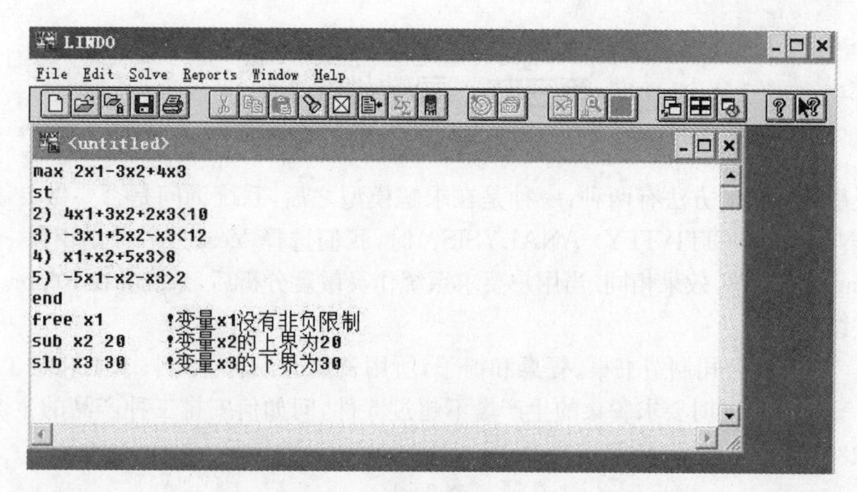

图 9-11

求解结果如图 9-12 所示,即最大值为 122,最优解为 $x_1=-17, x_2=0, x_3=39$,可以看出 x_2 的上界 20 在最优解中并没有达到,x_3 的下界 30 也没有达到,因此模型中去掉"sub x2 20"和"slb x3 30"两个语句,得到的结果应是不一样的,但由于最优解中 x_1 的取值为负值,所以"free x1"这个语句是不可缺少的. 读者不妨试一下,去掉这个语句后效果如何? 这时会发现模型没有可行解.

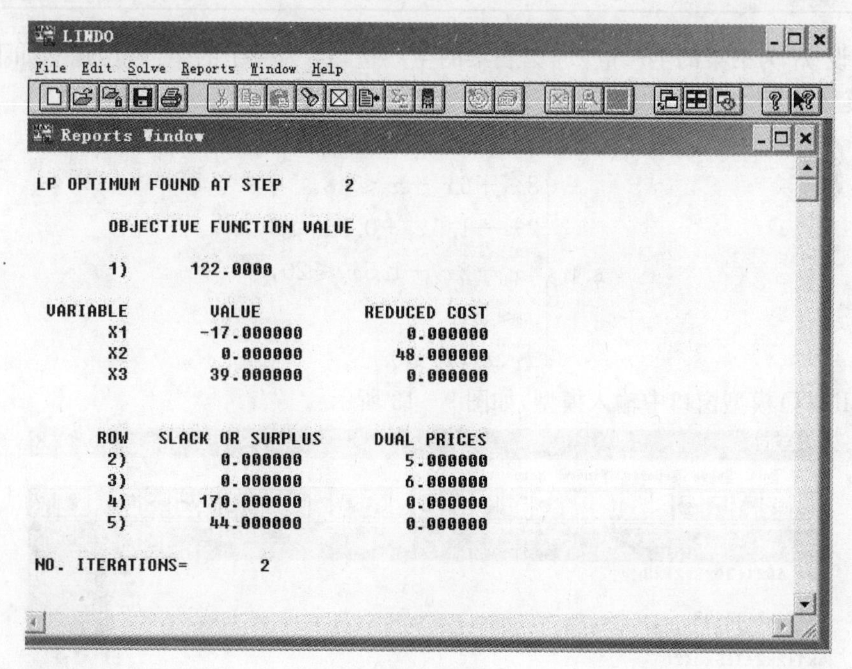

图 9-12

第三节　灵敏性分析

作灵敏性分析的方法有两种：一种是在求解模型之后，系统询问是否要做灵敏度分析(DO RANGE(SENCITIVITY) ANALYSIS?)时，我们选择 Yes；另一种是用【Reports】菜单的【Range】子菜单，效果相同. 当用户要求系统作灵敏度分析后，系统会在 Reports 窗口中输出有关结果.

例 1　某家具公司制造书桌、餐桌和椅子，所用资源有三种：木料、木工和漆工，生产数据如表 9－2 所示，同时要求餐桌的生产量不超过 5 件，问如何安排三种产品的生产可使得利润最大？

表 9－2

资源 \ 家具	每个书桌	每个餐桌	每个椅子	现有资源总数
木　料	8 单位	6 单位	1 单位	48 单位
木　工	2 单位	1.5 单位	0.5 单位	8 单位
漆　工	4 单位	2 单位	1.5 单位	20 单位
成品单价	60 单位	30 单位	20 单位	

解　设 x_1 为书桌的生产量，x_2 为餐桌的生产量，x_3 为椅子的生产量，建立如下线性规划(LP)模型：

$$\max z=60x_1+30x_2+20x_3$$

$$\text{s. t.}\begin{cases}8x_1+6x_2+x_3\leqslant 48,\\ 2x_1+1.5x_2+0.5x_3\leqslant 8,\\ 4x_1+2x_2+1.5x_3\leqslant 20,\\ x_2\leqslant 5,\\ x_1,x_2,x_3\geqslant 0.\end{cases}$$

在 LINDO 模型窗口中输入模型，如图 9－13 所示：

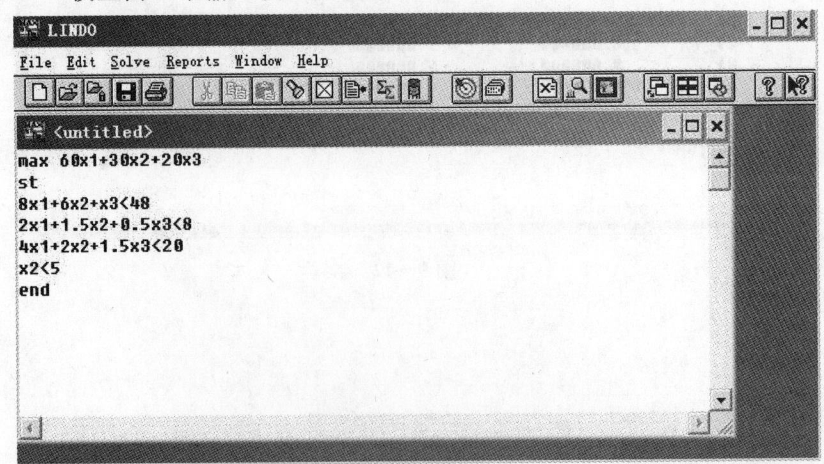

图 9－13

求解模型，并对图 9－14 的对话框选择“是(Y)”按钮，表示需要作灵敏性分析.

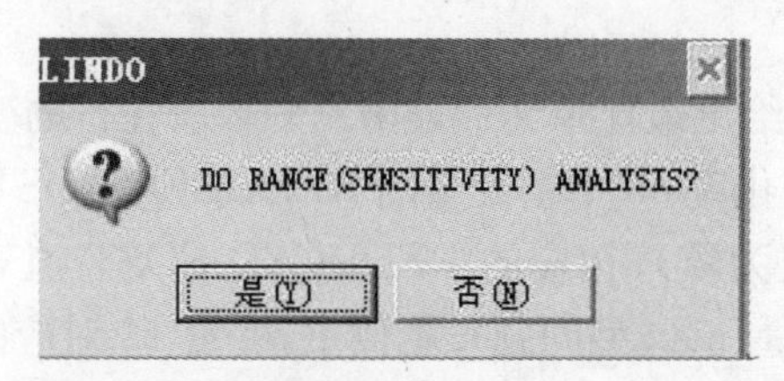

图 9－14

查看报告窗口(Reports Window)，可以看到结果如图 9－15 所示：

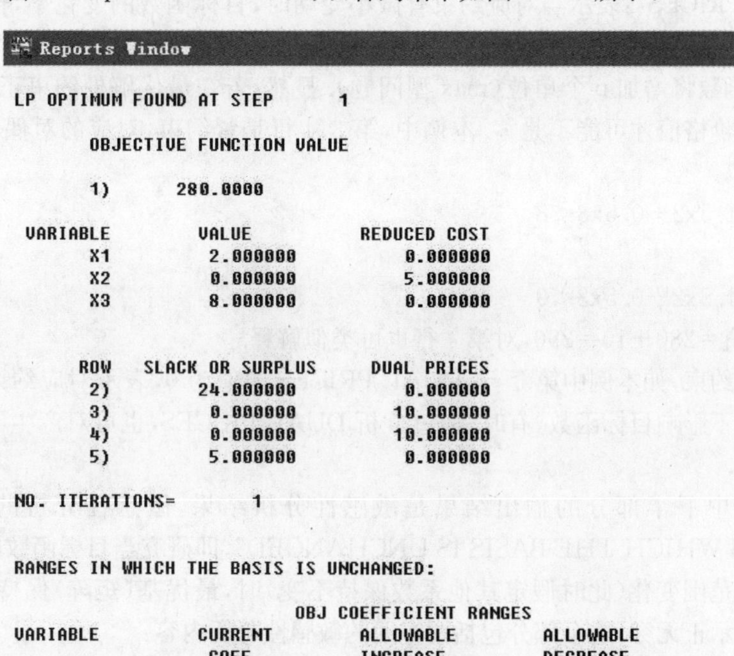

```
Reports Window

LP OPTIMUM FOUND AT STEP      1

        OBJECTIVE FUNCTION VALUE

        1)      280.0000

  VARIABLE        VALUE          REDUCED COST
        X1        2.000000          0.000000
        X2        0.000000          5.000000
        X3        8.000000          0.000000

       ROW   SLACK OR SURPLUS     DUAL PRICES
        2)       24.000000          0.000000
        3)        0.000000         10.000000
        4)        0.000000         10.000000
        5)        5.000000          0.000000

NO. ITERATIONS=       1

RANGES IN WHICH THE BASIS IS UNCHANGED:

                           OBJ COEFFICIENT RANGES
VARIABLE         CURRENT        ALLOWABLE         ALLOWABLE
                  COEF          INCREASE          DECREASE
      X1       60.000000        20.000000          4.000000
      X2       30.000000         5.000000          INFINITY
      X3       20.000000         2.500000          5.000000

                           RIGHTHAND SIDE RANGES
     ROW         CURRENT        ALLOWABLE         ALLOWABLE
                   RHS          INCREASE          DECREASE
       2       48.000000         INFINITY         24.000000
       3        8.000000         2.000000          1.333333
       4       20.000000         4.000000          4.000000
       5        5.000000         INFINITY          5.000000
```

图 9－15　输出结果报告

图 9－15 中的上半部分的输出结果的解释与本章第二节例 1 的结果(图 9－7)类似.

“OBJECTIVE FUNCTION VALUE　1) 280.0000”：表示最优目标值为 280；

“VALUE”：给出最优解中各变量的值，生产书桌 2 个，餐桌 0 个，椅子 8 个，所以 x1、x3 是基变量(取值非零)，x2 是非基变量(取值为零)；

“SLACK OR SURPLUS”(给出松弛变量的值)：

第 2 行松弛变量为 24；

第 3 行松弛变量为 0；

第 4 行松弛变量为 0；

第 5 行松弛变量为 5.

“REDUCED COST”：给出最优单纯形表中判别数所在行的变量的系数，表示当变量有微小变动时，目标函数的变化率，其中基变量的 REDUCED COST 值为零，对于非基变量 x_i（非基变量本身的取值一定为零），相应的 REDUCED COST 值表示当某个变量 x_i 增加 1 个单位时目标函数减少的量（max 型问题）. 本例中，变量 x2 对应的 REDUCED COST 值为 5，表示当非基变量 x2 的值从 0 变为 1 时（此时假定其他非基变量保持不变，但为了满足约束条件，基变量显然会发生变化），最优的目标函数值为 280－5＝275.

“DUAL PRICES”：表示当对应约束有微小变动时，目标函数的变化率，输出结果中对应于每一个约束都有一个对偶价格，若其数值为 p，表示对应约束中不等式右端项若增加 1 个单位，目标函数将增加 p 个单位（max 型问题）. 显然，若在最优解处约束正好取等号（即紧约束），对偶价格值才可能不是零. 本例中，第 3、4 行是紧约束，对应的对偶价格值为 10，当紧约束：

3) 2x1＋1.5x2＋0.5x3＜8

变为：

3) 2x1＋1.5x2＋0.5x3＜9

时，目标函数值＝280＋10＝290，对第 4 行也可类似解释.

对于非紧约束，如本例中第 5 行，DUAL PRICES 的值为 0，表示对应约束不等式右端项的微小变动不影响目标函数，有时，通过分析 DUAL PRICES，也可对产生不可行问题的原因有所了解.

图 9－15 中下半部分的输出结果是敏感性分析结果，敏感性分析的作用是给出“RANGES IN WHICH THE BASIS IS UNCHANGED”，即研究当目标函数的系数和约束右端项在什么范围变化（此时假定其他系数保持不变）时，最优基（矩阵）保持不变，报告中 INFINITY 表示正无穷. 这个部分包括两方面的敏感性分析内容：

(1) OBJ COEFFICIENT RANGES（目标函数中系数变化的范围）

如本例中，目标函数中变量 x1 当前的系数（CURRENT COEF）＝60，允许增加（ALLOWABLE INCREASE）＝20，允许减少（ALLOWABLE DECREASE）＝4，说明当这个系数在［60－4，60＋20］＝［56，80］范围变化时，最优基保持不变. 对变量 x2、x3，可以类似解释，由于此时约束没有变化（只是目标函数中某个系数发生变化），所以最优基保持不变的意思也就是最优解不变（当然由于目标函数中系数发生了变化，所以最优值相应会变化）.

(2) RIGHTHAND SIDE RANGES（约束右端项变化范围）

如本例中，第 2 行约束中当前右端项（CURRENT RHS）＝48，允许增加（ALLOWABLE INCREASE）＝INFINITY（无穷），允许减少（ALLOWABLE DECREASE）＝24，说明当它在［49－24，48＋∞］＝［24，＋∞）范围变化时，最优基保持不变，第 3、4、5 行可以类似解释. 但是此时约束发生变化，最优基即使不变，最优解、最优值也会发生变化.

最后，如果你对单纯形法比较熟悉，你可以直接查看最优解时的单纯形表，只要选择菜单命令 Reports|Tableau（Alt＋7）执行即可，输出结果如图 9－16 所示，基变量为 BV＝{SLK2、x1、x3、SLK 5}，ART 是人工变量（artificial variable），即相应的目标值 z，这样可知

z=5x2+10 SLK3+ 10SLK4=280.

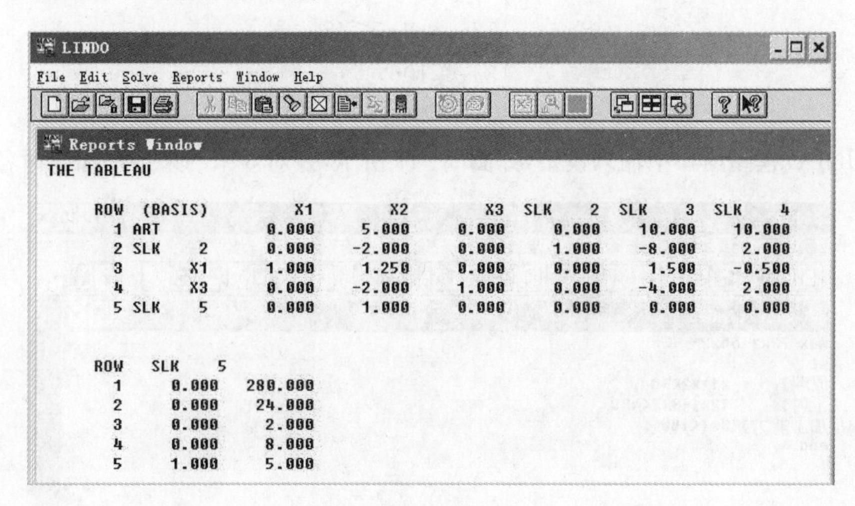

图 9-16

敏感性分析结果表示的是最优基保持不变的系数范围,也可以进一步确定当目标函数的系数和约束右端项发生微小变化时,最优解、最优值如何变化.

例2 一奶制品加工厂用牛奶生成 A_1,A_2 两种奶制品,1桶牛奶可以在甲车间用12小时加工成3公斤 A_1,或者在乙车间用8小时加工成4公斤 A_2.根据市场需求,生产出的 A_1,A_2 全部能出售,且每公斤 A_1 能获利24元,每公斤 A_2 能获利16元,现加工厂每天能得到50桶牛奶的供应,每天工人总的劳动时间为480小时,且甲车间的设备每天至多能加工100公斤 A_1,乙车间的设备加工能力可以认为没有上限限制(即加工能力足够大),试为该厂制定一个生产计划,使每天获利最大,并进一步讨论以下3个附加问题:

(1) 若用35元可以买到1桶牛奶,是否作这项投资?若投资,每天最多购买多少桶牛奶?

(2) 若可以聘用临时工人以增加劳动时间,付给临时工人的工资最多是每小时多少钱?

(3) 由于市场需求变化,每千克 A_1 的获利增加到30元,是否应该改变生产计划?

解 决策变量:设每天用 x_1 桶牛奶生产 A_1,用 x_2 桶牛奶生产 A_2,

目标函数:设每天获利为 z 元,x_1 桶牛奶可生产 $3x_1$ 公斤 A_1,获利 $24\times 3x_1$,x_2 桶牛奶可生产 $4x_2$ 公斤 A_2,获利 $16\times 4x_2$,故 $z=72x_1+64x_2$.

约束条件:

原料供应:生产 A_1,A_2 的牛奶总量不得超过每天的供应量,即 $x_1+x_2\leqslant 50$(桶);

劳动时间:生产 A_1,A_2 的总加工时间不得超过每天工人总的劳动时间,即

$$12x_1+8x_2\leqslant 480(\text{小时});$$

设备能力:A_1 的产量不能超过甲车间设备每天的加工能力,即 $3x_1\leqslant 100$;

非负约束:$x_1,x_2\geqslant 0$.

综上可建立以下线性规划模型:

$$\max z=72x_1+64x_2;$$

$$\text{s.t.}\begin{cases}x_1+x_2\leqslant 50,\\12x_1+8x_2\leqslant 480,\\3x_1\leqslant 100,\\x_1,x_2\geqslant 0.\end{cases}$$

在 LINDO 模型窗口中输入模型，如图 9－17 所示，并对 3 个约束条件加以命名：

图 9－17

求解模型并做灵敏性分析，查看报告窗口(Reports Window)如图 9－18 所示：

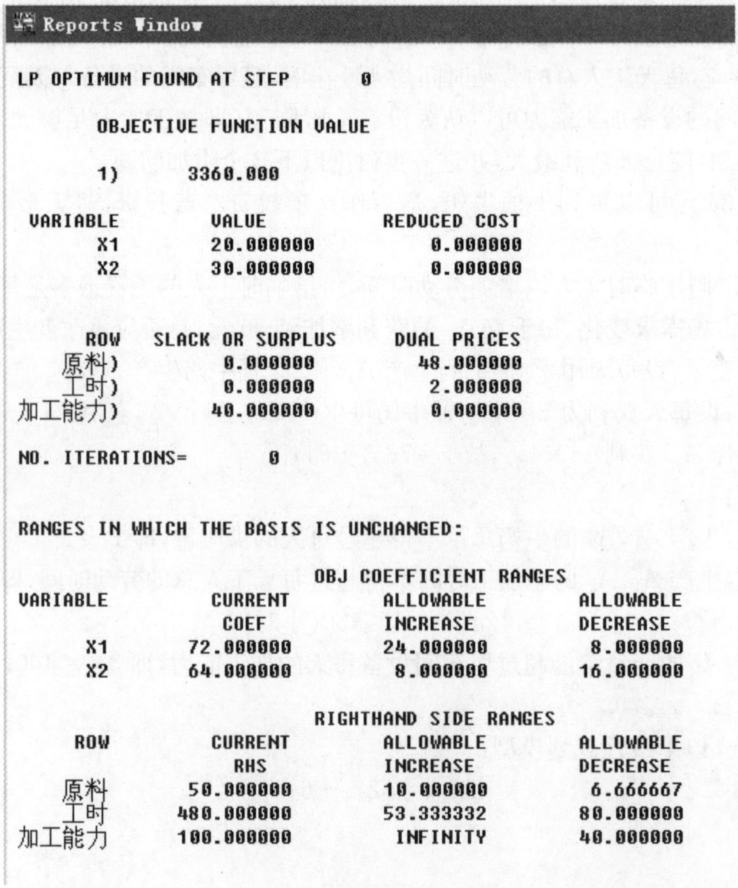

```
Reports Window

LP OPTIMUM FOUND AT STEP      0

      OBJECTIVE FUNCTION VALUE

      1)      3360.000

 VARIABLE        VALUE          REDUCED COST
       X1       20.000000          0.000000
       X2       30.000000          0.000000


      ROW   SLACK OR SURPLUS     DUAL PRICES
     原料)        0.000000         48.000000
     工时)        0.000000          2.000000
 加工能力)       40.000000          0.000000

 NO. ITERATIONS=        0


 RANGES IN WHICH THE BASIS IS UNCHANGED:

                           OBJ COEFFICIENT RANGES
 VARIABLE        CURRENT        ALLOWABLE         ALLOWABLE
                   COEF          INCREASE          DECREASE
       X1      72.000000        24.000000          8.000000
       X2      64.000000         8.000000         16.000000

                           RIGHTHAND SIDE RANGES
      ROW        CURRENT        ALLOWABLE         ALLOWABLE
                   RHS           INCREASE          DECREASE
     原料       50.000000        10.000000          6.666667
     工时      480.000000        53.333332         80.000000
 加工能力      100.000000         INFINITY         40.000000
```

图 9－18

如图 9－18 所示，这个线性规划模型的最优值 $z=3360$，最优解为 $x_1=20$，$x_2=30$，即用 20 桶牛奶生产 A_1，30 桶牛奶生产 A_2，可获得最大利润 3360 元. 结合灵敏性分析，对题目中的 3 个附加问题给予说明：

3 个约束条件的右端看作是 3 种资源：原料、工时及甲车间的加工能力. 输出报告中 SLACK OR SURPLUS 给出 3 种资源在最优解下是否有剩余：原料和工时没有剩余（即约束为紧约束），车间甲还余 40 公斤的加工能力（不是紧约束）.

目标函数可以看作是效益，成为紧约束的资源一旦增加，效益必然跟着增长，输出报告中的 DUAL PRICES 给出这 3 个资源在最优解下资源增加 1 个单位时效益的增量：原料增加 1 桶牛奶时利润增长 48 元；工时增加 1 小时，利润增长 2 元；而增加紧约束车间甲的加工能力显然不会使利润增长. 这里，效益的增量可以看作资源的潜在价值，经济学上称为影子价格（shadow price），即 1 桶牛奶的影子价格为 48 元，1 工时的影子价格为 2 元，车间甲生产能力的影子价格为零. 用影子价格的概念很容易回答问题（1），用 35 元买 1 桶牛奶，低于 1 桶牛奶的影子价格 48 元，当然应该投资；问题（2）：聘用工人以增加工作时间，付给的工资应低于工时的影子价格才可以增加利润，所以工资最多是 2 元/小时.

目标函数的系数发生变化时（假定约束条件不变），最优解和最优值会改变吗？这个问题不能简单地回答，上面的输入结果给出了最优基不变条件下目标函数系数允许的变化范围：x_1 的系数变化范围为 $[72-8,72+24]=[64,96]$；x_2 的系数变化范围为 $[64-16,64+8]=[48,72]$. 注意 x_1 系数的允许范围需要 x_2 的系数 64 不变，反之亦然. 由于目标函数的系数变化并不影响约束条件，因此最优基不变可以保证最优解也不变，但最优值变化. 用这个结果回答问题（3），若没公斤 A_1 的获利增加到 30 元，则 x_1 的系数变为 $30\times3=90$，在允许范围内，所以不应改变生产计划，但最优值变为 $90\times20+64\times30=3720$.

下面对资源的影子价格作进一步的分析，影子价格的作用是有限制的. 本例中每增加 1 桶牛奶利润增长 48 元，但是从输出报告中可以看出，约束的右端项（CURRENT RHS）的允许增加（ALLOWABLE INCREASE）和允许减少（ALLOWABLE DECREASE）给出了影子价格有意义条件下约束右端的限制范围（此时最优基不变，影子价格才有意义；若最优基变了，则结果中给出的影子价格也就不正确了）. 本例中，原料最多增加 10 桶，工时最多增加 53 小时，回答问题（1）的第 2 问，虽然应该投资 35 元/桶买牛奶，但每天最多购买 10 桶，可以用低于 2 元/小时的工资聘用工人以增加劳动时间，但最多增加 53.3333小时.

需要注意的是：灵敏性分析给出的只是最优基保持不变的充分条件，而不一定是必要条件，比如对于上面的问题，原料最多增加 10 桶牛奶的含义只能是原料增加 10 桶牛奶时最优基保持不变，所以影子价格有意义，即利润的增加大于牛奶的投资. 反过来，原料增加超过 10 桶牛奶，最优基是否一定改变？影子价格是否一定没有意义？一般来说，这是不能从灵敏性分析报告中得到的，此时应该重新用心数据求解规划模型，才能做出判断，严格来说，上面回答原料最多增加 10 桶牛奶并不是完全科学的.

第四节　整数规划问题

由运筹学知识可知，整数规划(integer programming，IP)有不同的分类方法：当约束函数和目标函数都是决策变量的线性函数时，称为线性整数规划；否则称为非线性整数规划. 当所有决策变量都只能在整数范围内取值时，称为纯整数规划(pure IP，PIP)；若某些决策变量可以在实数范围内取值，而另一些决策变量只能在整数范围内取值时，称为混合整数规划(mixed IP，MIP). 此外，当整数决策变量只能取 0 或 1 时，相应的整数规划称为 0/1 规划.

LINDO 求解整数规划的方法是分支定界法，既可用于求解纯整数线性规划，也可以用于求解混合整数规划，模型的输入与 LP 类似. 但是在“end”后需定义整型变量，0/1 型的变量可由 int(integer)命令来标识，具体用法如下：

int vname　　！将变量 vname 标识为 0/1 型

int n　　　　！将模型中前 n 个变量标识为 0/1 型(模型中变量顺序由模型中输入时出现的先后顺序决定)

一般的整数命令也可以用 gin(general integer)命令，其具体用法如下：

gin vname　　！将变量 vname 标识为整型

gin n　　　　！将模型中前 n 个变量标识为整型(前 n 个变量)

对整数变量的说明只能放在模型“end”语句之后.

例 1　某服务部门一周中每天需要不同数目的雇员：周一至周四每天至少需要 50 人，周五至少需要 80 人，周六和周日至少需要 90 人，现规定应聘者需连续工作 5 天，试确定聘用方案，即周一到周日每天聘用多少人，使在满足需要的条件下聘用总人数最少.

解　决策变量：设周一至周日每天聘用的人数分别为 $x_1, x_2, \cdots, x_7$，

目标函数：聘用总人数 $z=x_1+x_2+x_3+x_4+x_5+x_6+x_7$

约束条件：由每天需要的人数确定. 由于每人连续工作 5 天，所以周一工作的雇员应是周一到周四聘用的，按照需要至少有 50 人，可得

$$x_1+x_4+x_5+x_6+x_7\geqslant 50,$$

同理可得：

$$x_1+x_2+x_5+x_6+x_7\geqslant 50$$

$$x_1+x_2+x_3+x_6+x_7\geqslant 50$$

$$x_1+x_2+x_3+x_4+x_7\geqslant 50$$

$$x_1+x_2+x_3+x_4+x_5\geqslant 80$$

$$x_2+x_3+x_4+x_5+x_6\geqslant 90$$

$$x_3+x_4-x_5+x_6+x_7\geqslant 90$$

显然，人数应该是整数，所以

$$x_i\geqslant 0,(i=1,2,\cdots,7), x_i \text{ 是整数}$$

综上，建立整数规划模型，由于目标函数和约束条件关于决策变量都是线性函数，所以是一个整数线性规划模型. 在 LINDO 模型窗口中输入模型，如图 9－19 所示，并对 7 个约束条件加以命名：

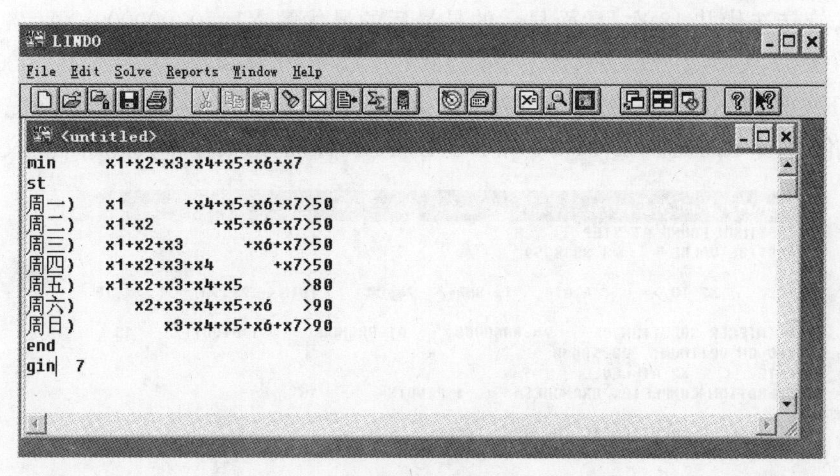

图 9－19

如图 9－19 所示,"gin 7"表示 7 个变量都是一般整数变量,仍然默认取值是非负的,求解模型,显示求解器运行状态窗口(LINDO Solver Status),如图 9－20 所示:

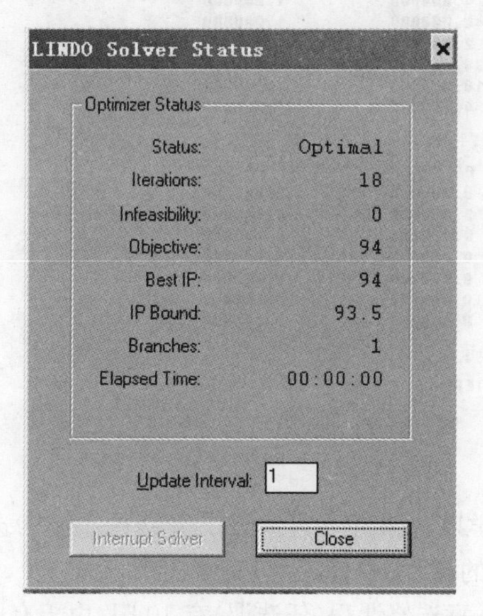

图 9－20

"Best IP:94":表示当前得到的最好的整数解的目标函数值为 94(人);

"IP Bound:93.5":表示该整数规划目标值的下界为 93.5(人),表明至少要聘用 93.5 名员工,由于员工人数只能是整数,所以至少要聘用 94 人,而上面已得到最优解就是聘用 94 人;

"Branches:1":表示分支数为 1(即在第 1 个分支中就找到了最优解),LINDO 求解 IP 用的是分支定界法.

报告窗口如图 9－21 所示,在 8 次迭代后找到对应的线性规划问题的最优解,最优值等于 93.3333359. LINDO 求解 IP 用的是分支定界法,紧接着几行显示的是分支定界的信息,在第一个分支中设定 X2＝4,并在该分支中找到了整数解,而且就是全局整数最优解,所以算法停止，旋转迭代共 18 次. 后面显示的是最后的最优解 X1＝0. 000000，X2＝4. 000000，X3＝40. 000000，X4＝2. 000000，X5＝34. 000000，X6＝10. 000000，X7＝4. 000000，松弛变量(SLACK OR SURPLUS)仍然可以表示约束的松紧程度，但目前 IP 尚无相应完善的敏感性分析理论，因此 REDUCED COST 和 DUAL PRICES 的结果在整数规划中意义不大.

```
Reports Window
LP OPTIMUM FOUND AT STEP       8
OBJECTIVE VALUE =    93.3333359

SET       X2 TO >=      4 AT     1, BND=  -94.00      TWIN= -93.50        18

NEW INTEGER SOLUTION OF    94.0000000     AT BRANCH       1 PIVOT       18
BOUND ON OPTIMUM:  93.50000
DELETE        X2 AT LEVEL      1
ENUMERATION COMPLETE. BRANCHES=      1 PIVOTS=       18

LAST INTEGER SOLUTION IS THE BEST FOUND
RE-INSTALLING BEST SOLUTION...

       OBJECTIVE FUNCTION VALUE

       1)       94.00000

 VARIABLE        VALUE          REDUCED COST
       X1         0.000000          1.000000
       X2         4.000000          1.000000
       X3        40.000000          1.000000
       X4         2.000000          1.000000
       X5        34.000000          1.000000
       X6        10.000000          1.000000
       X7         4.000000          1.000000


      ROW   SLACK OR SURPLUS     DUAL PRICES
     周一)        0.000000          0.000000
     周二)        2.000000          0.000000
     周三)        8.000000          0.000000
     周四)        0.000000          0.000000
     周五)        0.000000          0.000000
     周六)        0.000000          0.000000
     周日)        0.000000          0.000000

NO. ITERATIONS=      18
BRANCHES=    1 DETERM.=  1.000E    0
```

图 9－21

例 2 （选课方案）新学期选课，正在上大学二年级的小刚为选什么课拿不定主意. 学校要求这个学期必须要选修的课程（必修课）只有一门（2 个学分），但可以供他选修的限定选修课程（限选课）有 8 门，任意选修课程（任选课）有 10 门. 由于有些课程之间相互关联，所以可能在选修某门课程时必须同时选修其他某门课程. 小刚已收集到这 18 门课程的学分和要求同时选修课程的相关信息如表 9－3 所示：

表 9－3

限选课课号	1	2	3	4	5	6	7	8		
学分	5	5	4	4	3	3	3	2		
同时选修要求					1		2			
任选课课号	9	10	11	12	13	14	15	16	17	18
学分	3	3	3	2	2	2	1	1	1	1
同时选修要求	8	6	4	5	7	6				

按学校规定，学生每个学期选修的总学分不能少于20学分，因此小刚在上述18门课程中至少选修18个学分；学校还规定学生每学期选修任选课的比例不能少于所修总学分（包括2个必修学分）的1/6，也不能超过所修总学分的1/3. 帮小刚确定下选课方案，使其达到学校要求的前提下，最少应选修几门课？应选哪几门？

解　决策变量：引入0—1变量 x_i 表示是否选修课程 i，$x_i=1$ 为选修课程 i，$x_i=0$ 为不选修课程 i；选修课程 i 时必须同时选修课程 j，则可以用 $x_j \geqslant x_i$ 表示.

目标函数：最少选修课程门数 $\min \sum_{i=1}^{18} x_i$

约束条件：设 y_1 表示选修的限选课学分数，y_2 表示任选课的学分数，y 表示总学分数（包括2个必修学分），由题意可得：

$$\text{s.t.}\begin{cases} y_1=5x_1+5x_2+4x_3+4x_4+3x_5+3x_6+3x_7+2x_8, \\ y_2=3x_9+3x_{10}+3x_{11}+2x_{12}+2x_{13}+2x_{14}+x_{15}+x_{16}+x_{17}+x_{18}, \\ y=y_1+y_2+2, \\ y\geqslant 20, y\leqslant 6y_2, y\geqslant 3y_2, \\ x_1\geqslant x_5, x_2\geqslant x_7, x_8\geqslant x_9, x_6\geqslant x_{10}, \\ x_4\geqslant x_{11}, x_5\geqslant x_{12}, x_7\geqslant x_{13}, x_6\geqslant x_{14}, \\ x_i\in\{0,1\}. \end{cases}$$

综上，由于整数决策变量只能取0或1，建立了0—1规划模型. 在LINDO模型窗口中输入模型，如图9-22所示：

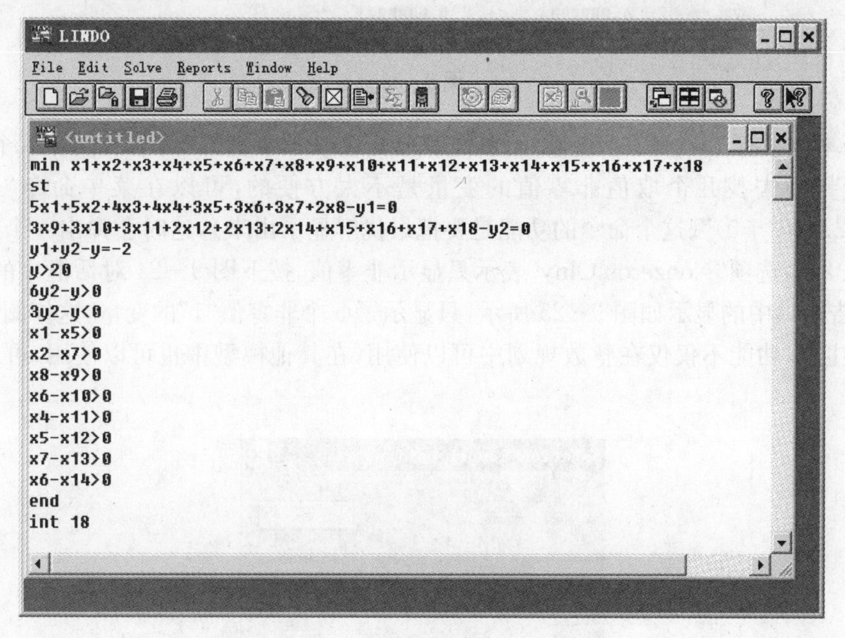

图9-22

模型求解结果如图9-23所示：

```
Reports Window
LP OPTIMUM FOUND AT STEP      19
OBJECTIVE VALUE =    4.66666651

FIX ALL VARS.(    10)  WITH RC >  0.250000

NEW INTEGER SOLUTION OF     5.00000000      AT BRANCH       0 PIVOT       29
BOUND ON OPTIMUM:  5.000000
ENUMERATION COMPLETE. BRANCHES=      0 PIVOTS=       29

LAST INTEGER SOLUTION IS THE BEST FOUND
RE-INSTALLING BEST SOLUTION...

        OBJECTIVE FUNCTION VALUE

        1)      5.000000

 VARIABLE        VALUE          REDUCED COST
       X1         0.000000          2.000000
       X2         1.000000          1.000000
       X3         0.000000          1.000000
       X4         1.000000          1.000000
       X5         0.000000          1.000000
       X6         1.000000          1.000000
       X7         0.000000          1.000000
       X8         0.000000          1.000000
       X9         0.000000          1.000000
      X10         1.000000          1.000000
      X11         1.000000          1.000000
      X12         0.000000          1.000000
      X13         0.000000          1.000000
      X14         0.000000          1.000000
      X15         0.000000          1.000000
      X16         0.000000          1.000000
      X17         0.000000          1.000000
      X18         0.000000          1.000000
       Y1        12.000000          0.000000
       Y2         6.000000          0.000000
        Y        20.000000          0.000000
```

图 9-23

由于本例中有 18 个 0—1 变量,而最优解中变量取非零值"1"的个数仅有 5 个,所以要在一堆变量中去找几个取值非零值的变量是不太方便的,可以在菜单命令"Reports|Solution...(Alt+0)"(这个命令的功能是要把最优解显示出来),这时会弹出一个选择对话框(图 9-24),选项"Nonzeros Olny"表示只显示非零值,按下图 9-24 对话框中的"OK"按钮,则报告窗口中的显示如图 9-25 所示,只显示了 5 个非零值"1"的变量,这样阅读起来比较方便(注意,功能不仅仅在整数规划中可以使用,在其他模型中也可以使用,可以自行尝试).

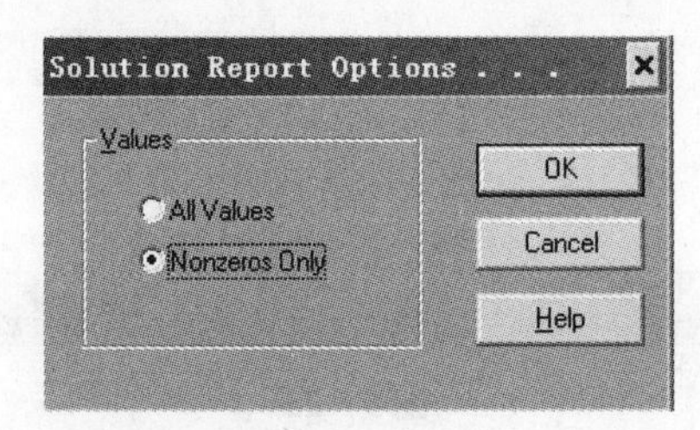

图 9-24

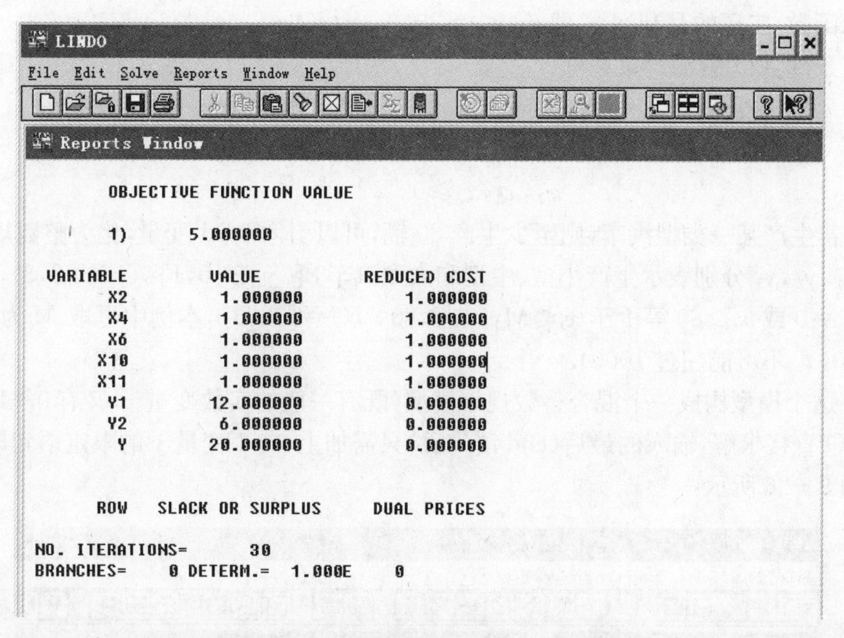

图 9-25

得到的结果显示，最优解为 $x_2=x_4=x_6=x_{10}=x_{11}=1$，其他 $x_i=0$，$y_1=12$，$y_2=6$，$y=20$，小刚最少要选修 5 门课，课号为 2，4，6，10，11.

不过，这个问题的最优解不唯一，例如还有最优解：$x_1=x_2=x_6=x_{10}=x_{14}=1$，其他 $x_i=0$，$y_1=13$，$y_2=5$，$y=20$. 一般来说，得到一个整数规划问题的所有最优解是很困难的(而且判断一个整数规划问题的最优解的个数也是困难的).

对于在选修最少学分即 20 学分的情况下，做多可以选修多少门课的问题，只需要在上面的模型中增加约束 $y=20$，并将模型中 min 改为 max，求解得如下结果：

$x_1=x_4=x_5=x_8=x_{15}=x_{16}=x_{17}=x_{18}=1$，其他 $x_i=0$，$y_1=14$，$y_2=4$，$y=20$，即最多可以选修 8 门课. 读者可以试试是否还可以找到其他的最优解.

下面我们来看一个混合整数规划(既有整数变量，又有时数决策变量)的例子.

例 3　一汽车厂生产小、中、大三种类型的汽车，已知各类型每辆车对钢材、劳动时间的需求，利润以及每月工厂钢材、劳动时间的现有量如表 9-4 所示，由于各种条件限制，如果生产某一类型汽车，则至少要生产 80 辆，试制定月生产计划，使工厂利润最大.

表 9-4

	小型	中型	大型	现有量
钢材/t	1.5	3	5	600
劳动时间/h	280	250	400	60000
利润/万元	2	3	4	

解　决策变量：设每月生产小、中、大型汽车的数量分别为 x_1,x_2,x_3(由于生产是一个月一个月连续进行的，所以这里可以合理地认为这个产量不一定必取整数不可，而是可以取实数)；

目标函数:工厂的月利润 z,即 $\max z=2x_1+3x_2+4x_3$,

约束条件:(1) 资源约束条件

$$\begin{aligned}&1.5x_1+3x_2+5x_3\leqslant 600,\\&280x_1+250x_2+400x_3\leqslant 60000,\\&x_1,x_2,x_3\geqslant 0.\end{aligned}$$

(2) 若生产某一类型汽车,则至少生产 80 辆,可以引入 0—1 变量,化为整数规划.

设 y_1,y_2,y_3 分别表示生产小型、中型和大型汽车,取 $y_i\in\{0,1\},(i=1,2,3)$,

则 $x_i=0$ 或 $x_i\geqslant 80$ 等价于 $x_i\leqslant My_i,x_i\geqslant 80y_i,(i=1,2,3)$,本例中可取 M 为相当大的数如 1000(x_i 不可能超过 1000).

综上这个模型构成一个混合整数规划模型(既有一般的实数变量 x,又有 0—1 变量 y),用 LINDO 直接求解,输入的最后(end 语句后)只需加上 0—1 变量 y 的限定语句即可,模型输入如图 9-26 所示:

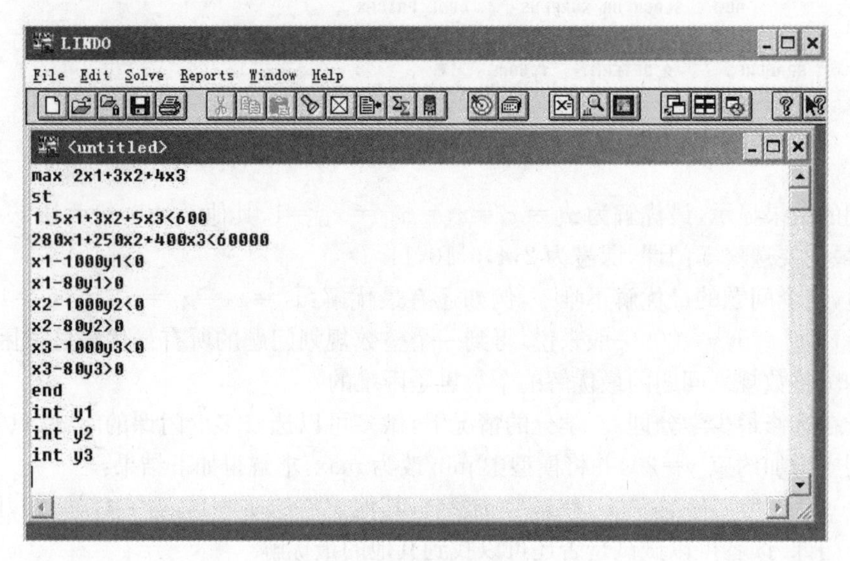

图 9-26

求解得到输出结果如图 9-27 所示(只给出需要的结果部分):

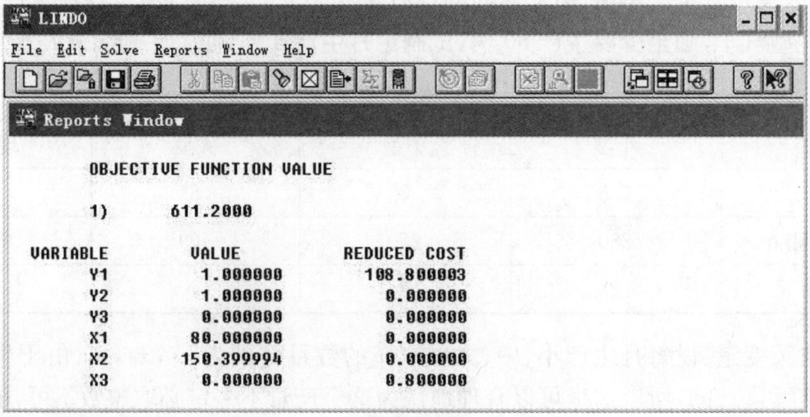

```
LINDO
File Edit Solve Reports Window Help
Reports Window

        OBJECTIVE FUNCTION VALUE

        1)      611.2000

 VARIABLE        VALUE          REDUCED COST
       Y1         1.000000        108.800003
       Y2         1.000000          0.000000
       Y3         0.000000          0.000000
       X1        80.000000          0.000000
       X2       150.399994          0.000000
       X3         0.000000          0.800000
```

图 9-27

即只生产小型和中型汽车，产量分别是 80 辆和 150 辆(近似值). 读者可以将产量 x 也限定为整数，看结果会如何？

尽管 LINDO 对求解整数规划问题行之有效，有时还是需要一定的技巧. 因为，人们很容易将一个本质上很简单的问题列成一个不太好的输入模型，从而可能导致一个冗长的分支定界计算. 而我们往往难以估计什么样的模型才能避免冗长的分支定界计算，也难以判别什么样的模型是“不太好”的输入模型. 当然 LINDO 会主动去掉一些计算过程，以缩短计算时间，而且越是高版本的 LINDO 软件，这种自动处理的“智能”越强. 建议读者：如果分支定界计算时间很长仍得不到最优解，你可以试试对输入模型进行一些等价变换：如交换变量的次序，交换约束的顺序等，有时也许会对减少求解所需的时间有所帮助.

习　题

1. 下面的 LINDO 模型有什么错误，应该如何更正？

```
min=x+y
6.5x+9y>200
2(x-y)<2,000
sub x 60
slb y -20
free x,y
end
```

2. 下面的 LINDO 模型有什么错误，应该如何更正？

```
max=2x1+3x2,
3*x1+4*x2>40
2*x1+5*x2<100
gin 2
end
```

3. (生产计划问题)某工厂生产条件如表 9 - 5 所示：

表 9 - 5

车　间	1	2	3
生产单位甲产品需工时	2	3	1
生产单位乙产品需工时	3	2	1
一周可用工时	1500	1500	600

生产单位甲产品工厂获利 10 元，生产单位乙产品工厂获利 12 元，问厂方如何安排生产使每周获得的利润最大？试建立模型，用 LINDO 求解，并指出敏感性分析的结果和含义.

4. 线性规划(opt 可以是 min 或 max)

$$\text{opt } z=-3x_1+2x_2-x_3,$$

$$\text{s. t.}\begin{cases}2x_1+x_2-x_3\leqslant 5,\\4x_1+3x_2+x_3\geqslant 3,\\-x_1+x_2+x_3\geqslant 2,\\x_1,x_2,x_3\geqslant 0.\end{cases}$$

的最小值和最大值是多少？相应的最小点和最大点分别是什么？指出积极约束（最优解中取等号的约束），并指出敏感性分析的结果和含义.

5.（钢管下料问题）某钢管零售商从钢管厂进货，将钢管按照顾客要求的长度进行切割，称为下料. 假定进货时得到的原料钢管都是 19 m. 现有一客户需要 50 根长 4 m、20 根长 6 m 和 15 根长 8 m 的钢管，应如何下料最节省？

6. 用 LINDO 求解如下整数规划问题：

(1) $\max z=5x_1+10x_2+3x_3+6x_4$，

$$\text{s. t.}\begin{cases}x_1+4x_2+5x_3+10x_4\leqslant 20,\\x_1,x_2,x_3,x_4\in Z^+.\end{cases}$$

(2) $\max z=5x_1+10x_2+3x_3+6x_4$，

$$\text{s. t.}\begin{cases}x_1+4x_2+5x_3+10x_4\leqslant 20,\\x_1,x_2,x_3,x_4\in\{0,1\}.\end{cases}$$

附录　MATLAB 常用函数命令

附录给出 MATLAB 工具箱的一些常用命令函数，这些函数的意义都很明确，在此仅仅给出了高等数学常用的函数命令使用格式，其他的都只给出了函数命令的名称，没有列出函数的参数以及使用格式，读者可以在 MATLAB 工作空间中输入"help 函数名"，便可以得到这些函数详细的说明及其使用方法.

表 1　常用系统函数命令

函数命令	功　能
cd	显示、改变工作目录
clc	清除工作窗口
clear	清除内存中的所有变量
demo	运行掩饰
dir	显示当前目录下的文件
disp	显示变量、文字内容
echo	工作窗口信息显示控制
help	帮助命令
helpdesk	超级文本帮助平台
helpwin	在线帮助
load	加载指定文件、变量
pack	整理内存
path	显示搜索目录
quit	退出
save	保存到指定文件
type	显示文件内容
ver	软件和工具箱版本信息

表 2　常用绘图函数命令

函数命令	功　能
axes	创建轴
axis	轴的刻度和表现
box	坐标形式在封闭式和开启式之间切换
colorbar	增加颜色条
ezmesh	直接绘制三维网格图
ezsurf	直接绘制三维表面图
fplot	在指定范围内绘出一元函数 y=f(x)的图形
grid	绘制坐标网格
gtext	对图形进行交互式文本标注
hidden off	将被遮住部分的网状线显示出来
hidden on	消除掉被遮住部分的网状线
hold	图形保持命令
legend	图例标注
loglog	在 x 轴和 y 轴按对数比例绘制二维图形
mesh	用空间中的两组相交的平行平面上的网状线的方式表示曲面
meshc	用 mesh 的方式表示曲面，并附带有等高线
plot	在 x 轴和 y 轴都按线性比例绘制二维图形
plot3	在 x 轴、y 轴和 z 轴都按线性比例绘制三维图形
plotedit	图形编辑工具
plotyy	绘制双 y 轴图形
polar	在极坐标系下绘制图形
semilogx	在 x 轴按对数比例，y 轴按线性比例绘制二维图形
semilogy	在 y 轴按对数比例，x 轴按线性比例绘制二维图形
sbuplot	创建子图
surf	用空间中网状线并网格中填充色彩的方式表示曲面
surfc	用 surf 的方式表示曲面，并附带有等高线
texlabel	将字符串转换为 tex 格式
text	对图形进行文本标注
title	添加图形标题
xlabel	x 轴添加标签
ylabel	y 轴添加标签
zlabel	z 轴添加标签

表 3　常用数学函数命令

函数命令	功　能
abs	数值的绝对值
acos	反余弦函数
acot	反余切函数
acsc	反余割函数
angle	相角
asec	反正割函数
asin	反正弦函数
atan	反正切函数
cart2pol	直角坐标变为极坐标
ceil	朝正无穷大方向取整
collect	合并表达式的同类项
complex	用实数与虚数部分创建复数
conj	复数的共轭值
cos	余弦函数
cot	余切函数
cross	向量的叉积
csc	余割函数
dot	向量的点积
exp	指数函数
expand	对表达式进行展开
factor	对表达式进行因式分解
fix	朝零方向取整
floor	朝负无穷大方向取整
imag	复数的虚数部分
log	自然对数，即以 e 为底数的对数
log10	常用对数，即以 10 为底数的对数
log2	以 2 为底数的对数
mod	模数(带符号的除法余数)
pol2cart	极坐标变为直角坐标
pretty	将符号表达式化简成与高等数学课本上显示符号表达式形式类似
real	复数的实数部分

(续表)

函数命令	功　能
rem	求作除法后的剩余数
round	朝最近的方向取整
sec	正割函数
sign	符号函数
simple	进行符号表达式的简化,以显示长度最短的符号表达式简化形式
simplify	对表达式进行化简,利用各种类型的代数恒等式,包括求和、积分、三角函数、指数函数等来化简符号表达式
sin	正弦函数
sqrt	平方根
tan	正切函数

表 4　微积分常用函数命令

函数命令	功　能
compose(f,g)	复合函数 $f(g(x))$
compose(f,g,z)	给出自变量为 z 的复合函数 $f(g(z))$
finverse(f)	求函数 f 的反函数
finverse(f,v)	给出自变量为 v 的函数 f 的反函数
limit(f,x,a)	$\lim\limits_{x\to a} f(x)$
limit(f,x,a,'left')	左极限, $\lim\limits_{x\to a^-} f(x)$
limit(f,x,a,'right')	右极限, $\lim\limits_{x\to a^+} f(x)$
diff(f)	f 的导数、微分
diff(f,'a')	f 对变量 a 求导数、微分
diff(f,n)	对 f 求 n 次导数、微分
diff(f,'a',n)	f 对变量 a 求 n 次导数、微分
int(f)	$\int f(x)\mathrm{d}x$
int(f,v)	求变量 v 求不定积分
int(f,x,a,b)	$\int_a^b f(x)\mathrm{d}x$
int(f(x),a,inf)或 int(f(x),x,a,inf)	$\int_a^{+\infty} f(x)\mathrm{d}x$
int(f(x),−inf,b)或 int(f(x),x,−inf,b)	$\int_{-\infty}^b f(x)\mathrm{d}x$

(续表)

函数命令	功　能
int(f(x),－inf,inf)或 int(f(x),x,－inf,inf)	$\int_{-\infty}^{+\infty} f(x)\mathrm{d}x$
int(f(x),a,b)或 int(f(x),x,a,b)	$\int_a^b f(x)\mathrm{d}x$
trapz	利用复合梯形公式计算数值积分
quad	用 Simpson 公式计算数值积分
dsolve('equation','var')	求微分方程的解
dsolve('equation','condition1', 'condition2',…,'var')	求常微分方程 equation 满足初始条件的特解
zx=diff(f(x,y),x)	求 $z=f(x,y)$对 x 的一阶偏导函数 $z'_x=f'_x(x,y)$
zy=diff(f(x,y),y)	求 $z=f(x,y)$对 y 的一阶偏导函数 $z'_y=f'_y(x,y)$
dz=zx * dx+zy * dy	求 $z=f(x,y)$的全微分 $\mathrm{d}z=f'_x(x,y)\mathrm{d}x+f'_y(x,y)\mathrm{d}y$
zxx=diff(zx,x)	求 $z=f(x,y)$对 x 的二阶偏导函数 $z''_{xx}=f''_{xx}(x,y)$
zxy=diff(zx,y)	求 $z=f(x,y)$的二阶混合偏导函数 $z''_{xy}=f''_{xy}(x,y)$
zxn=diff(f(x,y),x,n)	求 $z=f(x,y)$对 x 的 n 阶偏导函数$\frac{\partial^n z}{\partial x^n}$
zyn=diff(f(x,y),y,n)	求 $z=f(x,y)$对 y 的 n 阶偏导函数$\frac{\partial^n z}{\partial y^n}$
ux=diff(f(x,y,z),x)	求 $u=f(x,y,z)$对 x 一阶偏导函数 $u'_x=f'_x(x,y,z)$
uy=diff(f(x,y,z),y)	求 $u=f(x,y,z)$对 y 一阶偏导函数 $u'_y=f'_y(x,y,z)$
uz=diff(f(x,y,z),z)	求 $u=f(x,y,z)$对 z 一阶偏导函数 $u'_z=f'_z(x,y,z)$
du=ux * dx+uy * dy+uz * dz	求 $u=f(x,y,z)$的全微分 $\mathrm{d}u=f'_x(x,y,z)\mathrm{d}x+f'_y(x,y,z)\mathrm{d}y$ $+f'_z(x,y,z)\mathrm{d}z$
uyx=diff(uy,x)	求 $u=f(x,y,z)$的二阶混合偏导函数 $u''_{yx}=f''_{yx}(x,y,z)$
Zx=－diff(F,x)/diff(F,z) Zy=－diff(F,y)/diff(F,z)	隐函数 $F(x,y,z)=0$ 求偏导函数$\frac{\partial z}{\partial x},\frac{\partial z}{\partial y}$
taylor(function,n,x,a)	将函数展成幂级数,function 是待展开的函数表达式,n 为展开项数
sum	向量各元素的和
symsum(s)	级数求和,$\sum_{0}^{x-1} s(x)$

（续表）

函数命令	功　能
symsum(s,v)	$\sum_{0}^{x-1} s(v)$
symsum(s,a,b)	$\sum_{a}^{b} s(x)$
symsum(s,v,a,b)	$\sum_{a}^{b} s(v)$

表 5　线性代数常用函数命令

函数命令	功　能
balance	改善特征值精度的平衡刻度
cdf2rdf	复数对角矩阵转化为实数块对角矩阵
chol	Cholesky 分解
compan	生成多项式的伴随矩阵
cond	矩阵条件数
condeig	矩阵各特征值的条件数
det	求矩阵的行列式
diag	生成对角矩阵
eig	求矩阵的特征值和特征向量
eigs	多个特征值
expm	矩阵的指数运算
eye	生成单位阵
funm	计算一般矩阵函数
gallery	生成一些小的测试矩阵
gsvd	广义奇异值
hadamard	生成 Hadamard 矩阵
hankel	生成 Hankel 矩阵
hilb	生成 Hilbert 矩阵
inv	矩阵求逆
invhilb	生成反 Hilbert 矩阵
logm	矩阵的对数运算
lu	三角分解
magic	生成魔术矩阵
norm 或 normest	求矩阵和向量的范数

(续表)

函数命令	功　能
null	求齐次方程的基础解系
ones	生成全1阵
pascal	生成n阶Pascal矩阵
pinv	伪逆矩阵
poly	求矩阵的特征多项式
polyeig	求矩阵多项式特征值
polyvalm	求矩阵多项式的值
qr	正交分解
qz	广义特征值
rand	生成服从0—1分布的随机矩阵
randn	生成服从正态分布的随机矩阵
rank	求矩阵的秩
rref	化为最简阶梯形矩阵
rosser	典型的对称矩阵特征值的问题测试
rsf2csf	实块对角型转换到复数对角型
schur	Schur分解
sqrtm	矩阵的开方运算
subspace	两个子空间之间的夹角
svd	奇异值分解
svds	多个奇异值
toeplitz	生成Toeplitz矩阵
trace	求矩阵的迹
tril和triu	生成上、下三角阵
vander	生成范德蒙矩阵
wilkinson	生成Wilkinson矩阵
zeros	生成0矩阵
\,/	解线性方程组

表6　概率统计常用函数命令

函数命令	功　能
betacdf	β累积分布函数
betafit	β分布的参数估计和置信区间

(续表)

函数命令	功　能
betapdf	β分布概率密度函数
betarnd	生成满足β分布的随机数
binocdf	二项累积分布函数
binofit	二项分布的参数估计和置信区间
binopdf	二项分布概率密度函数
binornd	生成满足二项分布的随机数
binostat	求二项分布的期望和方差
corrcoef	计算互相关系数
cov	计算协方差矩阵
chi2cdf	χ^2 累积分布函数
chi2pdf	χ^2 分布概率密度函数
chi2rnd	生成满足 χ^2 分布的随机数
chi2stat	求 χ^2 分布的期望和方差
expcdf	指数累积分布函数
expfit	指数分布的参数估计和置信区间
exppdf	指数分布的概率密度函数
exprnd	生成满足指数分布的随机数
expstat	求指数分布的期望和方差
fcdf	F累积分布函数
fpdf	F分布的概率密度函数
frnd	生成满足F分布的随机数
gamcdf	γ累积分布函数
gamfit	γ分布的参数估计和置信区间
gampdf	γ分布的概率密度函数
gamrnd	生成满足γ分布的随机数
gamstat	求γ分布的期望和方差
geocdf	几何累积分布函数
geomean	计算样本的几何平均值
geopdf	几何分布概率密度函数
geornd	生成满足几何分布的随机数
geostat	求几何分布的期望和方差
harmmean	计算样本数据的调和平均值

(续表)

函数命令	功 能
hygecdf	超几何累积分布函数
hygepdf	超几何分布概率密度函数
hygernd	生成满足超几何分布的随机数
hygestat	求超几何分布的期望和方差
logncdf	对数正态累积分布函数
lognpdf	对数正态分布概率密度函数
lognrnd	生成满足对数正态分布的随机数
lognstat	求对数正态分布的期望和方差
mad	计算样本数据平均绝对偏差
mean	计算样本的均值
median	计算样本的中位数
moment	计算任意阶的中心矩
normcdf	正态累积分布函数
normfit	求正态分布的参数估计和置信区间
normpdf	正态分布的概率密度函数
normrnd	生成满足正态分布的随机数
normstat	求正态分布的期望和方差
poisscdf	泊松累积分布函数
poissfit	求泊松分布的参数估计和置信区间
poisspdf	泊松分布的概率密度函数
poissrnd	生成满足泊松分布的随机数
poisstat	求泊松分布的期望和方差
prctile	计算样本的百份位数
range	样本的范围
std	计算样本的标准差
tcdf	t累积分布函数
tpdf	t分布的概率密度函数
trnd	生成满足t分布的随机数
tstat	求t分布的期望和方差
unidcdf	离散均匀分布累积分布函数
unidpdf	离散均匀分布的概率密度函数
unidrnd	生成满足均匀分布的离散随机数

（续表）

函数命令	功　能
unidstat	求均匀分布的期望和方差(离散)
unifcdf	连续均匀分布累积分布函数
unifit	求均匀分布的参数估计
unifpdf	连续均匀分布的概率密度函数
unifrnd	生成满足均匀分布的连续随机数
unifstat	求均匀分布的期望和方差(连续)
var	计算样本的方差
weibcdf	Weibull 累积分布函数
weibfit	求 Weibull 分布的参数估计和置信区间
weibpdf	Weibull 分布的概率密度函数
weibrnd	生成满足 Weibull 分布的随机数
weibstat	求 Weibull 分布的期望和方差
ranksum	计算母体产生的两独立样本的显著性概率和假设检验的结果
signrank	计算两匹配样本中位数相等的显著性概率和假设检验的结果
signtest	计算两匹配样本的显著性概率和假设检验的结果
ttest	对单个样本均值进行 t 检验
ttest2	对两样本均值差进行 t 检验
ztest	对已知方差的单个样本均值进行 z 检验

表 7　常见的回归分析命令

命　令	功　能
rcoplot	画出残差及其置信区间
regress	计算回归系数及区间估计、残差及置信区间
leverage	生成回归的中心化杠杆值
regstats	回归诊断图形用户界面
nlinfit	计算非线性回归的系数、残差,估计预测误差的数据
nlpredci	得出回归函数在 x 处的预测值 y 及其置信区间
stepwise	进行逐步回归
ridge	对岭回归进行参数估计
polyconf	进行多项式评价和置信区间估计
polyfit	进行多项式曲线拟合
polyval	进行多项式评价

表8　常见的方差分析命令

命　　令	功　　能
p=anova1(X)	平衡单因子方差分析，一般地，当p值小于0.05或0.01时，认为结果是显著的
anova1(X,group)	当X为矩阵时，利用group变量作为X中样本的箱型图的标签.group变量中的每一行包含X中对应列的数据标签，所以group变量的长度必须等于X的列数； 当X为向量时，anova1函数对X中的样本进行单因子方差分析，通过输入变量group进行标示，group中的每个元素等价于X向量中的对应元素，所以group必须与X的长度相等.
anova1(X,group,'displayopt')	当'displayopt'参数设置为'on'(默认设置)时，激活ANOVA表和箱型图的显示；'displayopt'参数设置为'off'时，不予显示.
[p,table]=anova1(…)	返回单元数组表中的ANOVA表(包括列标签和行标签)
[p,table,stats]=anova1(…)	返回stats结构，用于进行多元比较检验
anova2	双因子方差分析
p=anova2(X,reps)	平衡双因子方差分析，以比较样本X中两列或两列以上和两行或两行以上数据的均值.不同列中的数据代表因子A的变化，不同行中的数据代表因子B的变化
p=anova2(X,group,'displayopt')	当'displayopt'参数设置为'on'(默认设置)时，激活ANOVA表和箱型图的显示；'displayopt'参数设置为'off'时，不予显示
[p,table]=anova2(…)	返回单元数据表中的ANOVA表(包含列标签和行标签)
[p,table,stats]=anova2(…)	返回stats结构，用于进行多元比较检验
aoctool	生成进行方差分析模型拟合和预测的交互图
aoctool(x,y,g)	对于g数组中定义的列向量x和y，分别用直线进行拟合
aoctool(x,y,g,alpha)	确定预测区间的置信水平.置信水平为100×(1−alpha)%.alpha的默认值为0.05
aoctool(x,y,g,xname,yname,gname)	指定在图中和表中使用x,y和g变量的名称
aoctool(x,y,g,xname,yname,gname,'displayopt')	通过将'displayopt'参数设置为'on'来激活图形和表格的显示.将该参数设置为'off'，则取消显示
aoctool(x,y,g,xname,yname,gname,'displayopt','model')	指定进行拟合的初始模型
[h,atab,ctab]=aoctool(...)	返回包含方差分析表atab和系数估计表ctab中入口的单元数组
[h,atab,ctab,atats]=aoctool(...)	返回一个stats结构，以进行多元比较检验

图书在版编目(CIP)数据

数学实验与模型 / 吴一凡主编. -- 南京 ：南京大学出版社，2017.7(2020.8 重印)

ISBN 978-7-305-18079-8

Ⅰ. ①数… Ⅱ. ①吴… Ⅲ. ①高等数学—实验—高等职业教育—教材 Ⅳ. ①O13—33

中国版本图书馆 CIP 数据核字(2017)第 174194 号

出版发行 南京大学出版社
社　　址 南京市汉口路 22 号　　　邮　编 210093
出 版 人 金鑫荣

书　　名 数学实验与模型
主　　编 吴一凡
责任编辑 陈亚明　王南雁　　　编辑热线 025-83592146

照　　排 南京南琳图文制作有限公司
印　　刷 南京人文印务有限公司
开　　本 787×1092　1/16　印张 17　字数 430 千
版　　次 2017 年 7 月第 1 版　2020 年 8 月第 4 次印刷
ISBN 978-7-305-18079-8
定　　价 39.00 元

网址：http://www.njupco.com
官方微博：http://weibo.com/njupco
官方微信号：njuyuexue
销售咨询热线：(025) 83594756
